ERGEBNISSE DER MATHEMATIK UND IHRER GRENZGEBIETE

UNTER MITWIRKUNG DER SCHRIFTLEITUNG DES „ZENTRALBLATT FÜR MATHEMATIK"

NEUE FOLGE · HEFT 11

ADDITIVE ZAHLENTHEORIE

VON

HANS-HEINRICH OSTMANN

ZWEITER TEIL

SPEZIELLE ZAHLENMENGEN

SPRINGER-VERLAG BERLIN HEIDELBERG GMBH

ISBN 978-3-662-00843-0 ISBN 978-3-662-00842-3 (eBook)
DOI 10.1007/978-3-662-00842-3

URSPRÜNGLICH ERSCHIENEN BEI SPRINGER-VERLAG OHG.
BERLIN · GOTTINGEN · 1956

Vorwort.

Der hier vorliegende Bericht ist der zweite Teil des Ergebnisberichtes über additive Zahlentheorie und behandelt, wie schon im Vorwort des ersten Teils erwähnt, spezielle Mengen nichtnegativer ganzer Zahlen. Für die Untersuchung solcher Mengen genügt zumeist schon die Kenntnis gewisser Struktureigenschaften, so daß die gewonnenen Resultate in der Regel gleich für ganze Klassen von Mengen Gültigkeit haben. Dieser Gesichtspunkt ist namentlich für die Abschnitte 18, 19 und 20 maßgebend. — Entsprechend der Entwicklung allgemeiner Begriffsbildungen und Sätze innerhalb der additiven Zahlentheorie, wie der Dichtentheorie, der Theorie der Basismengen usw., interessiert naturgemäß die Kenntnis der diesbezüglichen wesentlichen Größen bei speziellen Mengen. Insbesondere ordnet sich diesem Gesichtspunkt ohne weiteres auch die Aufgabe unter, die charakteristischen $\varphi(x)$-Dichten einer gegebenen Menge zu bestimmen, obwohl der speziell additiv-zahlentheoretische Charakter nicht immer unmittelbar in Erscheinung tritt.

Ein Sach-, Autoren- und Literaturverzeichnis, das sich auf beide Teile des Berichtes erstreckt, ist am Ende dieses Buches zusammengestellt.

Zum Schluß möchte ich meinen schon im Vorwort des ersten Teils ausgesprochenen Dank an alle wiederholen, die mich mit Rat und Tat unterstützt haben; insbesondere möchte ich nochmals den Herren Dr. Hornfeck, Dipl.-math. Winkler und Stud.-Referendar Wirsing für das unermüdliche Lesen der Korrektur danken; dem Verlag gebührt wiederum besondere Anerkennung für das verständnisvolle Eingehen auf meine Wünsche sowie für die ausgezeichnete Ausstattung des Buches.

Berlin, Freie Universität und Oberwolfach, im Januar 1956.

Hans-Heinrich Ostmann.

Inhaltsverzeichnis.

Seite

18. Einige Dichterelationen. Rationale und pseudorationale Mengen . 1

19. Multiplamengen, erzeugende Mengen 12
Allgemeines S. 12. — k-freie Zahlen S. 20. — Weitere Beispiele S. 27.

20. Durch multiplikative zahlentheoretische Funktionen definierte Mengen 29

21. Die Primzahlen und verwandte Mengen 45
Primzahlsatz S. 45. — Weitere Eigenschaften von $\Pi(x)$ und $\mathfrak{P}$ S. 51. — Goldbach-Problem S. 54. — Goldbach-Waring-Problem S. 55. — Mengen mit Primteilerbedingungen ihrer Elemente S. 59. — Weitere Summen mit $\mathfrak{P}$ als Summand S. 73.

22. Die Menge der k-ten Potenzen 77
Waring-Problem S. 80. — Fermat-Problem S. 84.

23. Weitere spezielle Ergebnisse 97

Literaturverzeichnis 102

Autorenverzeichnis 130

Sachregister 134

Errata zu Teil I VI

Bezeichnungen.

$[a]$ bedeutet für reelles a die größte ganze Zahl $g \leq a$, dagegen $\langle a \rangle$ die kleinste ganze Zahl $g \geq a$; es ist $\langle a \rangle = -[-a]$.

p heißt *Primteiler* von n, wenn $p|n$, $p > 1$ und p Primzahl ist; hingegen werden im vorliegenden Text $p = 1$ und $p = 0$ zumeist zu den Primzahlen mitgerechnet werden.

$\langle a, b \rangle$ ist die Menge aller reellen x mit $a \leq x \leq b$, dagegen (a, b) die Menge der x mit $a < x < b$.

$\sum_{\nu=1}^{x} = \sum_{\nu=1}^{[x]}$, $\prod_{\nu=1}^{x} = \prod_{\nu=1}^{[x]}$; leere Summen $\left(\text{z. B. } \sum_{\nu=1}^{0}\right)$ sind gleich Null, leere Produkte gleich Eins zu setzen.

$f(x)$ heißt *monoton wachsend (fallend)*, wenn aus $x \leq y$ stets $f(x) \leq f(y)$ (bzw. $f(x) \geq f(y)$) folgt, dagegen *streng monoton wachsend (fallend)*, wenn aus $x < y$ stets $f(x) < f(y)$ (bzw. $f(x) > f(y)$) folgt.

$f(x)\Big|_a^b = f(b) - f(a)$.

$x \to a+$ bedeutet „$x \to a$ und $x > a$“, entsprechend $x \to a-$, wenn $x \to a$ und $x < a$ gilt.

$f(a+) = \lim_{x \to a+} f(x)$, $f(a-) = \lim_{x \to a-} f(x)$.

$f(\infty) = \lim_{x \to \infty} f(x)$, $f(-\infty) = \lim_{x \to -\infty} f(x)$ (falls vorhanden).

$f(x) \sim g(x)$ $(x \to a \equiv \pm \infty)$ bedeutet $\lim_{x \to a} \frac{f(x)}{g(x)} = 1$ (lies etwa: $f(x)$ *ist asymptotisch gleich* $g(x)$ *für* $x \to a$).

$\cup, \bigcup$ bzw. $\cap, \bigcap$ bedeuten Vereinigung bzw. Durchschnitt von Mengen.

$\mathfrak{A} \subset \mathfrak{B}$ heißt: $\mathfrak{A}$ ist echte Teilmenge von $\mathfrak{B}$; $\mathfrak{A} \subseteq \mathfrak{B}$ bedeutet $\mathfrak{A}$ ist Teilmenge von $\mathfrak{B}$.

Ist Γ eine Menge, so bezeichne (wenn nichts anderes gesagt ist) Γ^n die Menge aller *n-tupel* $(g_1, g_2, \ldots, g_n)$, $g_i \in \Gamma$ $(i = 1, 2, \ldots, n)$.

$\wedge$ bezeichnet das *Konjunktionssymbol* „*und*“.

$\curvearrowright$ bedeutet die *Implikation*; für „$A \curvearrowright B$“ lies etwa „mit A ist auch B richtig“ oder „aus A folgt B“ usw. $\curvearrowleftright$ bezeichnet die in beiden Richtungen gültige Implikation.

$\underset{x \in \mathfrak{A}}{\in} [E(x)]$ bedeutet die Menge aller $x \in \mathfrak{A}$, die zugleich der Bedingung $E(x)$ genügen; beispielsweise bedeutet, wenn $\mathfrak{C}$ die Menge aller ganzen Zahlen ist, $\underset{x \in \mathfrak{C}}{\in} [x \geq 2 \wedge 3|x]$ die Menge aller durch drei teilbaren ganzen Zahlen $x \geq 2$.

$=_{\mathrm{Df}}$ (lies etwa „*per definitionem gleich*“) führt eine Abkürzung ein; ist beispielsweise B ein bereits bekannter Ausdruck, so bedeutet $A =_{\mathrm{Df}} B$ (oder: $B =_{\mathrm{Df}} A$), daß für den Ausdruck B abkürzend auch A geschrieben wird.

Weitere Bezeichnungen siehe in 1.1.

Errata zu Teil I.

S. 7, 12. Zeile v. unten: Lies $\overline{\lim\limits_{n=1,2,\ldots}}\ \mathfrak{M}_n$ statt $\underline{\lim\limits_{n=1,2,\ldots}}\ \mathfrak{M}_n$.

S. 7, 10. Zeile v. unten: Lies $\underline{\lim\limits_{n=1,2,\ldots}}\ \mathfrak{M}_n$ statt $\overline{\lim\limits_{n=1,2,\ldots}}\ \mathfrak{M}_n$.

S. 51, 18. Zeile v. oben: Ersetze „die Anzahl aller" durch „alle".

S. 74, 5. Zeile v. unten: $\delta_v(\mathfrak{A}_1, \mathfrak{A}_2, \ldots, \mathfrak{A}_n)$ statt $\delta(\mathfrak{A}_1, \mathfrak{A}_2, \ldots, \mathfrak{A}_n)$.

S. 74, Fußnote: Um die während der Korrektur hinzugefügte Definition von $\delta'(\mathfrak{A})$ in Einklang mit den sonst im Buch verwendeten Begriffsbildungen zu bringen, muß es heißen:

$$\delta'(\mathfrak{A}) = \begin{cases} \underline{\operatorname{fin}}_{i=1,2,\ldots} \dfrac{A(a_i)}{a_i} = \underline{\operatorname{fin}}_{i=1,2,\ldots} \dfrac{i}{a_i}, \text{ wenn } \mathfrak{A} \text{ unendlich} \\ \qquad\qquad (\mathfrak{A} = \{a_0 = 0, a_1, a_2, \ldots\}), \\ 0, \text{ wenn } \mathfrak{A} \neq 0 \text{ und endlich ist.} \end{cases}$$

S. 91, 6. Zeile v. unten: Die untere Integralgrenze muß „0" statt „9" heißen.

S. 161, Definition 1. Der letzte Satz muß heißen: *Eine asymptotische Basis heißt beständig, wenn jede dichte Teilmenge, für deren erste Differenzenfolge der größte Teiler gleich 1 ist, asymptotische Basis ist.*

S. 187, 2. Zeile v. unten: $k_\nu\left(\frac{1}{2}\right)$ statt $k'_\nu\left(\frac{1}{2}\right)$.

S. 188, 15. Zeile v. oben: An Stelle des Satzes „Für die eben konstruierte..." muß es heißen: „Fordert man für die eben konstruierte Menge $\mathfrak{W}$ zusätzlich $\lim\limits_{\nu\to\infty} \psi_\nu^{(k_\nu)}(\alpha) = 1$ für alle $0 < \alpha \leq 1$, so zeigen . . .".

S. 196, 14. Zeile v. oben: Statt „8.2., Satz 10" muß es „18.2., Satz 14" heißen.

S. 230, lies: CHAUNDY, T. statt CHAUNDRY, T.

18. Einige Dichterelationen. Rationale und pseudorationale Mengen.

18.1. Dichterelationen. In Ergänzung zu 8. aus Teil I seien hier noch einige Relationen zwischen Dichten von Mengen zusammengestellt.

Es sei wieder $\mathfrak{M} = \{m_0, m_1, m_2, \ldots\}$ gesetzt. Der folgende Satz ist evident.

Satz 1. *$\varphi(x)$ besitze die Eigenschaft 8.2. (17). Ist die erste Differenzenfolge von $\mathfrak{M}$ beschränkt: $m_{n+1} - m_n \leqq k$ $(n \geqq 0)$, so gilt*

$$\delta_v(\mathfrak{M}; \varphi(x)) \geqq \frac{1}{k}\,\delta(\mathfrak{Z}; \varphi(x)) > 0, \quad \delta^*(\mathfrak{M}; \varphi(x)) \geqq \frac{1}{k}\,\delta^*(\mathfrak{Z}; \varphi(x)) > 0,$$

$$\bar{\delta}^*(\mathfrak{M}; \varphi(x)) \geqq \frac{1}{k}\,\bar{\delta}^*(\mathfrak{Z}; \varphi(x)) > 0.$$

Ist andererseits

$$m_{n+1} - m_n \leqq k \quad \text{für höchstens endlich viele } n \geqq 0, \tag{1}$$

so ist

$$\delta_v(\mathfrak{M}; \varphi(x)) \leqq \delta^*(\mathfrak{M}; \varphi(x)) \leqq \frac{1}{k+1}\,\delta^*(\mathfrak{Z}; \varphi(x)),$$

$$\bar{\delta}^*(\mathfrak{M}; \varphi(x)) \leqq \frac{1}{k+1}\,\bar{\delta}^*(\mathfrak{Z}; \varphi(x)).$$

Gilt (1) für jedes $k > 0$ und ist überdies $\bar{\delta}^*(\mathfrak{Z}; \varphi(x)) < \infty$, so existiert und verschwindet die natürliche $\varphi(x)$-Dichte von $\mathfrak{M}$, und die Voraussetzung über $\mathfrak{M}$ ist gleichwertig damit, daß entweder $\mathfrak{M}$ endlich oder $\lim_{n\to\infty}(m_{n+1} - m_n) = \infty$ ist. — Schließlich folgt aus $\bar{\delta}^*(\mathfrak{A}) > \frac{1}{2}$ (DRAZIN [1]), *daß $a_i - a_j = n$ für alle ganzen n mit $\{a_i, a_j\} \subset \mathfrak{A}$ lösbar ist.*

Hinsichtlich des Einflusses der Lücken einer Menge auf ihre Dichten s. ferner SALEM-SPENCER [2].

Satz 2. *Erfüllt $\varphi(x)$ die Bedingungen 8.2. (19), so folgt aus der Konvergenz von $\sum_{m\in\mathfrak{M}} \varphi(m)^{-1}$, $m > 0$,*

$$\delta_*(\mathfrak{M}; \varphi(x)) = 0.$$

Beweis: Setzt man $\sum_{\substack{0<m\leqq t\\ m\in\mathfrak{M}}} \varphi(m)^{-1} = \mu(t)$, $\mu(\infty) = \mu$, so ist (vermittels 8.2. Folgerung nach Satz 3)

$$M(x) = \int_{1-}^{x} \varphi(t)\,d\mu(t) = \varphi(x)\,\mu(x) - \int_{1-}^{x} \mu(t)\,d\varphi(t)$$

$$= \varphi(x)\big(\mu + o(1)\big) - \int_{1-}^{x} \big(\mu + o(1)\big)\,d\varphi(t)$$

$$= \varphi(x)\,o(1) - \mu\,\varphi(1) - \int_{1-}^{x} o(1)\,d\varphi(t) = o\big(\varphi(x)\big).$$

Satz 3. *$\varphi(x)$ genüge den Forderungen 8.2. (19). Dann sind die $\varphi(x)$-Dichten von $\lambda \times \mathfrak{M}$ ($\lambda \geqq 1$, ganz) mit denen von $\mathfrak{M}$ durch die folgenden Relationen miteinander verknüpft:*

$$\begin{aligned} \frac{1}{\lambda}\,\delta_v\big(\mathfrak{M};\varphi(x)\big)\cdot \underline{\operatorname{fin}}_{x=1,2,\ldots} \frac{\lambda\,\varphi(x)}{\varphi(\lambda x)} &\leqq \delta_v\big(\lambda\times\mathfrak{M};\varphi(x)\big) \\ &\leqq \frac{1}{\lambda}\,\delta_v\big(\mathfrak{M};\varphi(x)\big)\cdot \overline{\operatorname{fin}}_{x=1,2,\ldots} \frac{\lambda\,\varphi(x)}{\varphi(\lambda x)}, \end{aligned} \tag{2_1}$$

$$\begin{aligned} \frac{1}{\lambda}\,\delta^*\big(\mathfrak{M};\varphi(x)\big)\cdot \underline{\lim}_{x=1,2,\ldots} \frac{\lambda\,\varphi(x)}{\varphi(\lambda x)} &\leqq \delta^*\big(\lambda\times\mathfrak{M};\varphi(x)\big) \\ &\leqq \frac{1}{\lambda}\,\delta^*\big(\mathfrak{M};\varphi(x)\big)\cdot \overline{\lim}_{x=1,2,\ldots} \frac{\lambda\,\varphi(x)}{\varphi(\lambda x)}, \end{aligned} \tag{2_2}$$

$$\begin{aligned} \frac{1}{\lambda}\,\bar{\delta}^*\big(\mathfrak{M};\varphi(x)\big)\cdot \underline{\lim}_{x=1,2,\ldots} \frac{\lambda\,\varphi(x)}{\varphi(\lambda x)} &\leqq \bar{\delta}^*\big(\lambda\times\mathfrak{M};\varphi(x)\big) \\ &\leqq \frac{1}{\lambda}\,\bar{\delta}^*\big(\mathfrak{M};\varphi(x)\big)\cdot \overline{\lim}_{x=1,2,\ldots} \frac{\lambda\,\varphi(x)}{\varphi(\lambda x)}. \end{aligned} \tag{2_3}$$

Für viele Funktionen steht in (2_2) und (2_3) das Gleichzeitszeichen; z. B.

$$\varphi(x) = x, \;= \frac{x}{\log x}, \;= \frac{x^\alpha}{(\log\log x)^\beta}, \;= \sqrt[n]{x} \quad \text{u. a.}$$

Beweis: Man setze $x = \lambda y + r$ ($0 \leqq r < \lambda$; r, y ganz). Dann ist auf Grund der Monotonie von $\varphi(x)$

$$\begin{aligned} \frac{(\lambda\times M)(-1,x)}{\varphi(x+1)} &= \frac{(\lambda\times M)(-1,\lambda y)}{\varphi(\lambda y + r + 1)} = \frac{M(-1,y)}{\lambda\,\varphi(y+1)}\cdot\frac{\lambda\,\varphi(y+1)}{\varphi(\lambda y + r + 1)} \\ &\geqq \frac{M(-1,y)}{\lambda\,\varphi(y+1)}\cdot\frac{\lambda\,\varphi(y+1)}{\varphi(\lambda(y+1))} \qquad (x \geqq 0), \end{aligned}$$

und hieraus folgen die behaupteten Abschätzungen nach unten, da mit x offenbar auch y alle positiven ganzen Zahlen durchläuft. Andererseits gilt

$$\begin{aligned} \delta_v\big(\lambda\times\mathfrak{M};\varphi(x)\big) &\leqq \frac{(\lambda\times M)(-1,\lambda x - 1)}{\varphi(\lambda x)} = \frac{M(-1,x-1)}{\lambda\,\varphi(x)}\cdot\frac{\lambda\,\varphi(x)}{\varphi(\lambda x)} \\ &\leqq \frac{M(-1,x-1)}{\lambda\,\varphi(x)}\cdot \overline{\operatorname{fin}}_{y=1,2,\ldots} \frac{\lambda\,\varphi(y)}{\varphi(\lambda y)} \end{aligned}$$

für alle $x \geqq 1$, womit (2_1) bewiesen ist. Ähnlich erhält man (2_2) und (2_3), indem man

$$\overline{\lim}_{x=1,2,\ldots} \frac{(\lambda\times M)(-1,x)}{\varphi(x+1)} = \overline{\lim}_{x=1,2,\ldots} \frac{(\lambda\times M)(-1,\lambda x - 1)}{\varphi(\lambda x)} \quad (\leqq \infty)$$

beachtet.

Zusatz. Ersetzt man in Satz 3 die Menge $\lambda \times \mathfrak{M}$ durch eine Menge $\mathfrak{B} = \{b_0, b_1, \ldots\}$ mit der Eigenschaft $b_\nu \sim \lambda\, m_\nu$ ($m_\nu \in \mathfrak{M}$, $\lambda > 0$ reell), so erhält man zu (2_2) und (2_3) verwandte Relationen. Beispielsweise ergibt sich unter der zusätzlichen Voraussetzung, daß $\lim\limits_{x \to \infty} \frac{\varrho\, \varphi(x)}{\varphi(\varrho\, x)} = 1$ $(\varrho > 0)$ existiert:

$$\frac{1}{\lambda}\, \delta^*\big(\mathfrak{M}; \varphi(x)\big) = \delta^*\big(\mathfrak{B}; \varphi(x)\big), \quad \frac{1}{\lambda}\, \bar{\delta}^*\big(\mathfrak{M}; \varphi(x)\big) = \bar{\delta}^*\big(\mathfrak{B}; \varphi(x)\big).$$

Zum Beweis beachte man, daß aus den Voraussetzungen 8.2. (19) über $\varphi(x)$ noch $\varphi(x) \sim \varphi([x])$ folgt. Die Behauptung ergibt sich dann leicht aus

$$M\left(\left[\frac{x}{\lambda(1+\varepsilon)}\right]\right) \leq B(x) \leq M\left(\left[\frac{x}{\lambda(1-\varepsilon)}\right]\right) \qquad \left(0 < \varepsilon < 1 - \frac{1}{\lambda};\ x \geq x_0(\varepsilon)\right),$$

da ohne Einschränkung $\lambda > 1$ angenommen werden kann (ist $\lambda = 1$, so verwende man etwa $\frac{2 \times \mathfrak{B}}{2}$).

Siehe hierzu ferner Frejmann [1].

Satz 4. $\mathfrak{A}_1, \mathfrak{A}_2, \ldots$ *sei eine Mengenfolge mit* $\mathfrak{A}_i \cap \mathfrak{A}_j \subseteqq [0, a]$ $(i \neq j,\ a \geqq 0)$. *Dann ist*

$$\delta^*\Big(\bigcup_{i \geqq 1} \mathfrak{A}_i; \varphi(x)\Big) \geqq \sum_{i \geqq 1} \delta^*\big(\mathfrak{A}_i; \varphi(x)\big).$$

Ist überdies $\sum\limits_{i \geqq 1} \frac{A_i(x)}{x}$ *für* $x \geqq 0$ *gleichmäßig konvergent, und existiert* $\delta_*\big(\mathfrak{A}_i; \varphi(x)\big)$ *für alle* $i \geqq 1$, *so existiert* $\delta_*\Big(\bigcup\limits_{i \geqq 1} \mathfrak{A}_i; \varphi(x)\Big)$, *und es ist*

$$\delta_*\Big(\bigcup_{i \geqq 1} \mathfrak{A}_i; \varphi(x)\Big) = \sum_{i \geqq 1} \delta_*\big(\mathfrak{A}_i; \varphi(x)\big).$$

Beweis: Setzt man $\mathfrak{B} = \bigcup\limits_{i \geqq 1} \mathfrak{A}_i$, so ist offenbar

$$\frac{B(a, x)}{\varphi(x)} = \sum_{i \geqq 1} \frac{A_i(a, x)}{\varphi(x)} \geqq \sum_{i=1}^{n} \frac{A_i(a, x)}{\varphi(x)},$$

woraus unmittelbar beide Behauptungen folgen.

Über die Dichten des Durchschnitts gegebener Mengen läßt sich allgemein nicht viel sagen. Ein mit dieser Frage verwandtes Ergebnis ist der folgende Existenzsatz von Gillis [1]:

Satz 5. $\mathfrak{M}_1, \mathfrak{M}_2, \ldots, \mathfrak{M}_n, \ldots$ *sei eine unendliche Folge nicht notwendig verschiedener Mengen. Es gebe ein ganzes* $\lambda \geqq 1$, *so daß*

$$\varlimsup_{k = 1, 2, \ldots} \frac{k^{1 - \frac{1}{\lambda}}}{\mu_1 + \mu_2 + \cdots + \mu_k} = 0 \qquad \big(\delta^*(\mathfrak{M}_\nu) = \mu_\nu;\ \nu = 1, 2, \ldots\big)$$

ist. Dann existieren zu jedem $\varepsilon > 0$ *Mengen* $\mathfrak{M}_{n_1}, \mathfrak{M}_{n_2}, \ldots, \mathfrak{M}_{n_\lambda}$ $(n_i \neq n_j$ *für* $i \neq j)$ *in der Folge mit*

$$\bar{\delta}^*\Big(\bigcap_{\varkappa = 1}^{\lambda} \mathfrak{M}_{n_\varkappa}\Big) > \mu_{n_1} \mu_{n_2} \cdots \mu_{n_\lambda} (1 - \varepsilon). \tag{3}$$

Kommt eine Menge, etwa $\mathfrak{M}_\varrho$, unendlich oft in $\mathfrak{M}_1, \mathfrak{M}_2, \ldots$ vor, so ist der Satz trivial, da dann (3) mit $\mathfrak{M}_{n_1} = \mathfrak{M}_{n_2} = \cdots = \mathfrak{M}_{n_\lambda} = \mathfrak{M}_\varrho$ sogar für jedes $\lambda \geqq 1$ zutrifft. — Besitzt die Folge $\mu_1, \mu_2, \ldots$ eine positive untere Grenze, etwa μ, so ist die Voraussetzung des Satzes offenbar für jedes ganze $\lambda \geqq 1$ erfüllt. Daher gilt (GILLIS [1]):

Satz 6. *Ist $\delta^*(\mathfrak{M}_n) \geqq \mu > 0$ für alle $n = 1, 2, \ldots$, so gibt es zu jedem $\varepsilon > 0$ und jedem ganzen $\lambda \geqq 1$ Mengen $\mathfrak{M}_{n_1}, \mathfrak{M}_{n_2}, \ldots, \mathfrak{M}_{n_\lambda}$ ($n_i \neq n_j$ für $i \neq j$), so daß*

$$\bar{\delta}^*\left(\bigcap_{\varkappa=1}^{\lambda} \mathfrak{M}_{n_\varkappa}\right) \geqq \mu^\lambda - \varepsilon \tag{4}$$

ist.

Wendet man Satz 6 auf die spezielle Folge

$$\mathfrak{M}, \{c_1\} + \mathfrak{M}, \{c_2\} + \mathfrak{M}, \ldots \qquad (0 < c_1 < c_2 < \cdots, \ \mathfrak{M} \in \Sigma \text{ beliebig})$$

an, so erhält man unmittelbar (OSTMANN)

Satz 7. *Ist $\mathfrak{M}$ eine beliebige Menge positiver asymptotischer Dichte μ, so gibt es zu jedem ganzen $\lambda \geqq 1$ (und jedem $\varepsilon > 0$) paarweise verschiedene ganze Zahlen $a_i \geqq 0$ ($i = 1, 2, \ldots, \lambda$), so daß*

$$\bar{\delta}^*\left(\bigcap_{\varkappa=1}^{\lambda} (\{a_\varkappa\} + \mathfrak{M})\right) > 0 \quad (bzw. > \mu^\lambda - \varepsilon > 0,\ 0 < \varepsilon < \mu^\lambda)$$

ist. Überdies können die a_i sämtlich noch einer beliebig gegebenen unendlichen Menge $\mathfrak{C} \in \Sigma$ entnommen werden.

Zusatz. Im Fall $\lambda = 2$ besagt das die Existenz zweier Zahlen a, b ($0 \leqq a < b$), so daß $\delta^*((\{a\} + \mathfrak{M}) \cap (\{b\} + \mathfrak{M})) > \mu^2 - \varepsilon > 0$ ist, und mit $c = b - a$ erkennt man daher noch unmittelbar: *Es existiert stets ein ganzes $c > 0$, so daß*

$$\bar{\delta}^*(\mathfrak{M} \cap (\{c\} + \mathfrak{M})) > 0 \qquad (bzw. > \mu^2 - \varepsilon)$$

ist[1]. Wendet man dies Resultat auf $\mathfrak{M}_1 =_{\mathrm{Df}} \mathfrak{M} \cap (\{c\} + \mathfrak{M})$ an und

[1] Dieses Ergebnis läßt sich auch leicht direkt bestätigen. Man bestimme nämlich ein ganzes $b \geq 2$ so, daß $\frac{1}{b} < \delta^*(\mathfrak{M}) \leq \frac{1}{b-1}$ ist. Dann sei $\mathfrak{M}_b = \underset{m_\varkappa \in \mathfrak{M}}{\in} [m_{\varkappa+1} - m_\varkappa \leq b]$. Für $\mathfrak{M} - \mathfrak{M}_b =_{\mathrm{Df}} \mathfrak{M}' = \{m_0', m_1', m_2', \ldots\}$ gilt wegen $m_{\nu+1}' - m_\nu' \geq b + 1$ sicher

$$M'(x) \leq \left[\frac{x}{b+1}\right] + 1, \quad also \quad \frac{M'(x)}{x} \leq \frac{1}{b+1} + \frac{1}{x},$$

mithin

$$\delta^*(\mathfrak{M}) = \varliminf_{x=1,2,\ldots} \frac{M_b(x) + M'(x)}{x} \leq \varliminf_{x=1,2,\ldots} \left(\frac{M_b(x)}{x} + \frac{1}{b+1} + \frac{1}{x}\right)$$
$$< \delta^*(\mathfrak{M}_b) + \delta^*(\mathfrak{M} ,$$

fährt sukzessive so fort, so ergibt sich noch, daß es *unendlich viele verschiedene solche c gibt.*

Satz 6 läßt sich noch verschärfen (GILLIS [1]):

Satz 8. *Ist $\delta^*(\mathfrak{M}_n) \geqq \mu > 0$ für alle $n = 1, 2, \ldots$, so gibt es zu jedem $\varepsilon > 0$ und jedem $\lambda \geqq 1$ Teilfolgen $\mathfrak{M}_{i_1}, \mathfrak{M}_{i_2}, \ldots$, so daß für je λ Mengen der Teilfolge stets* (4) *erfüllt ist.*

Der Beweis von Satz 8 ergibt sich aus Satz 6 unter Heranziehung des folgenden kombinatorischen Satzes (RAMSEY [1]):

$\mathfrak{K}$ sei eine beliebige (abstrakte) unendliche Menge; $\mathfrak{P}(\mathfrak{K})$ bezeichne die Menge aller Teilmengen von $\mathfrak{K}$; $\mathfrak{P}_r(\mathfrak{K}) \subset \mathfrak{P}(\mathfrak{K})$ ($r \geqq 0$ ganz) sei die Gesamtheit aller aus genau r Elementen bestehenden Teilmengen (auch r-Kombinationen genannt). Weiter sei

$$\mathfrak{P}(\mathfrak{K}) = \bigcup_{i=1}^{\varrho} \mathfrak{C}_i \quad (\varrho > 0 \text{ ganz}; \mathfrak{C}_i \cap \mathfrak{C}_j = 0 \; (i \neq j)).$$

Dann existieren eine unendliche Teilmenge $\mathfrak{K}_1$ von $\mathfrak{K}$ und ein i_0, $1 \leqq i_0 \leqq \varrho$, so daß $\mathfrak{P}_r(\mathfrak{K}_1) \subseteqq \mathfrak{C}_{i_0}$ ist. — Der Satz gilt in gleicher Weise, wenn $\mathfrak{K}$ und $\mathfrak{K}_1$ Folgen sind.

Setzt man nun in diesem Satz $\mathfrak{K} = (\mathfrak{M}_1, \mathfrak{M}_2, \ldots)$, $\varrho = 2$, $r = \lambda$, $\mathfrak{C}_1$ gleich der Gesamtheit aller derjenigen Elemente aus $\mathfrak{P}_\lambda(\mathfrak{K})$, die (4) erfüllen, und schließlich $\mathfrak{C}_2 = \mathfrak{P}(\mathfrak{K}) - \mathfrak{C}_1$, so folgt die Existenz einer unendlichen Teilfolge $\mathfrak{K}_1$ von $\mathfrak{K}$, so daß

$$\mathfrak{P}_\lambda(\mathfrak{K}_1) \subseteqq \mathfrak{C}_1 \quad \textit{oder} \quad \mathfrak{P}_\lambda(\mathfrak{K}_1) \subseteqq \mathfrak{C}_2$$

gilt. Da aber mindestens ein Element ($= \lambda$-Kombination) von $\mathfrak{P}_\lambda(\mathfrak{K}_1)$ nach Satz 6 die Relation (4) erfüllt, ist $\mathfrak{P}_\lambda(\mathfrak{K}_1) \cap \mathfrak{C}_1 \neq 0$, also wegen $\mathfrak{C}_1 \cap \mathfrak{C}_2 = 0$ sicher $\mathfrak{P}_\lambda(\mathfrak{K}_1) \subseteqq \mathfrak{C}_1$, so daß $\mathfrak{K}_1$ die in Satz 8 behauptete Eigenschaft hat.

GILLIS [1] gibt noch ein Beispiel einer Mengenfolge $\mathfrak{M}_n$ mit paarweise elementfremden $\mathfrak{M}_n$, für die $\bar{\delta}^*(\mathfrak{M}_n) = 1$ für alle $n = 1, 2, \ldots$ ist. In (3) können daher rechter Hand die μ_i nicht durch die oberen asymptotischen Dichten ersetzt werden. Die Konstruktion von Beispielen für diese Erscheinung bereitet keine Schwierigkeiten. Die Frage, ob linker Hand in

---

so daß $\delta^*(\mathfrak{M}_b) > 0$ folgt. Da nun der Abstand eines Elementes von $\mathfrak{M}_b$ zum nächst größeren Element in $\mathfrak{M}$ höchstens gleich b ist, lassen sich die Elemente von $\mathfrak{M}$, die zu demselben diesbezüglichen Abstandswert d gehören, zu endlich vielen Klassen $\mathfrak{K}_d$ zusammenfassen. Mindestens eine Klasse besitzt eine positive obere asymptotische Dichte, und für diese gilt

$$\{d\} + \mathfrak{K}_d \subseteqq (\{d\} + \mathfrak{M}) \cap \mathfrak{M},$$

woraus die Behauptung folgt.

(3) bereits die asymptotische Dichte stehen darf, ist zu verneinen, wie das anschließend konstruierte Beispiel (Wirsing) zeigt. Zunächst sei $F = (m_1, m_2, \ldots, m_\nu, \ldots)$ eine Folge natürlicher Zahlen derart, daß jedes ganze $n > 0$ unendlich oft in F auftritt; außerdem sei $m_\nu \leqq \nu$, was sich durch genügend häufige Wiederholungen sofort erreichen läßt. Mit diesen m_ν bilde man

$$\mathfrak{J}_\nu = \bigcup_\lambda [\nu! + 2\lambda\, m_\nu + 1, \nu! + 2\lambda\, m_\nu + m_\nu], \quad \mathfrak{J}_0 = \{0\}$$

$$\left(\lambda = 0, 1, \ldots, \left[\frac{\nu!\,\nu}{2m_\nu} - \frac{1}{2}\right];\ \nu \geqq 1\right),$$

wobei also $\nu! + 2\lambda\, m_\nu + m_\nu \leqq (\nu + 1)!$ ist. $\mathfrak{J}_\nu$ besteht somit abwechselnd aus Ketten der Länge m_ν und Lücken der Länge m_ν. Bildet man nun die Menge $\mathfrak{A} = \bigcup_{\nu=0}^{\infty} \mathfrak{J}_\nu$, so hat die Folge $\mathfrak{A}, \{1\} + \mathfrak{A}, \{2\} + \mathfrak{A}, \ldots, \{n\} + \mathfrak{A}, \ldots$ die behauptete Eigenschaft. Für alle ν gilt nämlich $m_\nu | \nu!$, und es sind die Intervalldichten $\delta(\nu!, (\nu + 1)!; \mathfrak{A}) = \frac{1}{2}$; mithin ist $\delta^*(\mathfrak{A}) = \frac{1}{2}$. Ist $\mathfrak{D}_{n,m} = (\{n\} + \mathfrak{A}) \frown (\{m\} + \mathfrak{A})$, $n < m$, so genügt es wegen $\mathfrak{D}_{n,m} = \{n\} + \mathfrak{D}_{0,m-n}$ zum Abschluß des Beweises zu zeigen, daß $\delta^*(\mathfrak{A} \frown (\{m\} + \mathfrak{A})) = 0$ ist für jedes ganze $m > 0$. Nach Konstruktion von F kommt m in F unendlich oft vor: $m = m_{\nu_1} = m_{\nu_2} = \cdots$; mithin

$$\mathfrak{A} \frown (\{m\} + \mathfrak{A}) \frown [\nu_\varkappa! + 1 + m_{\nu_\varkappa}, (\nu_\varkappa + 1)!] = 0 \quad \textit{für alle} \quad \varkappa = 1, 2, \ldots.$$

Daher ist

$$D_{0,m}\big((\nu_\varkappa + 1)!\big) \leqq \nu_\varkappa! + m_{\nu_\varkappa} \leqq 2\,\nu_\varkappa!,$$

$$\frac{D_{0,m}((\nu_\varkappa + 1)!)}{(\nu_\varkappa + 1)!} \leqq \frac{2}{\nu_\varkappa + 1},$$

woraus für $\varkappa \to \infty$ sofort $\delta^*(\mathfrak{D}_{0,m}) = 0$ folgt.

Ist $\mathfrak{M} = \{m_0, m_1, m_2, \ldots\}$ so beschaffen, daß $m_{\varkappa+1} - m_\varkappa$ streng monoton wächst, und betrachtet man die Folge $\{\nu\} + \mathfrak{M}$ $(\nu = 0, 1, 2, \ldots)$, so besteht der Durchschnitt von je λ Mengen dieser Folge offenbar nur aus höchstens endlich vielen Elementen, so daß jede $\varphi(x)$-Dichte verschwindet. Die vorangehenden Sätze lassen sich daher nicht ohne weiteres auf beliebige $\varphi(x)$-Dichten verallgemeinern.

Siehe ferner Šanin [1].

Auf eine Abschätzung durch das Dichtenprodukt führt noch eine andersartige (dem Auswürfeln in der Wahrscheinlichkeitsrechnung entsprechende) Verknüpfung (Niven [3]), die sich jedoch nicht auf die Mengen $\mathfrak{A}, \mathfrak{B}$, sondern auf die zugehörigen Folgen $(a_0, a_1, a_2, \ldots)$ bezieht, da die Reihenfolge der a_i und b_i wesentlich eingeht. Die Bezeichnung $\mathfrak{A}$, $\mathfrak{B}$ usw. sei beibehalten.

Definition 1. *Unter der Auswahl oder Auswürfelung*[1] *von* $\mathfrak{A} = (a_0, a_1, a_2, \ldots)$ *durch* $\mathfrak{B} = (b_0, b_1, b_2, \ldots)$ *versteht man die Folge*

$$\mathfrak{A}_{\mathfrak{B}} = (a_{b_0}, a_{b_1}, \ldots, a_{b_i}, \ldots),$$

wobei im Fall, daß eine der beiden Folgen $\mathfrak{A}$, $\mathfrak{B}$ *endlich ist,* $\mathfrak{A}_{\mathfrak{B}}$ *aus den existierenden* a_{b_i} *zu bilden ist.*

Man zeigt leicht, daß *diese Verknüpfung assoziativ ist;* $\mathfrak{Z}$ spielt die Rolle der Identität: $\mathfrak{A}_{\mathfrak{Z}} = \mathfrak{Z}_{\mathfrak{A}} = \mathfrak{A}$ für alle $\mathfrak{A}$.

Sind $\mathfrak{A}$ und $\mathfrak{B}$ Basen endlicher Ordnung, so braucht $\mathfrak{A}_{\mathfrak{B}}$ nicht wieder Basis endlicher Ordnung zu sein, worauf STÖHR [6] hinweist. Nimmt man beispielsweise die am Schluß von 14.1. in Bemerkung 2 angegebene nichtbeständige Basis $\mathfrak{B} \cup \mathfrak{N}$ und wählt die Indizes, die hierin $\mathfrak{N}$ aussondern, als $\mathfrak{A}$, so hat (nach Konstruktion) $\mathfrak{A}$ positive Dichte, aber $\mathfrak{N} = (\mathfrak{B} \cup \mathfrak{N})_{\mathfrak{A}}$ hat keine endliche Basisordnung. — In Spezialfällen trifft die Basiseigenschaft von $\mathfrak{A}_{\mathfrak{B}}$, wenn $\mathfrak{A}$ und $\mathfrak{B}$ Basen sind, zu; siehe etwa das GOLDBACH-WARING-Problem in 21.4., Satz 6 (die dort mit $\mathfrak{P}^{(k)}$ bezeichnete Menge ist identisch mit $(\mathfrak{Z}^{(k)})_{\mathfrak{P}}$, wenn $\mathfrak{Z}^{(k)} = \{0, 1^k, 2^k, \ldots\}$ und $\mathfrak{P} = \{0, 1, 2, \ldots, p, \ldots\}$ die Menge aller Primzahlen bedeutet). — Kriterien allgemeiner Art sind bislang noch nicht bekannt.

Satz 9 (NIVEN [3]). *Es sei* $\mathfrak{C} = \mathfrak{A}_{\mathfrak{B}} = \{a_{b_0}, a_{b_1}, \ldots, a_{b_i}, \ldots\}$ und $a_0 = b_0 = 0$. *Dann gilt*

$$\delta_v(\mathfrak{A}_{\mathfrak{B}}) \geqq \delta_v(\mathfrak{A})\, \delta_v(\mathfrak{B}), \quad \delta(\mathfrak{A}_{\mathfrak{B}}) \geqq \delta(\mathfrak{A})\, \delta(\mathfrak{B}),$$

$$\delta^*(\mathfrak{A}_{\mathfrak{B}}) \geqq \delta^*(\mathfrak{A})\, \delta^*(\mathfrak{B}).$$

Beweis: $i = i(x)$ sei so bestimmt, daß $a_{b_i} \leqq x < a_{b_{i+1}}$ ist. Dann erkennt man ohne weiteres

$$C(-1, x) = i + 1 = B(-1, b_{i+1} - 1) \geqq \delta_v(\mathfrak{B})\, b_{i+1}$$
$$\geqq \delta_v(\mathfrak{B}) \big(A(x) + 1\big) \geqq \delta_v(\mathfrak{B})\, \delta_v(\mathfrak{A})\, (x + 1),$$

woraus die erste und entsprechend die zweite Ungleichung folgt. Ist $\delta^*(\mathfrak{A}) > 0$ und $\delta^*(\mathfrak{B}) > 0$, so wird mit x auch i beliebig groß, und man erhält analog:

$$C(x) \geqq \big(\delta^*(\mathfrak{B}) - \varepsilon\big)\big(\delta^*(\mathfrak{A}) - \varepsilon\big)\, x \quad \big(x \geqq x_0(\varepsilon),\ 0 < \varepsilon < \operatorname{Min}(\delta^*(\mathfrak{A}), \delta^*(\mathfrak{B}))\big),$$

d. h. die letzte Behauptung.

Siehe auch STÖHR [6].

---

[1] Bei NIVEN auch Produkt genannt und als solches geschrieben.

18.2. Rationale und pseudorationale Mengen.

Ohne Mühe bestätigt man

Satz 10. *Für jede rationale Menge* $\mathfrak{R}$ *(siehe 1.4.) existiert die natürliche x-Dichte und ist für die unendlichen rationalen Mengen charakteristisch, überdies ist ihr Wert stets rational. Die unendlichen rationalen Mengen* $\mathfrak{R}$, $0 \in \mathfrak{R}$ *sind asymptotische Basen endlicher Ordnung von* $d \times \mathfrak{Z}$, *worin d der größte Teiler von* $\mathfrak{R}$ *ist. Insbesondere gilt dies für die reinperiodischen Mengen sowie für die Mengen mit Relativnullen. Ist l eine Periode von* $\varrho(\mathfrak{R})$ *und k die Anzahl der in* $\mathfrak{R}$ *enthaltenen unendlichen Restklassenteile (d. h. die Anzahl der Einsen innerhalb einer Periode von* $\varrho(\mathfrak{R})$*), so ist*

$$\delta_*(\mathfrak{R}) = \frac{k}{l};$$

$\delta_v(\mathfrak{R})$ *und* $\delta(\mathfrak{R})$ *sind ebenfalls rational. Schließlich gilt*

$$\delta_*(\mathfrak{R}) = 1 \curvearrowright \mathfrak{R} \sim \mathfrak{Z}.$$

Aus 1.4., Satz 32 und Satz 34 folgt unmittelbar der

Zusatz. *Für Vereinigung, Durchschnitt und Summe endlich vieler rationaler Mengen gilt Satz* 10.

Auch der Wert der natürlichen Dichte einer Summe rationaler Mengen läßt sich abschätzen, und zwar durch die Anzahl der in den Summanden enthaltenen unendlichen Restklassenteile. Das Resultat geht unter dem Gesichtspunkt der Dichtentheorie im wesentlichen auf Davenport [2] zurück, wurde aber, wie Davenport [3] bemerkt, bereits von Cauchy [1] gefunden. Während Davenport [2] als Periodenlänge (Modul) eine Primzahl zugrunde legt, gehen die Verallgemeinerungen von einem beliebigen Modul aus (I. Chowla [1], S. Pillai [2], [3]). — Für das folgende sei an die in 12.2. vor Satz 11 erklärte Zuordnung $\mathfrak{A} \to \mathfrak{A}^{[g]}$ für jedes ganze $g \geqq 1$ erinnert. Beachtet man noch, daß endlich viele rationale Zahlen stets gemeinsame Periodenlängen besitzen, so stellt die Voraussetzung des folgenden Satzes (Cauchy [1], Davenport [2], I. Chowla [1]) in dieser Hinsicht keine Einschränkung dar.

Satz 11. *Es seien* $\mathfrak{R}_1, \mathfrak{R}_2, \ldots, \mathfrak{R}_n$ *rational und* $0 \in \bigcap_{\nu=1}^{n} \mathfrak{R}_\nu$; *l sei eine gemeinsame Periodenlänge aller* $\varrho(\mathfrak{R}_\nu)$ $(\nu = 1, 2, \ldots, n)$. *Ferner entstehe* $\mathfrak{A}_\nu \subseteqq \mathfrak{R}_\nu$ *durch Fortlassung aller der Elemente* $r_\nu \in \mathfrak{R}_\nu$, *in deren zugehöriger Restklasse* r_ν mod l *nur endlich viele Elemente von* $\mathfrak{R}_\nu$ *liegen* ($\mathfrak{A}_\nu$ *ist also eine in* $\mathfrak{R}_\nu$ *enthaltene, zu* $\mathfrak{R}_\nu$ *asymptotisch gleiche Menge mit Relativnullen; vgl. 2., Zusatz zu Satz 2).* k_ν *sei die Anzahl der in* $\mathfrak{A}_\nu$ *vertretenen Restklassen modulo l, die durch* $\alpha_1^{(\nu)}, \alpha_2^{(\nu)}, \ldots, \alpha_{k_\nu}^{(\nu)}$ mod l *bezeichnet sein mögen* $(\nu = 1, 2, \ldots, n)$. *Ist ferner*

$$(\alpha_\varkappa^{(\nu)} - \alpha_1^{(\nu)}, l) = 1 \text{ für alle } \nu = 2, 3, \ldots, n \text{ und alle } \varkappa = 2, 3, \ldots, k_\nu, \quad (5)$$

k_a die Anzahl der in $\sum_{\nu=1}^{n} \mathfrak{A}_\nu$ vertretenen Restklassen, k_r die entsprechende Anzahl in $\sum_{\nu=1}^{n} \mathfrak{R}_\nu$, so gilt

$$k_r \geqq \operatorname{Min}\left(l, \sum_{\nu=1}^{n} k_\nu - (n-1)\right), \tag{6}$$

$$\delta_*\left(\sum_{\nu=1}^{n} \mathfrak{R}_\nu\right) \geqq \operatorname{Min}\left(1, \sum_{\nu=1}^{n} \delta_*(\mathfrak{R}_\nu) - \frac{n-1}{l}\right). \tag{7_1}$$

Ist kein $\mathfrak{A}_\nu$ leer, so gilt noch

$$\frac{k_a}{l} = \delta_*\left(\sum_{\nu=1}^{n} \mathfrak{A}_\nu\right) = \delta_*\left(\sum_{\nu=1}^{n} \mathfrak{A}_\nu^{[l]}\right) \geqq \operatorname{Min}\left(1, \sum_{\nu=1}^{n} \delta_*(\mathfrak{A}_\nu^{[l]}) - \frac{n-1}{l}\right). \tag{7_2}$$

Ist l eine Primzahl, so ist (5) *stets erfüllt, d. h. entbehrlich.*

Beweis: Es genügt offenbar, $n = 2$ zu betrachten, da sich (6) für beliebiges n durch unmittelbare Iteration ergibt und (7_1), (7_2) direkte Folgen von (6) sind, indem man (6) durch l dividiert und $\mathfrak{A}_\nu \sim \mathfrak{A}_\nu^{[l]}$, $\mathfrak{A}_\nu \subseteqq \mathfrak{A}_\nu^{[l]}$ beachtet. Ferner kann ohne Einschränkung $\mathfrak{R}_1 = \mathfrak{A}_1^{[l]} \neq 0$, $\mathfrak{R}_2 = \mathfrak{A}_2^{[l]} \neq 0$ und (gemäß 1.1. (5)) überdies $0 \in \mathfrak{R}_1 \cap \mathfrak{R}_2$ angenommen werden. Weiter sei jetzt

$$\begin{aligned}
\mathfrak{R}_1 &= \underset{x\in\mathfrak{Z}}{\in} [x \equiv \alpha_1, \alpha_2, \ldots, \alpha_m (\operatorname{mod} l)], \\
\mathfrak{R}_2 &= \underset{x\in\mathfrak{Z}}{\in} [x \equiv \beta_1, \beta_2, \ldots, \beta_s (\operatorname{mod} l)], \\
\mathfrak{R}_1 + \mathfrak{R}_2 &= \underset{x\in\mathfrak{Z}}{\in} [x \equiv \gamma_1, \gamma_2, \ldots, \gamma_k (\operatorname{mod} l)],
\end{aligned}
\qquad
\begin{pmatrix}
\alpha_1 \equiv \beta_1 \equiv 0 \ (\operatorname{mod} l), \\
(\beta_2, l) = (\beta_3, l) = \cdots \\
= (\beta_s, l) = 1, \\
m > 0,\ s > 0
\end{pmatrix}$$

gesetzt, und es sei nicht schon $\mathfrak{R}_1 + \mathfrak{R}_2 = \mathfrak{Z}$. Dann verbleibt lediglich noch

$$k \geqq m + s - 1 \tag{8}$$

zu beweisen. Hier würde nun auch 12.3., Satz 13 unter Ausnutzung von (5) schnell zum Ziel führen, jedoch erfordert der Beweis von (8) keineswegs ein solch tiefliegendes Hilfsmittel, vielmehr liefert auch der anschließende einfache Induktionsbeweis nach s das gewünschte Resultat. Für $s = 1$ ist (8) wegen $\mathfrak{R}_1 \subseteqq \mathfrak{R}_1 + \mathfrak{R}_2$ trivial; sei nun zunächst $s = 2$. Wäre (8) falsch, so würde $\alpha_i + \beta_2 \in \mathfrak{R}_1$ folgen, und zwar für alle $\alpha_i \in \mathfrak{R}_1$, so daß auch $\alpha_i + x\beta_2 \in \mathfrak{R}_1$ für alle ganzen $x \geqq 0$ wäre; aus $(\beta_2, l) = 1$ folgt aber die Lösbarkeit von $\beta_2 x \equiv a$ (l) für jedes a, so daß schon $\mathfrak{R}_1 = \mathfrak{Z}$ wäre im Widerspruch zu $\mathfrak{R}_1 + \mathfrak{R}_2 \neq \mathfrak{Z}$. Sei nunmehr $s > 2$. Man setze $\mathfrak{A} = \mathfrak{R}_1 + \mathfrak{R}_2$ und $\mathfrak{B} = \underset{x\in\mathfrak{Z}}{\in} [x \equiv \beta_1, \beta_s (\operatorname{mod} l)]$; nach dem schon Bewiesenen sind daher in $\mathfrak{A} + \mathfrak{B}$ mindestens $k + 1$ Restklassen vertreten, so daß für mindestens ein γ_i sicher $\gamma_i + \beta_s \notin \mathfrak{A}$ und auch für wenigstens ein $\gamma_j =_{\mathrm{Df}} \gamma$ notwendig $\gamma - \beta_s \notin \mathfrak{A}$ ist. Durch geeignete Numerierung von $\beta_2, \beta_3, \ldots, \beta_{s-1}$ sowie von $\gamma_1, \gamma_2, \ldots, \gamma_k$ kann wegen

$\beta_1 = 0$ offenbar

$$\left.\begin{aligned} &\gamma-\beta_\mu \in \mathfrak{A} \textit{ nebst } \gamma-\beta_\mu \equiv \gamma_\mu(l)\ (\mu = 1, 2, \ldots, r), \\ &\gamma-\beta_\nu \notin \mathfrak{A}\ (\nu = r+1, r+2, \ldots, s), \end{aligned}\right\} \quad (1 \leqq r \leqq s-1) \qquad (9)$$

erreicht werden. Wäre $\gamma_\mu - \beta_\nu \in \mathfrak{R}_1$, etwa $\gamma_\mu - \beta_\nu \equiv \alpha\ (l)$, so würde mit Hilfe von (9)

$$\alpha + \beta_\nu \equiv \gamma_\mu \equiv \gamma - \beta_\mu\,(l),$$

also auch

$$\alpha + \beta_\mu \equiv \gamma - \beta_\nu \notin \mathfrak{A} = \mathfrak{R}_1 + \mathfrak{R}_2$$

folgen, während doch $\alpha + \beta_\mu \in \mathfrak{R}_1 + \mathfrak{R}_2$ ist; mithin

$$\begin{aligned} &\underset{x\in\mathfrak{Z}}{\in} [x \equiv \gamma_{r+1}, \gamma_{r+2}, \ldots, \gamma_k \pmod{l}] \\ &\quad \geqq \bigcup_{\alpha\in\mathfrak{R}_1} \underset{x\in\mathfrak{Z}}{\in} [x \equiv \alpha + \beta_{r+1}, \alpha + \beta_{r+2}, \ldots, \alpha + \beta_s \pmod{l}] \qquad (10) \\ &\quad = \mathfrak{R}_1 + \underset{x\in\mathfrak{Z}}{\in} [\beta_{r+1}, \beta_{r+2}, \ldots, \beta_s \pmod{l}] =_{\mathrm{Df}} \mathfrak{R}_1 + \mathfrak{R}_2'. \end{aligned}$$

Bedeutet k_1 die Restklassenanzahl in $\mathfrak{R}_1 + \mathfrak{R}_2'$, so folgt aus (10) sofort $k_1 \leqq k - r$; ferner ist wegen $s > r \geqq 1$ die Anzahl der Restklassen in $\mathfrak{R}_2'$ größer als 0 und kleiner als s, aus der Induktionsvoraussetzung ergibt sich daher

$$k - r \geqq k_1 \geqq m + (s - r) - 1$$

und damit auch der Satz.

S. Pillai [2], [3] verallgemeinert Satz 11 durch Fortlassung der Voraussetzung (5). Es gilt:

Satz 12. *Entfällt die Bedingung* (5) *in Satz* 11, *so gilt an Stelle von* (6)

$$\left.\begin{aligned} k_r &\geqq \operatorname{Min}\Biggl(\underset{\substack{\varrho=1,2,\ldots,k_\nu-1\\ \nu=2,3,\ldots,n}}{\operatorname{Min}} \left(\frac{l}{d_\varrho^{(\nu)}} + \varrho - 1\right), \sum_{\nu=1}^{n} k_\nu - (n-1)\Biggr) \\ &\geqq \operatorname{Min}\left(\frac{l}{d}, \sum_{\nu=1}^{n} k_\nu - (n-1)\right), \end{aligned}\right\} \qquad (11)$$

worin d das Maximum aller größten gemeinsamen Teiler $(l, \alpha_\varkappa^{(\nu)} - \alpha_\lambda^{(\nu)})$ $(1 \leqq \varkappa < \lambda \leqq k_\nu;\ \nu = 2, 3, \ldots, n-1)$ *bedeute, während* $d_\varrho^{(\nu)} = (l, \alpha_{\varrho+1}^{(\nu)} - \alpha_1^{(\nu)})$ *sei. Die Reihenfolge in* $\alpha_1^{(\nu)}, \alpha_2^{(\nu)}, \ldots, \alpha_{k_r}^{(\nu)}$ $(\nu = 2, 3, \ldots, n-1)$ *darf dabei so gewählt sein, daß* $\underset{\varrho,\nu}{\operatorname{Min}}\left(\frac{l}{d_\varrho^{(\nu)}} + \varrho - 1\right)$ *möglichst groß wird.* (7_1), (7_2) *bleiben bei entsprechender Modifikation erhalten. Für $n = 2$ gilt noch stets:*

$$k_1 + k_2 - 1 \geqq l \curvearrowright k_a = l \quad (d.\,h.\ \ \mathfrak{R}_1 + \mathfrak{R}_2 \sim \mathfrak{Z}). \qquad (12)$$

Beweis: Aus $d_\varrho^{(\nu)} \leqq d$ folgt sofort der letzte Teil der Ungleichung (11). Voraussetzung (12) ist gleichwertig mit $\delta_*(\mathfrak{R}_1, \mathfrak{R}_2) \geqq \frac{l+1}{l} > 1$

nach 12.1., Satz 1, mithin $\mathfrak{R}_1 + \mathfrak{R}_2 \sim \mathfrak{Z}$. Ordnet man ferner $\mathfrak{R}_2, \mathfrak{R}_3, \ldots, \mathfrak{R}_\nu$ so an, daß $\underset{\varrho = 1,2,\ldots,k_\nu - 1}{\mathrm{Min}} \left(\frac{l}{d_\varrho^{(\nu)}} + \varrho - 1\right)$ mit wachsendem ν monoton fällt, so ergibt sich (11) für $n > 2$ durch Iteration aus dem Fall $n = 2$. Es genügt mithin (11) für $n = 2$ zu bestätigen, und zwar unter der Annahme, daß nicht schon $k_a =_{\mathrm{Df}} k \geqq M$ ist, wobei

$$M = \underset{\varrho = 1,2,\ldots,s-1}{\mathrm{Min}} \left(\frac{l}{d_\varrho} + \varrho - 1\right) \qquad \left(d_\varrho = (l, \beta_{\varrho+1}),\ 1 \leqq \varrho \leqq n - 1\right)$$

$$\mathfrak{R}_1 = \underset{x \in \mathfrak{Z}}{\in} [x \equiv \alpha_1, \alpha_2, \ldots, \alpha_m (\mathrm{mod}\, l)],$$

$$\mathfrak{R}_2 = \underset{x \in \mathfrak{Z}}{\in} [x \equiv \beta_1, \beta_2, \ldots, \beta_s (\mathrm{mod}\, l)] \qquad (\alpha_1 \equiv \beta_1 \equiv 0\ (l))$$

gesetzt sei. Der weitere Beweis verläuft unter entsprechender Abänderung der Induktionsvoraussetzung völlig analog dem Beweis von Satz 11.

Shepherdson [1] verallgemeinert Satz 11 auf Abelsche Gruppen, Chatrowski [2] erweitert Satz 12 auf nichtkommutative Gruppen. Siehe auch die gruppentheoretischen Verallgemeinerungen bei Kempermann-Scherk [1], Mann [3], [4]; ferner sei auf M. Kneser [2], Macbeath [1] hingewiesen, wo u. a. auch die Übertragung auf die n-dimensionale Torusgruppe durchgeführt wird. M. Kneser [2] gibt überdies Anwendungen auf die Geometrie der Zahlen. — Ist $\mathfrak{R} = \{\hat{r}_1, \hat{r}_2, \ldots, \hat{r}_k\}$ eine gegebene Menge von Restklassen $r_\varkappa \bmod l =_{\mathrm{Df}} \hat{r}_\varkappa$, so untersucht v. Sterneck [2], [4], [5] die Partitionsfunktion $p(\hat{r}, \mathfrak{R})$, die das *(modulo l)-Analogon von* $p(n; \mathfrak{A})$ (s. 7.2.) ist.

Satz 13. (Volkmann [1]). *Für jede pseudorationale Menge $\mathfrak{Q} \neq 0$ (siehe 17.1., Definition 1) existiert die natürliche x-Dichte $\delta_*(\mathfrak{Q})$. Überdies gibt es stets zwei Folgen rationaler Mengen $\mathfrak{R}_1 \subseteqq \mathfrak{R}_2 \subseteqq \cdots \subseteqq \mathfrak{Q}$ und $\widetilde{\mathfrak{R}}_1 \supseteqq \widetilde{\mathfrak{R}}_2 \supseteqq \cdots \supseteqq \mathfrak{Q}$, so daß*

$$\lim_{i \to \infty} \delta_*(\mathfrak{R}_i) = \lim_{i \to \infty} \delta_*(\widetilde{\mathfrak{R}}_i) = \delta_*(\mathfrak{Q})$$

ist, und diese Bedingung ist auch hinreichend.

Beweis: Die erste Behauptung ist evident. Ist ferner $\varepsilon_1, \varepsilon_2, \ldots$ eine Nullfolge, $\varepsilon_n > 0$, so gibt es zu jedem ε_n rationale Mengen $\mathfrak{R}_{\varepsilon_n} \subseteqq \mathfrak{Q} \subseteqq \mathfrak{R}^{\varepsilon_n}$, $\delta_*(\mathfrak{R}^{\varepsilon_n} - \mathfrak{R}_{\varepsilon_n}) < \varepsilon_n$. Man setze

$$\mathfrak{R}_i = \bigcup_{n=1}^{i} \mathfrak{R}_{\varepsilon_n}, \quad \widetilde{\mathfrak{R}}_i = \bigcap_{n=1}^{i} \mathfrak{R}^{\varepsilon_n}.$$

Nach 1.4., Satz 32 sind $\mathfrak{R}_i$ und $\widetilde{\mathfrak{R}}_i$ wieder rational. Aus

$$\delta_*(\widetilde{\mathfrak{R}}_i - \mathfrak{R}_i) \leqq \delta_*(\mathfrak{R}^{\varepsilon_i}) - \delta_*(\mathfrak{R}_{\varepsilon_i}) < \varepsilon_i$$

folgt die Behauptung; daß die Bedingung auch hinreicht, ist evident.

Satz 14 (R. Buck [1]). *Zu jedem reellen $\sigma \in \langle 0; 1\rangle$ gibt es unendliche pseudorationale Mengen $\mathfrak{Q}$ mit $\delta_*(\mathfrak{Q}) = \sigma$.*

Für rationales $\sigma = \frac{s}{t} > 0$ leisten bereits die rationalen Mengen $\mathfrak{R} = \underset{x \in \mathfrak{Z}}{\in} [x \equiv 1, 2, \ldots, s \pmod{t}]$ alles Verlangte. Ferner ist $\mathfrak{Q} = \mathfrak{M}_a = \{1, a, a^2, \ldots, a^n, \ldots\}$, $a > 1$, wegen $\mathfrak{M}_a \subseteqq \mathfrak{R}_n =_{\mathrm{Df}} \{1, a, a^2, \ldots, a^{n-1}\} \cup \underset{x \in \mathfrak{Z}}{\in} [x \equiv 0\,(a^n)]$ und $\delta_*(\mathfrak{R}_n) = a^{-n}$ pseudorational mit $\delta_*(\mathfrak{A}) = \sigma = 0$. Hinsichtlich des Beweises für irrationales σ siehe Buck [1].

Zusatz. Die für $\sigma = 0$ oben konstruierte Menge $\mathfrak{Q}$ ist offensichtlich nicht rational, so daß damit zugleich die Existenz nicht trivialer pseudorationaler Mengen bewiesen ist.

Weiteres über rationale Mengen s. in 1.4. und 17.1., über pseudorationale Mengen in 17.1.

Daß nicht jede Menge, für die die natürliche Dichte existiert, pseudorational ist, zeigt das in 17.1. angegebene Beispiel der Summe $\mathfrak{C}$ zweier pseudorationaler Mengen. In diesem Beispiel ist $\delta_*(\mathfrak{C}) = 0$, aber $\mathfrak{C}$ nicht pseudorational. Ist ferner noch $\mathfrak{C}_1$ eine beliebige Menge, für die $\delta_*(\mathfrak{C}_1)$ existiert und kleiner als Eins ist, so existiert offensichtlich $\delta_*(\mathfrak{C} \cup \mathfrak{C}_1)$, und es ist $\delta_*(\mathfrak{C} \cup \mathfrak{C}_1) = \delta_*(\mathfrak{C}_1)$, überdies ist $\mathfrak{C} \cup \mathfrak{C}_1$ nicht pseudorational, da schon die einzigen rationalen Obermengen von $\mathfrak{C}$, wie in 17.1. gezeigt, die natürliche Dichte Eins besitzen. Da schließlich noch das Komplement $\overline{\mathfrak{C}}$ von $\mathfrak{C}$ nicht pseudorational, aber $\delta_*(\overline{\mathfrak{C}}) = 1$ ist, ergibt sich insgesamt: *Zu jedem reellen α, $0 \leqq \alpha \leqq 1$, gibt es Mengen $\mathfrak{A}$, für die $\delta_*(\mathfrak{A}) = \alpha$ ist, die aber nicht pseudorational sind.*

19. Multiplamengen, erzeugende Mengen.

19.1. Bedeutet $\sigma(m)$ die Teilersumme von m, so nennt man bekanntlich die Zahlen $m > 0$ mit

$$\sigma(m) < \varkappa m \;\; bzw. \;\; \sigma(m) = \varkappa m \;\; bzw. \;\; \sigma(m) \geqq \varkappa m \qquad (\varkappa \geqq 1 \; reell)$$

$\varkappa$-defizient, bzw. *$\varkappa$-vollkommen*, bzw. *$\varkappa$-abundant*. Unter einer *erzeugenden*[1] *$\varkappa$-abundanten Zahl* versteht man ferner eine $\varkappa$-abundante Zahl ohne echte $\varkappa$-abundante Teiler. Beachtet man $\sigma(a\,b) \geqq b\,\sigma(a)$, so sieht man, daß mit a auch jedes Vielfache $\varkappa$-abundant ist, so daß jede $\varkappa$-abundante Zahl Multiplum mindestens einer erzeugenden $\varkappa$-abundanten Zahl ist; die Gesamtheit aller $\varkappa$-abundanten Zahlen ist mithin identisch mit der Gesamtheit der Multipla aller erzeugenden $\varkappa$-abundanten Zahlen. Dieser in der Theorie der $\varkappa$-abundanten Zahlen häufig betrachtete Zusammenhang hat Anlaß zur folgenden Verallgemeinerung (Ostmann) gegeben.

[1] Auch *primitiv* genannt.

Definition 1. *Es seien* $\mathfrak{A} \neq 0$ *und* $\mathfrak{T}$ *beliebige Mengen aus* Σ. *Es bedeute* $\mathfrak{M} = \mathfrak{M}(\mathfrak{A}, \mathfrak{T})$ *die Gesamtheit derjenigen (nichtnegativen) Multipla der Elemente von* $\mathfrak{A}$, *die durch kein Element von* $\mathfrak{T}$ *teilbar sind. Dann heißt* $\lambda \times \mathfrak{M}(\mathfrak{A}, \mathfrak{T})$ *für jedes* $\lambda \geqq 1$ *Multiplamenge.* $\mathfrak{A}$ *heißt erzeugende Menge von* $\mathfrak{M}$; $\mathfrak{T}$ *die Nebenbedingung. Ist* $\mathfrak{A} = \{1\}$, *so nennt man die Teilmengen von* $\mathfrak{M}(\{1\}, \mathfrak{T})$ *und deren Elemente auch* $\mathfrak{T}$*-frei.*

Ist $\mathfrak{T} = 0$, so ist offenbar stets $0 \in \mathfrak{M}(\mathfrak{A}, \mathfrak{T})$, andernfalls ist $0 \notin \mathfrak{M}(\mathfrak{A}, \mathfrak{T})$; ist $1 \in \mathfrak{T}$, so ist $\mathfrak{M}(\mathfrak{A}, \mathfrak{T})$ leer.

Satz 1. *Sind* $\mathfrak{A} = \{a_1, a_2, \ldots, a_n\}$ *und* $\mathfrak{T} = \{t_1, t_2, \ldots, t_s\}$ *endlich, so besitzt* $\lambda \times \mathfrak{M}(\mathfrak{A}, \mathfrak{T})$ *Relativnullen, ist also erst recht rational, und zwar entweder leer oder unendlich. Die natürliche Dichte existiert und ist charakteristisch, wenn* $\mathfrak{M} \neq 0$ *ist, und in diesem Fall ist* $(\lambda \times \mathfrak{M}) \cup \{0\}$ *asymptotische Basis endlicher Ordnung von* $\lambda d \times \mathfrak{Z}$, *wobei* $d = (a_1, a_2, \ldots, a_n)$ *ist.*

Beweis: Es gilt offenbar:

$$a_\nu \mid x \wedge t_\varkappa \nmid x$$
$$\curvearrowright a_\nu \mid x + a_1 a_2 \cdots a_n t_1 t_2 \cdots t_k \wedge t_\varkappa \nmid x + a_1 a_2 \cdots a_n t_1 t_2 \cdots t_k$$
$$(1 \leqq \nu \leqq n,\ 1 \leqq \varkappa \leqq k),$$

daher:

$$x \in \mathfrak{M} \curvearrowright x + a_1 a_2 \cdots a_n t_1 t_2 \cdots t_k \in \mathfrak{M},$$

so daß $\{0, a_1 a_2 \cdots a_n t_1 t_2 \cdots t_k\}$ Relativnull von $\mathfrak{M}$ ist (gleichgültig ob $\mathfrak{M}$ leer ist oder nicht). 18.2., Satz 10 ergibt die Behauptung.

Ist $\mathfrak{T} = 0$ und $\mathfrak{A}$ die Menge der erzeugenden $\varkappa$-abundanten Zahlen, so ist $\mathfrak{M}$ offenbar die Gesamtheit aller $\varkappa$-abundanten Zahlen. — Enthält für festes $x > 0$ die Menge $\mathfrak{T}$ genau alle Primzahlen $p \leq \sqrt{x}$ und ist $\mathfrak{A} = \{1\}$, so besteht $\mathfrak{M} \cap [1, x]$ offenbar genau aus allen Primzahlen $p \in (\sqrt{x}, x\rangle$. Die Einführung der Multiplamengen läuft somit zugleich auf eine Verallgemeinerung des Siebes von Eratosthenes hinaus. In den folgenden Sätzen wird das noch deutlicher.

Satz 2. *Es sei* $\mathfrak{A} = \{a\}$, $a \geqq 1$, *ferner* $\mathfrak{T} = \{a_1, a_2, \ldots, a_n\}$. *Ist* $\mathfrak{M}(\mathfrak{A}, \mathfrak{T})$ *nicht leer, so ist* ($[\cdots]$ *bedeute das kleinste gemeinschaftliche Vielfache*)

$$\delta_*(\mathfrak{M}) = \frac{1}{a} - \sum_{\varkappa=1}^{n} \frac{1}{[a_\varkappa, a]} + \sum_{\varkappa<\lambda} \frac{1}{[a_\varkappa, a_\lambda, a]} - + \cdots \qquad (1)$$
$$+ \frac{(-1)^n}{[a_1, a_2, \ldots, a_n, a]} > 0,$$

was für $a = 1$ *übergeht in*

$$\delta_*(\mathfrak{M}) = 1 - \sum_{\varkappa=1}^{n} \frac{1}{a_\varkappa} + \sum_{\varkappa<\lambda} \frac{1}{[a_\varkappa, a_\lambda]} - + \cdots + \frac{(-1)^n}{[a_1, a_2, \ldots, a_n]}. \qquad (2)$$

Beweis: Durch vollständige Induktion nach n bestätigt man leicht (s. DIRICHLET [1])

$$M(x) = \left[\frac{x}{a}\right] - \left[\frac{x}{[a_1, a]}\right] - \left[\frac{x}{[a_2, a]}\right] + \left[\frac{x}{[a_1, a_2, a]}\right] - + \cdots \tag{3}$$

$$= \frac{x}{a} - \sum_{\varkappa=1}^{n} \frac{x}{[a_\varkappa, a]} + - \cdots + O\left(\sum_{\varkappa=1}^{n} \binom{n}{\varkappa}\right),$$

woraus in Verbindung mit Satz 1 Formel (1) folgt.

Zusatz 1. *Im Fall $a = 1$ gilt für $\delta_*(\mathfrak{M})$ die Abschätzung* (HEILBRONN [1], ROHRBACH [2])

$$\delta_*(\mathfrak{M}) \geqq \prod_{\nu=1}^{n} \left(1 - \frac{1}{a_\nu}\right) > 0, \tag{4}$$

so daß $\mathfrak{M}$ nicht leer sein kann. Ist $a = a_i$, so ist offenbar $\mathfrak{M}$ leer. Ist $(a, a_i) = 1$ für alle $i = 1, 2, \ldots, n$, so ist noch

$$\mathfrak{M}(\{a\}, \{a_1, \ldots, a_n\}) = a \times \mathfrak{M}(\{1\}, \{a_1, \ldots, a_n\}).$$

Hinsichtlich einer Verallgemeinerung s. CHUNG [2].

Zusatz 2. *Ist $a \geqq 1$, und sind überdies $a, a_1, a_2, \ldots, a_n$ paarweise teilerfremd, so geht* (1) *in Verschärfung von* (4) *über in*

$$\delta_*(\mathfrak{M}) = \frac{1}{a}\left(1 - \sum_{\varkappa=1}^{n} \frac{1}{a_\varkappa} + \sum_{\varkappa<\lambda} \frac{1}{a_\varkappa a_\lambda} - + \cdots + \frac{(-1)^n}{a_1 a_2 \cdots a_n}\right)$$

$$= \frac{1}{a} \prod_{\nu=1}^{n} \left(1 - \frac{1}{a_\nu}\right) > 0. \tag{5}$$

Zusatz 2 läßt sich auf unendliche Mengen $\mathfrak{T}$ verallgemeinern:

Satz 3. *Ist $\mathfrak{T} = \{a_1, a_2, \ldots\}$, $1 \notin \mathfrak{T}$, und sind die a_ν paarweise teilerfremd, so existiert $\delta_*(\mathfrak{M}(\{1\}, \mathfrak{T}))$, und es ist*

$$\delta_*\left(\mathfrak{M}(\{1\}, \mathfrak{T})\right) = \prod_{\nu \geqq 1} \left(1 - \frac{1}{a_\nu}\right). \tag{6}$$

Unter denselben Bedingungen folgt für die Menge aller Mulipla der a_i

$$\delta_*\left(\mathfrak{M}(\mathfrak{T}, 0)\right) = 1 - \delta_*\left(\mathfrak{M}(\{1\}, \mathfrak{T})\right) = 1 - \prod_{\nu \geqq 1} \left(1 - \frac{1}{a_\nu}\right) > 0 \quad (\mathfrak{T} \neq 0). \tag{7}$$

Die Dichte in (6) *ist genau dann charakteristisch, wenn $\sum a_\nu^{-1}$ konvergiert, und $\mathfrak{M} \cup \{0\}$ ist in diesem Fall Basis endlicher Ordnung.*

Zusatz. Ist $\mathfrak{T}(1 \notin \mathfrak{T})$ eine beliebige Teilmenge der vollen Primzahlmenge $\mathfrak{P}$, so sind die Voraussetzungen von Satz 2 offensichtlich erfüllt, und $\mathfrak{M}$ ist identisch mit der Menge aller Potenzprodukte der nicht zu $\mathfrak{T}$ gehörenden Primzahlen. — Ferner besteht die Menge der durch kein $p \in \mathfrak{P} - \{0, 1\} =_{\mathrm{Df}} \mathfrak{P}^{(0,1)}$ teilbaren Zahlen offenbar nur aus der Eins:

$\mathfrak{M}(\{1\}, \mathfrak{P}^{(0,1)}) = \{1\}$. Da die Dichte dieser Menge trivialerweise verschwindet, besagt (6) noch

$$\prod_{\nu=2}^{\infty}\left(1-\frac{1}{p_\nu}\right) = 0 \left(also \sum_{p\in\mathfrak{P}^{(0)}} \frac{1}{p}\ divergent\right). \tag{8}$$

Hierin kommt offenbar lediglich eine Modifikation der bekannten EULER-DIRICHLET-Beweismethode für die Unendlichkeit von $\mathfrak{P}$ zum Ausdruck, indem die Divergenz der harmonischen Reihe nicht verwendet wird. — Betrachtet man noch die durch keinen Primteiler einer beliebig gegebenen ganzen Zahl $k \geq 1$ teilbaren Zahlen, so hat diese Menge $\mathfrak{R}_k$ nach (6) die natürliche Dichte $\prod_{\substack{p|k\\ p>1}}\left(1-\frac{1}{p}\right)$, andererseits ist $\delta_*(\mathfrak{R}_k) = \frac{\varphi(k)}{k}$, da $\mathfrak{R}_k$ zugleich aus allen zu k teilerfremden Zahlen besteht. Das ergibt sofort die bekannte Formel für die EULERsche φ-Funktion.

Hinsichtlich $\mathfrak{M}(\{1\}, \mathfrak{T})$, $\mathfrak{T} \subset \mathfrak{P}$, s. auch A. SELBERG [2]. Siehe auch S. SELBERG [5], [8], [11]. Vgl. auch 21.5., Satz 11f. — Eine hierher gehörige, aber mehr abstrakt gehaltene Untersuchung führen FELLER-TORNIER [1] durch. — Sind p, q Primzahlen mit $(p-1)(q-1) \equiv 0$ (24), so untersucht HABERZETLE [1] die Partitionsfunktion $p(n; \mathfrak{M}(\{1\}, \{p\,q\}))$; s. hierzu 7.7., Satz 17ff.

Beweis von Satz 3. Die Multiplamenge $\mathfrak{M}(\mathfrak{T}, 0)$ ist offensichtlich komplementär zu $\mathfrak{M}(\{1\}, \mathfrak{T})$, so daß (7) aus (6) folgt. Es ist $1 \in \mathfrak{M}(\{1\}, \mathfrak{T})$ daher $\mathfrak{M}(\{1\}, \mathfrak{T}) \neq 0$. Man setze abkürzend

$$\mathfrak{M}_r = \mathfrak{M}(\{1\}, \{a_1, a_2, \ldots, a_r\}), \quad \mathfrak{M} = \mathfrak{M}(\{1\}, \mathfrak{T}) \quad (r = 1, 2, \ldots).$$

Offensichtlich ist $\mathfrak{M} \subseteq \mathfrak{M}_r$, nach (5) mithin

$$\bar{\delta}^*(\mathfrak{M}) \leqq \delta_*(\mathfrak{M}_r) = \prod_{\nu=1}^{r}\left(1-\frac{1}{a_\nu}\right)$$

für alle $r \geqq 1$, also

$$\bar{\delta}^*(\mathfrak{M}) \leqq \prod_{\nu=1}^{\infty}\left(1-\frac{1}{a_\nu}\right). \tag{9}$$

Ist Σa_ν^{-1} divergent, also $\prod_{\nu=1}^{\infty}(1-a_\nu^{-1}) = 0$, so ist nichts mehr zu beweisen. Sei also Σa_ν^{-1} konvergent. Subtrahiert man von $M_r(x)$ die Anzahl der Vielfachen von $a_{r+1}, a_{r+2}, \ldots$ in $[1, x]$, so erhält man

$$M(x) \geqq M_r(x) - \left[\frac{x}{a_{r+1}}\right] - \left[\frac{x}{a_{r+2}}\right] - \cdots \geqq M_r(x) - x\sum_{\nu=r+1}^{\infty}\frac{1}{a_\nu},$$

also für genügend großes r

$$\delta^*(\mathfrak{M}) \geqq \prod_{\nu=1}^{r}\left(1-\frac{1}{a_\nu}\right) - \varepsilon \geqq \prod_{\nu=1}^{\infty}\left(1-\frac{1}{a_\nu}\right) - \varepsilon \quad (\varepsilon > 0),$$

womit alles gezeigt ist.

Näheres über $\mathfrak{M}(\{1\}, \mathfrak{T})$ sowie weitere Spezialfälle hiervon s. weiter unten in 19.2.

Allgemein gilt ohne die Voraussetzung der paarweisen Teilerfremdheit der a_i (ERDÖS [1])

Satz 4. *Ist* $\mathfrak{A} = \{a_1, a_2, \ldots\}$ *nnd* $\sum_{\nu \geqq 1} \frac{1}{a_\nu}$ *konvergent, so existiert* $\delta_*(\mathfrak{M}(\mathfrak{A}, 0))$, *und es ist*

$$\delta_*(\mathfrak{M}(\mathfrak{A}, 0)) = \sum_{\varkappa=1}^{\infty} \delta_*(\mathfrak{M}_\varkappa) > 0 \qquad (\mathfrak{M}_\varkappa = \mathfrak{M}(\{a_\varkappa\}, \{a_1, a_2, \ldots, a_{\varkappa-1}\})), \tag{10}$$

die Dichte also zugleich charakteristisch. Als Komplementärmenge existiert daher auch die natürliche Dichte aller durch kein a_i teilbaren Zahlen.

Beweis: Es ist offensichtlich ($\mathfrak{M} =_{\mathrm{Df}} \mathfrak{M}(\mathfrak{A}, 0)$)

$$\frac{M(x)}{x} = \sum_{\varkappa=1}^{\infty} \frac{M_\varkappa(x)}{x}, \quad 0 \leqq M_\varkappa(x) \leqq \frac{x}{a_\varkappa}, \tag{11}$$

so daß $\sum_{\varkappa=1}^{\infty} \frac{M_\varkappa(x)}{x}$ gleichmäßig konvergiert; nach Satz 1 existiert $\lim_{x\to\infty} x^{-1} M_\varkappa(x) = \delta_*(\mathfrak{M}_\varkappa)$. Nach 18.1., Satz 4 existiert $\delta_*(\mathfrak{M})$; wegen $\delta_*(\mathfrak{M}_1) = \frac{1}{a_1} > 0$ ist daher alles gezeigt.

Ohne Voraussetzungen über $\mathfrak{A}$ gilt nach DAVENPORT-ERDÖS [1], [2]

Satz 5. *Ist* $\mathfrak{A} = \{a_1, a_2, \ldots\} \neq 0$, $\mathfrak{T} = 0$, *so ist die asymptotische x-Dichte der zugehörigen Multiplamenge* $\mathfrak{M}(\mathfrak{A}, 0) =_{\mathrm{Df}} \mathfrak{M}$ *charakteristisch, und es gilt*

$$\delta^*(\mathfrak{M}) = \sum_{\varkappa=1}^{\infty} \delta_*(\mathfrak{M}_\varkappa) = \lim_{\varkappa\to\infty} \delta_*(\mathfrak{M}^{(\varkappa)}) \tag{12}$$

$$(\mathfrak{M}_\varkappa = \mathfrak{M}(\{a_\varkappa\}, \{a_1, a_2, \ldots, a_{\varkappa-1}\}), \mathfrak{M}^{(\varkappa)} = \mathfrak{M}(\{a_1, a_2, \ldots, a_\varkappa\}, 0)).$$

Überdies existiert die DIRICHLET*sche x-Dichte* $D(\mathfrak{M})$[1], *und es ist*

$$\delta^*(\mathfrak{M}) = D(\mathfrak{M}).$$

Die Konvergenz der unendlichen Reihe in (12) ergibt sich übrigens sofort aus der immer richtigen Relation (11), derzufolge keine der Partialsummen in (12) größer als Eins sein kann. $\sum_{\varkappa=1}^{\infty} \delta_*(\mathfrak{M}_\varkappa) = \lim_{\varkappa\to\infty} \delta_*(\mathfrak{M}^{(\varkappa)})$ ist wegen $\mathfrak{M}^{(\varkappa)} = \bigcup_{\varrho=1}^{\varkappa} \mathfrak{M}_\varrho$ evident.

Vgl. ferner ERDÖS [26].

[1] Da die in 8.3. erklärten DIRICHLET-Dichten $D(\mathfrak{M}; x)$, $D(\mathfrak{M}; \mathfrak{Z})$, $D_l(\mathfrak{M}; \mathfrak{Z})$ nach 8,4., Satz 8 sämtlich identisch sind, ist es gleichgültig, welche Form der DIRICHLET-Dichten hier gewählt wird.

Für die erzeugenden $\varkappa$-abundanten Zahlen ist die paarweise Teilerfremdheit sicher nicht gewährleistet, wie das Beispiel der geraden (2-) vollkommenen Zahlen zeigt, die zu den erzeugenden 2-abundanten Zahlen gehören. Jedoch sind offenbar erzeugende $\varkappa$-abundante Zahlen nicht durcheinander teilbar. Dies legt es nahe, schlechthin erzeugende Mengen zu betrachten, deren Elemente nicht durcheinander teilbar sind.

Das Intervall $\mathfrak{A} = [a, 2a - 1]$, $a > 1$ ist offensichtlich eine solche Menge. Für die Multiplamengen $\mathfrak{M}(\mathfrak{A}, 0)$ gilt nach ERDÖS [4] (in Verschärfung der entsprechenden $\underline{\lim}$-Aussage von BESICOVITCH [2])

Satz 6. *Es ist*

$$\lim_{a \to \infty} \delta_*\big(\mathfrak{M}([a, 2a - 1], 0)\big) = 0.$$

Der nachfolgende Satz gibt eine Zusammenstellung von Aussagen über Mengen mit paarweise teilerfremden Elementen, die sich durch Verallgemeinerung von Sätzen über Primzahlen ergeben haben.

Satz 7. *Es sei* $\mathfrak{A}_\varkappa = \{a_{\varkappa 1}, a_{\varkappa 2}, \ldots\}$, $a_{\varkappa 1} \geqq 1$ *und* $(a_{\varkappa i}, a_{\varkappa j}) = 1$ $(i \neq j)$, $\varkappa = 1, 2, \ldots, k$ $(k \geqq 1)$; $\mathfrak{B}_k = \{b_1, b_2, \ldots\}$ *sei die Menge aller Produkte* $a_{1\varkappa_1} a_{2\varkappa_2} \cdots a_{k\varkappa_k}$, $a_{i\varkappa_i} \in \mathfrak{A}_i$, *also* $\mathfrak{B}_k = \prod_{\varkappa=1}^{k} \mathfrak{A}_\varkappa$; *dann ist*

$$\bar{\delta}^*\left(\mathfrak{B}_k; \frac{x \log^{k-1} \log x}{\log x}\right) \leqq c(k),$$

und hierin ist (HORNFECK [4]) $c(k) = \frac{1}{(k-1)!}$ *die genaue Schranke. Ferner ist* $\mathfrak{B}_k$ *pseudorational* (HORNFECK [1]). — *Sind für die* $\mathfrak{A}_\varkappa$ *die asymptotischen* $\frac{x}{\log x}$*-Dichten charakteristisch, so sind für* $\mathfrak{B}_k$ *die asymptotischen* $\frac{x \log^{k-1} \log x}{\log x}$*-Dichten charakteristisch* (HORNFECK [1]). — *Ist* $\mathfrak{A}_1 = \mathfrak{A}_2 = \cdots = \mathfrak{A}_k$, $a_{11} > 1$, *so gilt* $b_i \nmid b_j$ $(i \neq j)$. — *Sind* $\mathfrak{A}_1, \mathfrak{A}_2$ *Mengen mit* $(a_{i\varkappa}, a_{i\lambda}) = 1$ *für* $\varkappa \neq \lambda$ $(i = 1, 2)$, *und sind für* $\mathfrak{A}_1$ *und* $\mathfrak{A}_2$ *die* $\frac{x}{\log x}$*-Dichten charakteristisch, so gilt* (HORNFECK [3])

$$\delta^*(\mathfrak{A}_1 \dotplus \mathfrak{A}_2) > 0.$$

Schließlich gilt noch (HORNFECK [5]) *für jede Menge* $\mathfrak{A}$ *paarweise teilerfremder Elemente, deren asymptotische* $\frac{x}{\log x}$*-Dichte charakteristisch ist, daß die durch die erste Differenzenfolge der Elemente von* $\mathfrak{A}$ *gebildete Menge* $\Delta\mathfrak{A}$ *positive asymptotische Dichte hat:*

$$\delta^*(\Delta\mathfrak{A}) > 0.$$

Die Eigenschaft $b_i \nmid b_j$ $(i \neq j)$ im Fall $\mathfrak{A}_1 = \cdots = \mathfrak{A}_k$ ist evident. Weiter sei $p_\varkappa^{(i)}$ die größte in $a_{\varkappa i}$ aufgehende Primzahl $p \geqq 1$. Dann besteht offensichtlich die eineindeutige Zuordnung

$$a_{1i_1}\, a_{2i_2} \cdots a_{ki_k} \leftrightarrow p_1^{(i_1)}\, p_2^{(i_2)} \cdots p_k^{(i_k)},\quad p_\lambda^{(i_\lambda)} \in \mathfrak{A}_\lambda .$$

Ist $\mathfrak{S}_k$ die Menge aller aus k nicht notwendig verschiedenen Primfaktoren bestehenden Zahlen, $\mathfrak{P}^{(0)} = \{p_1 = 1, p_2, \ldots\}$ die Menge aller Primzahlen $p \geqq 1$, so folgt aus

$$\operatorname*{Max}_{a_{1j_1} \cdots a_{kj_k} \leqq a_{1i_1} \cdots a_{ki_k}} p_1^{(j_1)}\, p_2^{(j_2)} \cdots p_k^{(j_k)} \leqq a_{1i_1}\, a_{2i_2} \cdots a_{ki_k}$$

sofort $k!\, S_k(x) \geqq B_k(x)$, und aus 21.5., Satz 8 folgt unmittelbar $c(k) \leqq k$; hinsichtlich der weiteren Behauptungen siehe HORNFECK [1], [3], [4], [5].

Vgl. auch 21.4., Satz 3.

Satz 8. *Ist* $\mathfrak{A} = \{a_1, a_2, \ldots\}$, $a_i \nmid a_j$ $(i \neq j)$ *(also* $1 \notin \mathfrak{A}$*), so ist*

$$\delta^*(\mathfrak{A}) = D(\mathfrak{A}) = 0 \text{ (ERDÖS [4])},\quad \bar{\delta}^*(\mathfrak{A}) < \frac{1}{2} \text{ (BEHREND [2])}. \tag{13}$$

Wählt man für die DIRICHLET-*Dichte* $D(\mathfrak{A})$ *die Darstellung als logarithmische Dichte (siehe* 8.3. (30)*), so ist genauer* (BEHREND [2])

$$\frac{\sum\limits_{a_i \leqq x} \frac{1}{a_i}}{\log x} = O\left(\frac{1}{\sqrt{\log\log x}}\right), \tag{14}$$

und es gibt unendlich viele $\mathfrak{A}$, *für welche die Größenordnung* (14) *bereits genau ist* (PILLAI [6]). *Gilt für* $\mathfrak{A}$ *überdies* $(a_i, a_j) = 1$ $(i \neq j)$, *so liegt Satz 7 mit* $k = 1$ *(d. h.* $\mathfrak{B}_1 = \mathfrak{A}$*) vor.*

Beweis: Um die Anzahl der $a_i \leqq x$, $a_i \nmid a_j$ $(i \neq j)$, nach oben abzuschätzen, bestimme man das größte $\alpha \geqq 0$, so daß $2^\alpha | a_i$ für alle $a_i \in \mathfrak{A}$ ist; speziell sei $a_k = 2^\alpha a_k'$, $(a_k', 2) = 1$ (k im folgenden fest). Nun bestimme man α_i für jedes i so, daß

$$a_i\, 2^{\alpha_i} \leqq x < a_i\, 2^{\alpha_i + 1}$$

ist; für diese α_i ist noch $a_i\, 2^{\alpha_i} \in \left\langle \frac{x}{2}, x \right\rangle$. Weiter bedeute u eine ungerade Zahl aus $\left\langle \frac{x}{2a_k}, \frac{x}{a_k} \right\rangle$, so daß ebenfalls $a_k u \in \left\langle \frac{x}{2}, x \right\rangle$ ist. Wäre nun $a_i\, 2^{\alpha_i} = a_j\, 2^{\alpha_j}$ $(\alpha_i \geqq \alpha_j,\ i \neq j)$, so würde $a_i | a_j$ folgen, also ist $a_i\, 2^{\alpha_i} \neq a_j\, 2^{\alpha_j}$. Aus $a_i\, 2^{\alpha_i} = a_k u = 2^\alpha a_k' u$ würde wegen $2^\alpha | a_i$ sofort $a_k | a_i$ folgen, die Zahlen $a_i\, 2^{\alpha_i}$, $a_k u$ sind mithin paarweise verschiedene Zahlen in $\left\langle \frac{x}{2}, x \right\rangle$. Die Anzahl der $a_k u$ ist $\frac{x}{4a_k} + O(1)$, also

$$A(x) + \frac{x}{4a_k} + O(1) \leqq \frac{x}{2},\ \textit{daher}\ \bar{\delta}^*(\mathfrak{A}) \leqq \frac{1}{2} - \frac{1}{4a_k} < \frac{1}{2}. \tag{15}$$

Der restliche Teil von (13) ist zwar eine unmittelbare Folge von (14), läßt sich aber folgendermaßen auch direkt gewinnen (ERDÖS [4]): Für die Multiplamenge $\mathfrak{M}_\varkappa = \mathfrak{M}(\{a_\varkappa\}, \{a_1, a_2, \ldots, a_{\varkappa-1}\})$ ist $M_\varkappa(x)$ offenbar größer oder gleich der Anzahl derjenigen Vielfachen $a_\varkappa \lambda \leqq x$, für die λ durch überhaupt keine Primzahl $1 < p < a_\varkappa$ teilbar ist. Die Anzahl dieser λ ist nach (3) (mit $a = 1$ und $\left[\frac{x}{a_\varkappa}\right]$ an Stelle von x) größer oder gleich

$$\frac{x}{a_\varkappa}\Big(1 - \sum_{1<p<a_\varkappa} \frac{1}{p} + - \cdots\Big) - 2^{a_\varkappa} = \frac{x}{a_\varkappa} \prod_{1<p<a_\varkappa}\left(1 - \frac{1}{p}\right) - 2^{a_\varkappa},$$

mithin, wenn $\mathfrak{M} = \mathfrak{M}(\mathfrak{A}, 0)$ die Menge aller Multipla aller a_ν bezeichnet,

$$1 \geqq \frac{M(x)}{x} = \sum_{\varkappa=1}^{\infty} \frac{M_\varkappa(x)}{x} \geqq \sum_{\varkappa=1}^{N} \frac{M_\varkappa(x)}{x} \geqq \sum_{\varkappa=1}^{N} \frac{1}{a_\varkappa} \prod_{1<p<a_\varkappa}\left(1 - \frac{1}{p}\right) - \frac{N 2^{a_N}}{x},$$

woraus für $x \to \infty$

$$\sum_{\varkappa=1}^{N} \frac{1}{a_\varkappa} \prod_{1<p<a_\varkappa}\left(1 - \frac{1}{p}\right) \leqq 1 \quad (N \geqq 1) \tag{16}$$

folgt. Da bekanntlich noch

$$\prod_{1<p<a_\varkappa}\left(1 - \frac{1}{p}\right) \geqq \frac{\text{const}}{\log a_\varkappa}$$

ist, ergibt sich aus (16) die Konvergenz von $\sum_{i \geqq 1} \frac{1}{a_i \log a_i}$. Wählt man nun $N = N(\varepsilon)$ $(\varepsilon > 0)$ so, daß

$$\sum_{a_i > N} \frac{1}{a_i \log a_i} < \varepsilon$$

ist, so ergibt sich für alle hinreichend großen x

$$\frac{1}{\log x} \sum_{a_i \leqq x} \frac{1}{a_i} = \frac{1}{\log x}\left(\sum_{a_i \leqq N} \frac{1}{a_i} + \sum_{N < a_i \leqq x} \frac{1}{a_i}\right)$$

$$\leqq \frac{1}{\log x} \sum_{a_i \leqq N} \frac{1}{a_i} + \sum_{a_i > N} \frac{1}{a_i \log a_i} < 2\varepsilon;$$

die logarithmische Dichte, oder was dasselbe ist, die DIRICHLET-Dichte von $\mathfrak{A}$ verschwindet daher; mithin ist auch $\delta_*(\mathfrak{A}) = 0$. — Hinsichtlich (14)f siehe die dort angegebene Literatur.

Zusatz. Unter Ausnutzung von Satz 6 gibt BESICOVITCH [2] ein Beispiel für $\mathfrak{A} = \{a_1, a_2, \ldots\}$, $a_i \nmid a_j$ $(i \neq j)$ an, in dem $\overline{\delta}^*(\mathfrak{A}) > 0$ ist und auch die natürliche Dichte der Multiplamenge $\mathfrak{M}(\mathfrak{A}, 0)$ nicht existiert. Es läßt sich sogar zu jedem $\alpha \in \left\langle 0, \frac{1}{2} \right)$ ein derartiges $\mathfrak{A}$ angeben, daß $\bar{\delta}^*(\mathfrak{A}) = \alpha$ ist. — Ist jedoch die obere DIRICHLET-Dichte $\overline{D}(\mathfrak{A}) > 0$, so enthält $\mathfrak{A}$ eine unendliche Teilmenge $\{a'_1, a'_2, \ldots\}$ derart, daß $a'_i \nmid a'_{i+1}$ $(i = 1, 2, \ldots)$ ist (DAVENPORT-ERDÖS [1], [2]).

Siehe auch ERDÖS [25], [26]. — RANGA CHARIAR [1] konstruiert eine Menge $\mathfrak{A} = \mathfrak{A}(a)$ mit $a_i \nmid a_j$ schrittweise: $a_1 = a$, und $a_k > a_{k-1}$ sei die kleinste ganze Zahl, die durch kein a_i, $1 \leq i \leq k-1$ teilbar ist; und zeigt: *Ist q die größte Primzahl unterhalb a, so ist $\mathfrak{A} \cap [q^2, \infty) = \mathfrak{P} \cap [q^2, \infty)$, wobei $\mathfrak{P}$ die Menge aller Primzahlen bedeutet.*

Satz 9. *Ist $\mathfrak{A}$ die Menge der erzeugenden abundanten (d. h. 2-abundanten) Zahlen, so gilt nach* ERDÖS [2]

$$x\, e^{-8\sqrt{\log x \log\log x}} < A(x) < x\, e^{-\frac{1}{25}\sqrt{\log x \log\log x}},$$

woraus leicht

$$A(x) = o\left(\frac{x}{\log^2 x}\right) \tag{17}$$

und hieraus mühelos die Konvergenz von $\Sigma\, a_i^{-1}$ folgt. Nach Satz 4 existiert dann auch die natürliche Dichte der Menge $\mathfrak{A}_2$ aller abundanten, und demzufolge auch die Dichte aller defizienten Zahlen. Beide Dichten sind charakteristisch, und es gilt (BEHREND [1])

$$0{,}241 < \delta_*(\mathfrak{A}_2) < 0{,}314.$$

Die abundanten Zahlen bilden (gleichgültig ob die Null aufgenommen wird oder nicht) eine asymptotische Basis endlicher Ordnung (da 6, 28, 945 *abundant sind und* (6, 28, 945) = 1 = (28—6, 945—6) *ist). Die Menge der defizienten Zahlen zuzüglich der Null bildet bereits eine Basis endlicher Ordnung (da* 1 *defizient ist).*

Zusatz. In der Menge $\mathfrak{A}_2$ aller abundanten Zahlen gibt es beliebig lange Ketten, und zu jeder Primzahl p enthält jede Kette der Länge k mindestens $\frac{\text{const}}{\log p} k$ Zahlen, die keinen Primteiler kleiner als p enthalten (ERDÖS [5]). Hieraus folgt sofort, daß es unendlich viele paarweise teilerfremde abundante Zahlen gibt. Hinsichtlich der $\varkappa$-abundanten Zahlen s. 20.1., Satz 5.

Siehe ferner ERDÖS [14], wo u. a. Mengen $\mathfrak{A} = \{a_1, a_2, \ldots\}$ mit $a_i a_j \nmid a_p$ betrachtet werden.

19.2. k-freie Zahlen. Die in Satz 3 behandelten $\mathfrak{T}$-freien Mengen $\mathfrak{M}(\{1\}, \{a_1, a_2, \ldots\})$, $(a_i, a_j) = 1$, sind noch näher untersucht worden, namentlich in dem Spezialfall der sogenannten *k-freien Zahlen*: *Eine ganze Zahl n heißt k-frei ($k > 1$), wenn kein Primteiler in (mindestens) k-ter Potenz in n aufgeht. $k = 2$ liefert die quadratfreien Zahlen.*

Es sei $\zeta(s) = \sum_{n=1}^{\infty} n^{-s}$, $s = \sigma + i\tau$, die RIEMANNsche ζ-Funktion. Aus der für $\sigma > 1$ leicht zu bestätigenden absoluten Konvergenz folgt das nämliche sofort auch für $\sum_{p \in \mathfrak{P}^{(0)}} p^{-s}$ ($\mathfrak{P}$ Primzahlmenge), so daß man noch

$$\prod_{p>1} \frac{1}{1-p^{-s}} = \prod_{p>1} \left(1 + \frac{1}{p^s} + \frac{1}{p^{2s}} + \cdots\right) = \sum_{n=1}^{\infty} \frac{1}{n^s} = \zeta(s) \neq 0 \quad (\sigma > 1) \tag{18}$$

erhält.

Satz 10. *Ist $\mathfrak{Q}_k$ die Menge aller k-freien Zahlen, so ist*

$$\delta_*(\mathfrak{Q}_k) = \frac{1}{\zeta(k)} > 0 \quad (k \geqq 2).$$

$\mathfrak{Q}_k \cup \{0\}$ ist eine Basis endlicher Ordnung.

Hinsichtlich der asymptotischen Basisordnung s. weiter unten den Zusatz zu Satz 16.

Beweis: Die letzte Behauptung ergibt sich sofort, da ja sicher $1 \in \mathfrak{Q}_k$ und daher auch $\delta(\mathfrak{Q}_k) > 0$ ist. Weiter bedeute $\mathfrak{P}^{(k)}$ die Menge der k-ten Potenzen aller Primzahlen. Dann ist $\mathfrak{Q}_k$ offensichtlich gleich der Menge $\mathfrak{M}(\{1\}, \mathfrak{P}^{(k)} - \{1\})$; nach Satz 3 nebst (18) ist daher

$$\delta_*(\mathfrak{Q}_k) = \prod_{p>1} \left(1 - \frac{1}{p^k}\right) = \frac{1}{\zeta(k)}.$$

Für den Spezialfall der quadratfreien Zahlen geht $\delta_*(\mathfrak{Q}_2) = \frac{6}{\pi^2}$ auf Gegenbauer [1] zurück, dgl. für $k = 2$ — jedoch mit O an Stelle von o — auch der folgende Satz über die Anzahlfunktion von $\mathfrak{Q}_k$:

Satz 11.

$$Q_k(x) = \frac{x}{\zeta(k)} + o(\sqrt[k]{x}).$$

Der Beweis ergibt sich durch unmittelbare Übertragung des Beweises für $k = 2$ (siehe Landau [2], [4, Bd. 2]) und bereitet keine neuen Schwierigkeiten.

Evelyn-Linfoot [4] verschärfen das Restglied in Satz 11 zu

$$O\left(\sqrt[k]{x}\, e^{-c\sqrt{k^{-8}\log x \log\log x}}\right)$$

und zeigen ferner, daß $O\left(x^{\frac{1}{2k}-\delta}\right)$ für kein $\delta > 0$ zutrifft; auch $o\left(x^{\frac{1}{2k}}\right)$ ist falsch.

Siehe ferner Mirsky [1], [3], [4], [7], [8], Pillai [1], Shapiro [2], wobei Mirsky [7] allgemeiner $\mathfrak{T}$-freie Mengen zugrunde legt, in denen die Elemente von $\mathfrak{T}$ paarweise teilerfremd sind. — K. Rényi [1] untersucht die Anzahl der k-freien Zahlen in der Folge der Werte $P(1), P(2), \ldots$ eines Polynoms $P(x)$.

Auf Grund von Satz 3 läßt sich auch sofort die natürliche Dichte der folgenden — gelegentlich untersuchten — Menge ermitteln: $\mathfrak{A}_m$, $m \geqq 1$ und ganz, sei die Gesamtheit aller ganzen Zahlen $a > 0$, für die $\frac{a}{m} \in \mathfrak{Q}_k$ $(k \geqq 2)$ und $\left(\frac{a}{m}, m\right) = 1$ ist. Offensichtlich ist

$$\delta_*(\mathfrak{A}_m) = \frac{1}{m} \prod_{\substack{p>1 \\ p \nmid m}} (1 - p^{-k}) \prod_{\substack{p>1 \\ p \mid m}} (1 - p^{-1}) \qquad (p \in \mathfrak{P})$$

$$= \frac{1}{m\,\zeta(k)} \prod_{\substack{p>1 \\ p \mid m}} \frac{1 - p^{-1}}{1 - p^{-k}} = \frac{1}{m\,\zeta(k)} \prod_{\substack{p>1 \\ p \mid m}} \frac{1}{1 + p^{-1} + p^{-2} + \cdots + p^{-k+1}}.$$

Die Differenz aufeinanderfolgender k-freier Zahlen betrachten ROTH [2] $(k = 2)$ und HALBERSTAM-ROTH [1] $(k \geqq 2)$. Den Fall $k = 2$ in Restklassen betrachtet RICHERT [7].

Es bezeichne $\mathfrak{Q}_{kl}^{(h)}$ die Gesamtheit derjenigen k-freien Zahlen q, deren Primteileranzahl $t(q)$ — jeder Primteiler entsprechend seiner Vielfachheit gezählt — der Bedingung

$$t(q) \equiv l \pmod h \qquad (0 \leqq l \leqq h - 1)$$

genügt. Dann gilt in Verallgemeinerung eines Ergebnisses von S. SELBERG [1] $(k = 2)$

Satz 12 (S. RAO [2])[1].

$$\delta_*(\mathfrak{Q}_{kl}^{(h)}) = \frac{1}{h\,\zeta(k)} \qquad (l = 0, 1, \ldots, h - 1).$$

Vgl. hiermit auch 21.5., Satz 7 und den Zusatz zu 21.5., Satz 8. — Siehe auch PILLAI [7].

Im Fall $k = h = 2$ läßt sich dies folgendermaßen leicht bestätigen. Es sei $\mu(n)$ die MÖBIUSsche Funktion; dann gilt bekanntlich $\sum_{n=1}^{x} \mu(n) = o(x)$ (siehe etwa LANDAU [4, Bd. 2]). Offensichtlich gilt:

$$n \in \mathfrak{Q}_{2,l}^{(2)} \curvearrowright \mu(n) = (-1)^l \quad (l = 0, 1),$$

also

$$\frac{1}{x} \sum_{n=1}^{x} \mu(n) = \frac{1}{x}\left(Q_{k0}^{(2)}(x) - Q_{k1}^{(2)}(x)\right) \xrightarrow[x \to \infty]{} 0. \qquad (19_1)$$

Satz 10 liefert

$$\frac{1}{x} Q_2(x) = \frac{1}{x}\left(Q_{k0}^{(2)}(x) + Q_{k1}^{(2)}(x)\right) \to \frac{1}{\zeta(2)}. \qquad (19_2)$$

Addition bzw. Subtraktion von (19_1) und (19_2) ergeben das behauptete Resultat.

Bedeutet $\mathfrak{Q}_{k,a,h}$ die k-freien Zahlen $q \equiv a \pmod h$, so gilt (OSTMANN)[1]

[1] Hinsichtlich einer Verallgemeinerung siehe die Fußnote zu Satz 14.

Satz 13. *Es ist*

$$\delta_*(\mathfrak{Q}_{k,a,h}) = \frac{\prod_{p|H}(1-p^{-1})}{h\,\zeta(k)\prod_{p|h}(1-p^{-k})} \qquad \big((a,h) = d \in \mathfrak{Q}_k;\ p > 1 \text{ Primzahl}\big),$$

wobei H das Produkt aller derjenigen Primteiler von d ist, die zu $\frac{h}{d}$ *teilerfremd sind. Für die Anzahlfunktion gilt*

$$Q_{k,a,h}(x) = \frac{\prod_{p|H}(1-p^{-1})}{h\,\zeta(k)\prod_{p|h}(1-p^{-k})} + O(\sqrt[k]{x}) \quad (x \to \infty).$$

Falls $d \notin \mathfrak{Q}_k$, *so ist* $\mathfrak{Q}_{k,a,h}$ *leer.*

Der Beweis ergibt sich in müheloser Übertragung des für $k = 2$ geführten Beweises bei LANDAU [4, Bd. 2]. Der Fall $d \notin \mathfrak{Q}_k$ ist trivial.

Siehe auch MIRSKY [4].

Satz 14. (OSTMANN)[1]. *Betrachtet man in* $\mathfrak{Q}_{k,a,h}$ *nur die Zahlen q, für deren Primteileranzahl, jeder Primteiler entsprechend seine Vielfachheit gezählt,* $t(q) \equiv l \pmod m$ *ist, also* $\mathfrak{Q}_{k,a,h} \cap \mathfrak{Q}_{kl}^{(m)}$, *so gilt für* $k = m = 2$

$$\delta_*(\mathfrak{Q}_{2,a,h} \cap \mathfrak{Q}_{2,l}^{(2)}) = \frac{1}{2}\,\delta_*(\mathfrak{Q}_{2,a,h}) \quad (l = 0, 1).$$

Beweis: Für die MÖBIUS-Funktion gilt (siehe LANDAU [4, Bd. 2]) $\sum_{\substack{n=1 \\ n \equiv a(h)}}^{x} \mu(n) = o(x)$, woraus die zu (19_1) und (19_2) analogen Relationen und damit auch die Behauptung folgen.

---

[1] (Zusatz bei der Korrektur). Für die Sätze 12, 13 und 14 gab WIRSING (Vortrag, gehalten auf dem Kongreß der Deutschen Mathematiker-Vereinigung 1955; Näheres siehe Fußnote 1 auf S. 66) eine gemeinschaftliche Verallgemeinerung an: *Es bezeichne* $v(n)$ *die Anzahl der verschiedenen Primteiler von n,* $t(n)$ *die Anzahl der Primteiler von n, jeden entsprechend seiner Vielfachheit gezählt; dann gilt, wenn* $\mathfrak{Q}$ *die Menge*

$$\mathfrak{Q} = \underset{n \in \mathfrak{Z}}{\in} [n \equiv r_1(m_1) \wedge t(n) \equiv r_2(m_2) \wedge v(n) \equiv r_3(m_3) \wedge n \in \mathfrak{Q}_m] \quad (m > 1, m_i \geq 1)$$

bedeutet,

$$(m_2, m_3) = 1 \wedge (r_1, m_1) = d = \prod p^{\delta_p} \in \mathfrak{Q}_m \curvearrowright$$

$$\delta_*(\mathfrak{Q}) = \frac{1}{m_1 m_2 m_3 \zeta(m)} \prod_{p|m_1} \frac{1}{1-p^{-m}} \prod_{\substack{p|d \\ p \nmid \frac{m_1}{d}}} \left(1 - \frac{1}{p^{m-\delta_p}}\right)$$

$(p > 1$ *Primzahl*$)$.

Läßt man in der Definition von $\mathfrak{Q}$ *die Bedingung* $n \in \mathfrak{Q}_m$ *fort (d. h. setzt man* $m = \infty$*), so erhält man die natürliche Dichte dieser Menge* $\mathfrak{Q}$, *indem man in obiger Formel rechter Hand den Grenzübergang* $m \to \infty$ *durchführt; also*

$$\delta_*(\mathfrak{Q}) = \frac{1}{m_1 m_2 m_3}.$$

Die Kompositionsfunktion $k(n; s, \mathfrak{Q}_k)$, $2 \leqq s < \infty$, ist ebenfalls untersucht worden. Es seien gleich allgemeiner an Stelle von $\mathfrak{Q}_k$ die $\mathfrak{T}$-freien Mengen von Satz 3 zugrunde gelegt: $\mathfrak{M}(\{1\}, \mathfrak{T}) =_{\mathrm{Df}} \mathfrak{M}$, wobei die Elemente von $\mathfrak{T}$ $(1 \notin \mathfrak{T})$ paarweise teilerfremd sind. Dann gilt

Satz 15. (Mirsky [5]). *Konvergiert* $\sum_{t \in \mathfrak{T}} t^{-1}$, *so ist*

$$k(n; s, \mathfrak{M}) = \frac{n^{s-1}}{(s-1)!} \prod_{\substack{t \nmid n \\ t \in \mathfrak{T}}} \frac{(t-1)^s - (-1)^s}{t^s} \prod_{\substack{t \mid n \\ t \in \mathfrak{T}}} \frac{(t-1)^s + (-1)^s (t-1)}{t^s}$$
$$+ O\Bigl(n^{s-1} \sum_{\substack{t > \frac{1}{4}\log n \\ t \in \mathfrak{T}}} \frac{1}{t}\Bigr) + O\Bigl(n^{s-\frac{3}{2}}\Bigr) \quad (n \to \infty). \tag{20}$$

Ist hingegen $\sum_{t \in \mathfrak{T}} t^{-1}$ *divergent, und setzt man* $S(x) = \sum_{t \leq x} t^{-1}$, *so ist*

$$k(n; s, \mathfrak{M}) = O\left(n^{s-1} e^{-s' S(n)}\right), \quad s' = \begin{cases} s, & s > 2, \\ 1, & s = 2. \end{cases}$$

Zusatz. Ist $2 \in \mathfrak{T}$ und $n \not\equiv s \pmod 2$, so entnimmt man der Definition von $\mathfrak{M}$ unmittelbar $k(n; s, \mathfrak{M}) = 0$ für alle n, während andernfalls $k(n; s, \mathfrak{M}) > 0$ $(n \geqq n_0)$ aus (20) folgt.

Hieraus ergibt sich sofort (vgl. auch Satz 3)

Satz 16. *Ist* $\sum_{t \in \mathfrak{T}} t^{-1}$ *konvergent und ist* $2 \notin \mathfrak{T}$, *so ist* $\mathfrak{M}$ *eine asymptotische Basis zweiter Ordnung.*

Zusatz. Für die k-freien Mengen $\mathfrak{Q}_k$ wähle man $\mathfrak{T} = \{2^k, 3^k, \ldots, p^k, \ldots\}$ (p Primzahl), also $\sum_{t \in \mathfrak{T}} t^{-1} = \sum_{p > 1} p^{-k}$, $k \geqq 2$, sicher konvergent, daher $\mathfrak{Q}_k$ für jedes $k \geqq 2$ asymptotische Basis zweiter Ordnung. Das nämliche folgt jedoch einfacher aus 12.1., Satz 1, da $\delta_*(\mathfrak{Q}_k) \geqq \delta_*(\mathfrak{Q}_2) = \frac{6}{\pi^2} > \frac{1}{2}$, also $\delta_*(\mathfrak{Q}_k, \mathfrak{Q}_k) > 1$ ist.

Bei genügend rascher Konvergenz läßt sich das Restglied in (20) noch verschärfen. Nach Mirsky [5] gilt nämlich mit den bisherigen Bezeichnungen:

Satz 17. *Ist* $T(x) = O(x^\eta)$ *und* $0 \leqq \eta < 1$, *so können in* (20) *die Restglieder durch* $O\Bigl(n^{s-2+\frac{s\eta}{s-1+\eta}+\varepsilon}\Bigr)$ $(\varepsilon > 0)$ *ersetzt werden. Ist* $\eta = 0$, *so darf auch* $\varepsilon = 0$ *gesetzt werden.*

Aus der Voraussetzung $T(x) = O(x^\eta)$, $0 \leqq \eta < 1$, folgt

$$\sum_{t \in \mathfrak{T}} \frac{1}{t} = \int_{1-}^{\infty} \frac{1}{x}\, dT(x) = \frac{T(x)}{x}\Big|_{1-}^{\infty} + \int_{1}^{\infty} \frac{T(x)}{x^2}\, dx < \infty,$$

also die Konvergenzvoraussetzung der letzten Sätze.

Speziell für $\mathfrak{T} = \{2^k, 3^k, \ldots, p^k, \ldots\}$ (p Primzahl), ergibt die Implikation

$$p_\nu^k \leqq n^k \leqq x < (n+1)^k \leqq p_{\nu+1}^k \curvearrowright T(x) \leqq n \leqq x^{\frac{1}{k}},$$

daß $\eta = \frac{1}{k}$ gesetzt werden darf. Das liefert für $\mathfrak{Q}_k$ (MIRSKY [5]) ein Restglied, das für $s \geqq 3$ besser ist als die früheren Resultate von EVELYN-LINFOOT [1], [2], [3], [4], [5], während für $s \geqq 4$ ein schärferes Restglied bekannt ist. Zusammenfassend besteht

Satz 18. *Für die Anzahl der Kompositionen in genau s Summanden aus $\mathfrak{Q}_k$ gilt*

$$k(n; s, \mathfrak{Q}_k) = \frac{n^{s-1}}{(s-1)!\,\zeta^s(k)} \prod_{p^k \nmid n} \left(1 - \frac{(-1)^s}{(p^k-1)^s}\right) \prod_{p^k \mid n} \left(1 + \frac{(-1)^s}{(p^k-1)^{s-1}}\right)$$

$$+ \begin{cases} O\left(n^{s-2+\frac{s}{(s-1)k+1}+\varepsilon}\right), & \text{(ESTERMANN [3], } s = 2; \text{ MIRSKY [2], [5], } s \geqq 2), \\ O\left(n^{s-2+\frac{1}{k}} \log^\alpha n\right), \; s \geqq 4, \; \alpha = \begin{cases} 3, & \textit{wenn } s = 4 \textit{ und } k = 2 \textit{ ist}, \\ 2 & \textit{sonst}, \end{cases} & \text{(BARHAM-ESTERMANN [1]).} \end{cases}$$

Hinsichtlich $2\,\mathfrak{Q}_2$ s. auch den Bericht von SKOLEM [1].

Die Kompositionsfunktion $k(n; s, \mathfrak{Q}_{k,a,h})$ (siehe Satz 13) ist ebenfalls untersucht worden (EVELYN-LINFOOT [6]; MIRSKY [6] verbessert das Restglied für $s \geqq 3$):

Satz 19. *Es sei $(a, h) \in \mathfrak{Q}_k$, $n \equiv s\,a \pmod h$. Dann gilt*

$$k(n; s, \mathfrak{Q}_{k,a,h}) = \frac{1}{(s-1)!} \left(\frac{n}{h}\right)^{s-1} \prod_{\substack{p \nmid \frac{h}{(a,h)} \\ p^k \nmid n}} \frac{(p^k - (p^k, h))^s - (-1)^s (p^k, h)^s}{p^{ks}} \cdot$$

$$\cdot \prod_{\substack{p \nmid \frac{h}{(a,h)} \\ p^k \mid n}} \left((p^k - (p^k, h))^s + (-1)^s (p^k, h)^{s-1} (p^k - (p^k, h))\right)$$

$$+ O\left(n^{s-2+\frac{s}{(s-1)k+1}+\varepsilon}\right) \quad (\varepsilon > 0). \tag{21}$$

Ist $n \not\equiv s\,a(h)$, so ist n (offensichtlich) nicht in $s\,\mathfrak{Q}_{k,a,h}$ enthalten.

MIRSKY [11] verallgemeinert Satz 19 zu

Satz 20. *Es sei $2 \leqq k_1 \leqq k_2 \leqq \cdots \leqq k_s$ und $(a, h) \in \mathfrak{Q}_{k_1}$. Dann ist*

$$k(n; \mathfrak{Q}_{k_1,a,h}, \ldots, \mathfrak{Q}_{k_s,a,h}) = \frac{1}{(s-1)!}\left(\frac{n}{h}\right)^{s-1} \cdot$$

$$\cdot \prod_{\substack{p \nmid \frac{h}{(a,h)} \\ p^{k_1} \nmid n}} \frac{(p^{k_1} - (p^{k_1}, h)) \cdots (p^{k_s} - (p^{k_1}, h)) - (-1)^s (p^{k_1}, h)^s}{p^{k_1+k_2+\cdots+k_s}} \cdot$$

$$\cdot \prod_{\substack{p \nmid \frac{h}{(a,h)} \\ p^{k_1} \mid n}} \frac{(p^{k_1} - (p^{k_1}, h)) \cdots (p^{k_s} - (p^{k_1}, h)) - (-1)^s (p^{k_1}, h)^{s-1} (p^{k_1} - (p^{k_1}, h))}{p^{k_1+k_2+\cdots+k_s}}$$

$$+ O\left(n^{s-2+\frac{s(k_2-1)+k_2-k_1}{s k_1 (k_2-1) - (k_1 k_2 - 2k_1 + 1)}}\right). \qquad (22)$$

Der Spezialfall $k(n; \mathfrak{Q}_k, \mathfrak{Q}_r)$ (d. h. $s = 2, h = 1$) geht bereits auf Page [1] zurück.

Zusatz zu den Sätzen 19 und 20. Die Kompositionsfunktion (22) (und damit auch (21)) verschwindet, wenn außer den in den Sätzen genannten Voraussetzungen noch eine der beiden Bedingungen (B_1), (B_2) erfüllt ist:

(B_1) $k_1 = k_2 = \cdots = k_s = k,\ 2 \mid s,\ 2^k \nmid n,\ 2^{k-1} \mid a,\ 2^{k-1} \mid h,\ 2^k \nmid h;$

(B_2) $k_1 = k_2 = \cdots = k_s = k,\ 2 \nmid s,\ 2^k \mid n,\ 2^{k-1} \mid a,\ 2^{k-1} \mid h,\ 2^k \nmid h.$

Trifft keine der Bedingungen (B_1), (B_2) zu, so ist $k(n; \ldots) > 0$ für alle verbleibenden hinreichend großen n.

Daß n unter Voraussetzung von (B_1) oder (B_2) nicht in der geforderten Form darstellbar ist, läßt sich durch einfache Rechnung direkt bestätigen; man prüft jedoch auch leicht nach, daß dann in (21) mindestens ein Faktor verschwindet.

Bedeutet $\mathfrak{Q}_k^{(h)}$ die Menge aller q^h, $q \in \mathfrak{Q}_k$, so gilt nach Roth [1]

$$\mathfrak{Q}_2 + \mathfrak{Q}_2^{(2)} \sim \mathfrak{Z},$$

was eine Verschärfung von Estermann [2] ist, wo an Stelle von $\mathfrak{Q}_2^{(2)}$ die Menge $\mathfrak{Z}^{(2)}$ aller Quadratzahlen steht. Ferner lassen sich alle hinreichend großen Zahlen als Differenz $q' - q''^2$ $(q', q'' \in \mathfrak{Q}_2)$ schreiben. Cugiani [1] beweist allgemein

$$\mathfrak{Q}_h + \mathfrak{Q}_2^{(h)} \sim \mathfrak{Z},$$

indem

$$k(n; \mathfrak{Q}_h, \mathfrak{Q}_2^{(h)}) \geqq p(n; \mathfrak{Q}_h, \mathfrak{Q}_2^{(h)}) > \text{const} \frac{\sqrt[h]{n}}{\log\log n} \qquad (n \geqq n_0)$$

nachgewiesen wird. Für geeignete Konstanten $c_1 > 0$, $c_2 > 0$ ist sogar

$$\left.\begin{array}{l} p(n; \mathfrak{Q}_h, \mathfrak{Q}_2^{(h)}) \leqq k(n; \mathfrak{Q}_h, \mathfrak{Q}_2^{(h)}) < c_1 \dfrac{\sqrt[h]{n}}{\log\log n} \\ k(n; \mathfrak{Q}_h, \mathfrak{Q}_2^{(h)}) \geqq p(n; \mathfrak{Q}_h, \mathfrak{Q}_2^{(h)}) > c_2 \sqrt[h]{n} \end{array}\right\} \text{ jeweils für unendlich viele } n.$$

Siehe ferner CUGIANI [3], [4], wo an Stelle der h-ten Potenzbildung ein Polynom $f(x)$ mit Grad $f(x) \geqq h$ zugrunde gelegt wird. Ferner behandelt CUGIANI [5] noch die Kompositionsanzahl von $\mathfrak{Q}_k + \mathfrak{Z}^{(k)}$ und zeigt

$$k(n; \mathfrak{Q}_k, \mathfrak{Z}^{(k)}) \sim \sqrt[k]{n} \prod_{p^k \mid n} \left(1 - \frac{1}{p}\right) \prod_{p \nmid n} \left(1 - \frac{\nu_n(p^k)}{p^k}\right), \quad p > 1 \text{ } \textit{Primzahl},$$

wobei $\nu_n(m)$ die Anzahl der Kongruenzlösungen von $x^k \equiv n(m)$ ist. — Siehe auch K. RÉNYI [1]. — Weiteres über $\mathfrak{Q}_k^{(h)}$ siehe 22.2., Satz 3ff.

Nach NAGELL [1] sind für jedes ganze $l \neq 0$ im Wertevorrat von $x^2 + l$ unendlich viele quadratfreie (und somit auch k-freie) Zahlen enthalten. Siehe auch ESTERMANN [2]. Ist $\mathfrak{A}$ die Menge dieser quadratfreien Zahlen, so gilt

$$A(x) = \sqrt{x} \prod_{p \nmid l} \left(1 - \frac{\nu(-l, p^2)}{p^2}\right) \prod_{\substack{p^2 \mid l \\ p > 1}} \left(1 - \frac{1}{p}\right) + O\left(\sqrt[3]{x} \log x\right),$$

$$\nu(n, p^2) = \begin{cases} 1 + \left(\frac{n}{p}\right), & p > 2, \\ 1 + (-1)^{\frac{n-1}{2}}, & p = 2, \end{cases} \qquad \left(\left(\frac{n}{p}\right) \text{ LEGENDRE-}\textit{Symbol}\right).$$

Hinsichtlich weiterer Summen mit $\mathfrak{Q}_k$ als Summand s. auch 21.6.

19.3. Satz 10 gestattet ersichtlich die folgende Verallgemeinerung: $\mathfrak{A}$ sei eine Menge paarweise teilerfremder Zahlen, $\mathfrak{Q}_k(\mathfrak{A})$ seien alle durch kein a^k, $a \in \mathfrak{A}$, $k \geqq 1$, teilbaren Zahlen; dann ist, wenn $\mathfrak{Z}(\mathfrak{A})$ die Gesamtheit aller Potenzprodukte der $a \in \mathfrak{A}$ bedeutet,

$$\delta_*(\mathfrak{Q}_k(\mathfrak{A})) = \prod_{a \in \mathfrak{A}} \left(1 - \frac{1}{a^k}\right) = \left(\sum_{n \in \mathfrak{Z}(\mathfrak{A})} \frac{1}{n^k}\right)^{-1}.$$

Auch die Dichte der von KANOLD [1] betrachteten Menge $\mathfrak{N}$ aller natürlichen Zahlen, deren größter quadratischer Teiler gleich d^2 ist und die zu den Primzahlen $q_1, q_2, \ldots, q_s$ teilerfremd sind, $(d, q_1, q_2, \ldots, q_s) = 1$, läßt sich vermittels Satz 3 sofort ermitteln, da $\mathfrak{N}$ gleich der Multiplamenge

$$d^2 \times \mathfrak{M}(\{1\}, \{q_1, q_2, \ldots, q_s, 2^2, 3^2, \ldots, q^2, \ldots\}), \quad q \text{ } \textit{Primzahl},$$

ist, also, da $q \neq q_\sigma$ $(\sigma = 1, 2, \ldots, s)$ angenommen werden kann,

$$\delta_*(\mathfrak{N}) = \frac{1}{d^2} \prod_{q \neq q_\sigma} \left(1 - \frac{1}{q^2}\right) \prod_{\sigma=1}^{s} \left(1 - \frac{1}{q_\sigma}\right) = \frac{1}{d^2 \zeta(2)} \prod_{\sigma=1}^{s} \left(1 - \frac{1}{q_\sigma^2}\right)^{-1} \left(1 - \frac{1}{q_\sigma}\right)$$

$$= \frac{1}{d^2 \zeta(2)} \prod_{\sigma=1}^{s} \frac{q_\sigma}{q_\sigma + 1}.$$

Der Beweis des folgenden Satzes basiert wie Satz 3 auf der Methode des Siebverfahrens.

Satz 21. *$\mathfrak{A}$ sei eine — endliche oder unendliche — Menge paarweise teilerfremder ganzer Zahlen. $\mathfrak{M}$ sei die Menge aller positiven ganzen Zahlen m, für die jeweils mindestens ein i existiert, so daß $a_i \mid m$ aber $a_i^{k+1} \nmid m$ $(a_i \in \mathfrak{A})$ ist. Dann ist (in der Bezeichnung von Definition 1)*

$$\mathfrak{M} = \bigcup_{i \geqq 1} \mathfrak{M}(\{a_i\}, \{a_i^{k+1}\}) \quad (\mathfrak{A} = \{a_1, a_2, \ldots\}) \tag{23}$$

und

$$\delta_*(\mathfrak{M}) = 1 - \prod_{i \geqq 1} \left(1 - \frac{1}{a_i} + \frac{1}{a_i^{k+1}}\right). \tag{24}$$

Ist $\mathfrak{A}$ *nicht leer, so ist noch* $\delta_*(\mathfrak{M}) > 0$.

Beweis: (23) ist evident. Man setze $\mathfrak{M}_r = \bigcup_{i=1}^{r} \mathfrak{M}(\{a_i\}, \{a_i^{k+1}\})$. Dann erkennt man (in Analogie zu (3))

$$\begin{aligned} M_r(x) = &\left\{\sum_{i=1}^{r} \left[\frac{x}{a_i}\right] - \sum_{1 \leqq i < j \leqq r} \left[\frac{x}{a_i a_j}\right]\right. \\ &+ - \cdots + (-1)^{\varrho+1} \sum_{1 \leqq i_1 < i_2 < \cdots < i_\varrho \leqq r} \left[\frac{x}{a_{i_1} a_{i_2} \cdots a_{i_\varrho}}\right] \\ &\left. + \cdots + (-1)^{r+1} \left[\frac{x}{a_1 a_2 \cdots a_r}\right]\right\} \\ &- \left\{\sum_{i=1}^{r} \left[\frac{x}{a_i^{k+1}}\right] - \sum_{i \neq j} \left[\frac{x}{a_i^{k+1} a_j}\right] + \sum_{\substack{i_\varkappa \neq i_\lambda \\ (\varkappa \neq \lambda)}} \left[\frac{x}{a_{i_1}^{k+1} a_{i_2} a_{i_3}}\right] - + \cdots \right. \\ &\left. + (-1)^{\varrho-\nu} \sum_{\substack{i_\varkappa \neq i_\lambda \\ (\varkappa \neq \lambda)}} \left[\frac{x}{(a_{i_1} a_{i_2} \cdots a_{i_\nu})^{k+1} a_{i_{\nu+1}} \cdots a_{i_\varrho}}\right] + \cdots\right\} \\ = &\; x\left(1 - \prod_{i=1}^{r} \left(1 - \frac{1}{a_i} + \frac{1}{a_i^{k+1}}\right)\right) + O(1), \end{aligned} \tag{25}$$

wobei $O(1)$ nur von r abhängt. Wegen $\mathfrak{M}_r \subseteqq \mathfrak{M}$ für alle r mit $a_r \in \mathfrak{A}$ ergibt sich daher

$$\delta_*(\mathfrak{M}) \geqq \delta_*(\mathfrak{M}_r) = 1 - \prod_{i=1}^{r} \left(1 - \frac{1}{a_i} + \frac{1}{a_i^{k+1}}\right),$$

mithin

$$\delta^*(\mathfrak{M}) \geqq 1 - \prod_{a \in \mathfrak{A}} \left(1 - \frac{1}{a} + \frac{1}{a^{k+1}}\right). \tag{26}$$

Ist $\sum_{a \in \mathfrak{A}} \frac{1}{a}$ divergent, $\prod_{a \in \mathfrak{A}}$ also gleich Null, so ist (24) evident. Ist die Reihe hingegen konvergent, so erkennt man unmittelbar

$$M(x) \leqq M_r(x) + \sum_{i \geqq r+1} \left[\frac{x}{a_i}\right] \leqq M_r(x) + x \sum_{i \geqq r+1} \frac{1}{a_i} < M(x) + \varepsilon x$$
$$(\varepsilon > 0, r \geqq r_0(\varepsilon));$$

daher

$$\bar{\delta}^*(\mathfrak{M}) \leqq \delta_*(\mathfrak{M}_r) + \varepsilon \leqq 1 - \prod_{a \in \mathfrak{A}} \left(1 - \frac{1}{a} + \frac{1}{a^{k+1}}\right) + \varepsilon \tag{27}$$

für alle $\varepsilon > 0$, womit alles gezeigt ist.

Siehe auch den Zusatz zu 21.5., Satz 13.

Satz 22 (Niven [3]). *Es sei $\mathfrak{A}$ beliebig, aber $\bar{\delta}^*(\mathfrak{A}) > 0$. Man bilde*

$$\mathfrak{A}_p = \mathfrak{M}(\{p\}, \{p^2\}) \frown \mathfrak{A} \quad (p \geqq 1 \text{ Primzahl}).$$

$\mathfrak{P}(\mathfrak{A})$ sei die Gesamtheit aller Primzahlen, für die $\mathfrak{A}_p \neq 0$ ist. Dann gilt

$$\mathfrak{P}' \subseteq \mathfrak{P}(\mathfrak{A}) \wedge \sum_{p \in \mathfrak{P}'} \frac{1}{p} = \infty \curvearrowright \sum_{p \in \mathfrak{P}'} \bar{\delta}^*(\mathfrak{A}_p) = \infty.$$

Für die asymptotische Dichte gilt eine entsprechende Relation nicht mehr allgemein.

20. Durch multiplikative zahlentheoretische Funktionen definierte Mengen.

20.1. Die oben zu Beginn von 19.1. erklärten $\varkappa$-abundanten Zahlen lassen sich noch in anderer Weise als in 19. verallgemeinern. Setzt man $f(n) = \frac{\sigma(n)}{n}$ ($\sigma(n)$ Teilersumme), so ist $f(n)$ multiplikativ[1] und positiv

$$f(n_1 n_2) = f(n_1) f(n_2), \quad (n_1, n_2) = 1, \tag{1}$$

$$f(n) \geqq 1 \textit{ für } n \geqq 1,$$

und die $\varkappa$-abundanten Zahlen sind genau alle n, für die

$$f(n) \geqq \varkappa$$

ist. Es liegt daher nahe, von beliebigen positiven, multiplikativen Funktionen (1) auszugehen und die für jedes reelle $\varkappa \geqq 0$ durch $f(n) \geqq \varkappa$ bestimmten Mengen $\mathfrak{A}_\varkappa(f(x))$ (oder kurz $\mathfrak{A}_\varkappa$) zu betrachten. Man setze noch $f(0) = \infty$, so daß $0 \in \mathfrak{A}_\varkappa$, also $\mathfrak{A}_\varkappa$ niemals leer ist. In gewisser Hinsicht lassen sich diese Mengen auch als Verallgemeinerung der Multiplamengen auffassen. Ist nämlich $f(n) \geqq 1$ und distributiv, so

[1] Die Bezeichnung ist nicht einheitlich. Gelegentlich werden diese Funktionen auch *distributiv* genannt. Mit Rücksicht auf die Axiomatik, wo der Bezeichnung „distributives Gesetz" keine Einschränkung anhaftet, ist obige Terminologie vorgezogen worden. Als distributive Funktionen seien daher solche $f(x)$ verstanden, für die $f(a\,b) = f(a)\,f(b)$ für beliebige a, b gilt.

folgt

$$f(n_1 n_2) = f(n_1) f(n_2) \geqq f(n_1).$$

Ist also $f(n) \geqq \varkappa$, so auch jedes Vielfache von n, und n muß wegen $f(1) = 1$ mindestens einen kleinsten Teiler d mit $f(d) \geqq \varkappa$ besitzen. Ist $\mathfrak{C}_\varkappa$ die Gesamtheit aller n, die keinen echten Teiler d mit $f(d) \geqq \varkappa$ besitzen, so ist offenbar $\mathfrak{A}_\varkappa$ Multiplamenge mit $\mathfrak{C}_\varkappa$ als erzeugender Menge.

Setzt man

$$f_1(n) = \log f(n) \quad (n \geqq 1),$$

so ist $f_1(n)$ additiv:

$$f_1(n_1 n_2) = f_1(n_1) + f_1(n_2), \; (n_1, n_2) = 1, \; f_1(0) = \infty, \tag{2}$$

so daß ohne Einschränkung (2) an Stelle von (1) zugrunde gelegt werden kann.

Der folgende Satz 1 ist aus dem entsprechenden Resultat über $\varkappa$-abundante Zahlen (S. Chowla [1], Davenport [1]) entwickelt worden und unter spezielleren Voraussetzungen auch bereits für $\mathfrak{A}_\varkappa(f(x))$ bei Davenport [1] enthalten. Die folgende Erweiterung sowie die elementare Beweisführung gehen auf Erdös [11] zurück. Die vorstehend erwähnten Arbeiten erforderten Sätze vom Tauberschen Typus (siehe hierzu auch Schönberg [1]).

Satz 1. *Es sei* $f(n)$, $n \geqq 0$, *additiv im Sinne von* (2). *Man setze*

$$f^*(n) = \begin{cases} 1 \text{ für } |f(n)| > 1, \\ f(n) \text{ sonst.} \end{cases}$$

Es sei

$$\sum_{p \in \mathfrak{P}^{(0)}} \frac{(f^*(p))^2}{p} \text{ konvergent,} \tag{3a}$$

($\mathfrak{P}$ = *Menge aller Primzahlen*)

$$\sum_{p \in \mathfrak{P}^{(0)}} \frac{f^*(p)}{p} \text{ konvergent.} \tag{3b}$$

Dann existiert die natürliche Dichte[1] $\delta_*(\mathfrak{A}_c(f(x)))$ (c *reell*) *und ist eine monoton fallende Funktion von* c. *Ist ferner*

$$\sum_{\substack{f(p) \neq 0 \\ p \in \mathfrak{P}^{(0)}}} \frac{1}{p} \text{ divergent,} \tag{4}$$

so ist $\delta_*(\mathfrak{A}_c)$ *eine stetige Funktion von* c; *ist hingegen die Reihe* (4) *konvergent (was sofort* (3a) *und* (3b) *nach sich zieht), so ist entweder* $\mathfrak{A}_c = \{0\}$ *oder* $\delta_*(\mathfrak{A}_c) > 0$, *und* $\delta_*(\mathfrak{A}_c)$ *ist eine linksseitig stetige Treppenfunktion mit isolierten Unstetigkeitsstellen.*

[1] Auch *Verteilungsfunktion* genannt.

Beweis: 1. Fall. $f(p^\alpha) = f(p)$ für alle Primzahlen p und alle $\alpha \geqq 1$, und es seien (3) und (4) erfüllt. Dann ist — man beachte noch $f(1) = 0$ —

$$f(m) = \sum_{p|m} f(p). \tag{5}$$

Man setze ferner

$$f_\varkappa(m) = \sum_{\substack{p|m \\ p \leqq \varkappa}} f(p) \quad (\varkappa = 1, 2, \ldots).$$

$a_1, a_2, \ldots, a_i$ $(i = i(\varkappa))$ seien genau die ganzen Zahlen, die nur Primteiler $p \leqq \varkappa$, und diese nur in erster Potenz enthalten, und für die $f_\varkappa(a_\lambda) \geqq c$ $(1 \leqq \lambda \leqq i$, c fest) ausfällt. Ist $f_\varkappa(m) \geqq c$, so ist $\prod\limits_{\substack{p|m \\ p \leqq \varkappa}} p$ wegen

$$f_\varkappa(m) = f_\varkappa\Big(\prod_{\substack{p|m \\ p \leqq \varkappa}} p\Big)$$

ein (eindeutig bestimmtes) a_j $(1 \leqq j \leqq i,\ j = j(m))$, und in $m = a_j y$ besitzt y außer Primteilern größer als $\varkappa$ offenbar nur noch solche, die in a_j selbst auftreten. Umgekehrt ist auch für jedes derartige Vielfache von a_j sicher $f_\varkappa(a_j y) \geqq c$. Anders ausgedrückt: die zum selben a_j gehörenden m bilden die Multiplamenge

$$\mathfrak{M}^{(j)} =_{\mathrm{Df}} \mathfrak{M}\left(\{a_j\}, \{p_1^{(j)}, p_2^{(j)}, \ldots, p_s^{(j)}\}\right) \neq 0,$$

wobei $p_1^{(j)}, p_2^{(j)}, \ldots, p_s^{(j)}$ alle nicht in a_j vorkommenden Primteiler kleiner oder gleich $\varkappa$ bedeuten. Nach 19.1., Satz 1 existiert $\delta_*(\mathfrak{M}^{(j)}) > 0$. Da ferner $\mathfrak{M}^{(1)}, \mathfrak{M}^{(2)}, \ldots, \mathfrak{M}^{(i)}$ offenbar paarweise elementefremd sind, existiert $\delta_*\Big(\bigcup\limits_{j=1}^{i} \mathfrak{M}^{(j)}\Big)$, und es ist

$$\delta_*(\mathfrak{M}_\varkappa) = \sum_{j=1}^{i(\varkappa)} \delta_*(\mathfrak{M}^{(j)}) > 0 \quad \Big(\mathfrak{M}_\varkappa = \bigcup_{j=1}^{i} \mathfrak{M}^{(j)}\Big).$$

$\mathfrak{M}_\varkappa$ ist augenscheinlich die Menge aller m mit $f_\varkappa(m) \geqq c$, also $\mathfrak{M}_\varkappa = \{0\}$ oder $\delta_*(\mathfrak{M}_\varkappa) > 0$. Ist $f(m_0) \geqq c$ und hat m_0 die kanonische Zerlegung $m_0 = \prod\limits_{\lambda=1}^{l} p_\lambda^{\alpha_\lambda}$, $(1 < p_1 < p_2 < \cdots < p_l)$, so ist offenbar $f(m_0) = f_\varkappa(m_0) \geqq c$ für alle $\varkappa \geqq p_l$; hiermit bestätigt man sofort

$$m \in \mathfrak{A}_c \curvearrowright m \in \mathfrak{M}_\varkappa \quad \textit{für alle hinreichend großen } \varkappa;$$

daher ist die Mengenfolge $\mathfrak{M}_1, \mathfrak{M}_2, \ldots$ konvergent, und es ist

$$\lim_{\varkappa \to \infty} \mathfrak{M}_\varkappa = \mathfrak{A}_c. \tag{6}$$

Es soll nun $\lim\limits_{\varkappa \to \infty} \delta_*(\mathfrak{M}_\varkappa) = \delta_*(\mathfrak{A}_c)$ nachgewiesen werden, was wegen der Existenz von $\delta_*(\mathfrak{M}_\varkappa)$ dasselbe ist wie

$$\left|\frac{A_c(x)}{x} - \frac{M_\varkappa(x)}{x}\right| < \varepsilon \text{ für alle } \varkappa \geqq \varkappa_0(\varepsilon) \text{ und alle } x \geqq x_0(\varepsilon, \varkappa) \quad (\varepsilon > 0). \tag{7}$$

Hierin ist offensichtlich $|A_c(x) - M_\varkappa(x)|$ höchstens gleich der Anzahl aller derjenigen $m \leqq x$, für die entweder „$f(m) \geqq c$ *und* $f_\varkappa(m) < c$" oder „$f_\varkappa(m) \geqq c$ *und* $f(m) < c$" ist.

Zunächst werde von diesen m die Teilmenge derjenigen $m \leqq x$ abgeschätzt, für die $f(m) \geqq c + \delta$, $f_\varkappa(m) < c$, $\delta > 0$ beliebig, ist (bzw. $f(m) < c - \delta, f_\varkappa(m) \geqq c$), oder etwas gröber, für die $|f(m) - f_\varkappa(m)| > \delta$ ist. Diese m werden weiterhin in zwei Klassen eingeteilt: diejenigen m, die wenigstens einen Primteiler $p > \varkappa$ mit $|f(p)| \geqq 1$ besitzen, und die restlichen m. Die Anzahl der zur ersten Klasse gehörigen m ist aber höchstens gleich $\sum\limits_{\substack{p > \varkappa \\ |f(p)| \geqq 1}} \left[\frac{x}{p}\right]$.

Für genügend große $\varkappa$ ist nach (3b) nun

$$\sum_{\substack{p > \varkappa \\ |f(p)| \geqq 1}} \frac{1}{p} < \varepsilon, \textit{ also } \sum_{\substack{p > \varkappa \\ |f(p)| \geqq 1}} \left[\frac{x}{p}\right] < \varepsilon x \quad (\varkappa \geqq \varkappa_0(\varepsilon),\ \varepsilon > 0 \textit{ beliebig}). \tag{8}$$

Bezeichnet $\mathfrak{K}$ die m der zweiten Klasse, so erhält man vermittels (5)

$$\sum_{m \in \mathfrak{K}} (f(m) - f_\varkappa(m))^2 \leqq \sum_{m=1}^{x} \Bigg(\sum_{\substack{p > \varkappa \\ |f(p)| < 1}} f(p)\Bigg)^2 = \tag{9}$$

$$= \sum_{\substack{p > \varkappa \\ f(p) < 1}} f^2(p) \left[\frac{x}{p}\right] + 2 \sum_{\substack{p > q > \varkappa \\ |f(p)| < 1, |f(q)| < 1}} f(p)\, f(q) \left[\frac{x}{p\,q}\right] < \qquad (p, q \textit{ Primzahlen})$$

$$< x \sum_{\substack{p > \varkappa \\ |f(p)| < 1}} \frac{f^2(p)}{p} + 2x \sum_{\substack{p > q > \varkappa \\ pq \leqq x \\ |f(p)| < 1, |f(q)| < 1}} \frac{f(p)\, f(q)}{pq} + 2 \sum_{\substack{p > q > \varkappa \\ pq \leqq x \\ |f(p)| < 1, |f(q)| < 1}} |f(p)\, f(q)|$$

$$=_{\mathrm{Df}}\ x \Sigma_1 + 2x \Sigma_2 + 2 \Sigma_3.$$

Hierin ist

$$2 \Sigma_2 \leqq \Bigg(\sum_{\substack{\sqrt{x} \geqq p > \varkappa \\ |f(p)| < 1}} \frac{f(p)}{p}\Bigg)^2 + 2 \sum_{\substack{x \geqq p > \sqrt{x} \\ |f(p)| < 1}} \frac{f(p)}{p} \sum_{\substack{\varkappa < q \leqq \frac{x}{p} \\ |f(q)| < 1}} \frac{f(q)}{q}. \tag{10}$$

Weiter ist

$$\sum_q \frac{f^*(q)}{q} = \sum_{|f(q)| < 1} \frac{f(q)}{q} + \sum_{|f(q)| > 1} \frac{1}{q} + \sum_{|f(q)| = 1} \frac{f(q)}{q};$$

die Summe linker Hand konvergiert nach Voraussetzung (3b), die zweite Summe rechter Hand auf Grund von (3a), die dritte ist zufolge

(3a) sogar absolut konvergent; also ist für alle genügend großen $\varkappa$ und beliebige n'

$$\left|\sum_{\substack{|f(q)|<1 \\ \varkappa<q\leqq n'}} \frac{f(q)}{q}\right| < \varepsilon\,\delta^2 \qquad \bigl(\varkappa \geqq \varkappa_0(\varepsilon,\delta)\bigr).$$

(10) geht daher über in

$$2\,\Sigma_2 < (\varepsilon\,\delta^2)^2 + 2\varepsilon\delta^2 \sum_{x\geqq p>\sqrt{x}} \frac{1}{p} = \varepsilon\,\delta^2\,O(1) \quad (x\to\infty),$$

da $\sum\limits_{\sqrt{x}<p\leqq x} p^{-1} = O(1)$ ist, wie sich etwa aus ($\Pi(x)$ = Anzahlfunktion von $\mathfrak{P}$)

$$\sum_{\sqrt{x}<p\leqq x} \frac{1}{p} \leqq \int_{\sqrt{x}}^{x} \frac{1}{t}\,d\,\Pi(t) = \frac{\Pi(x)}{x} - \frac{\Pi(\sqrt{x})}{\sqrt{x}} - \int_{\sqrt{x}}^{x} \Pi(t)\,d\frac{1}{t}$$

ergibt, wenn nun noch $\Pi(t) < \text{const}\,\frac{x}{\log x}$ (siehe 21.1., Hilfssatz 1) beachtet wird. Für Σ_3 in (9) ergibt sich

$$\Sigma_3 \leqq \sum_{\substack{p>q>1 \\ pq\leqq x}} 1 = S_2(x) \quad \bigl(\mathfrak{S}_2 = \underset{s\in\mathfrak{Z}}{\in} [s = p\,q,\, p>q>1]\bigr);$$

und nach 19.1., Satz 7 ist $S_2(x) = o(x)$. Ist schließlich $K(x)$ die Anzahl der Elemente der in Rede stehenden zweiten Klasse $\mathfrak{K}$, so geht (9) unter Beachtung von $|f(m) - f_\varkappa(m)| > \delta$ für genügend große $\varkappa$ über in

$$K(x)\,\delta^2 \leqq \sum_{m\in\mathfrak{K}} \bigl(f(m) - f_\varkappa(m)\bigr)^2 \leqq \varepsilon\,\delta^2\,x + C\,\varepsilon\,\delta^2\,x + o(x);$$

also wird für hinreichend großes x

$$K(x) = \varepsilon\,x\,O(1);$$

die Elemente der ersten und zweiten Klasse sind zusammen vermittels (8) ebenfalls gleich

$$\varepsilon\,x\,O(1) \quad \bigl(x \geqq x_0(\varepsilon,\delta,\varkappa),\ \varkappa \geqq \varkappa_0(\varepsilon,\delta),\ O(1)\ \textit{unabhängig von}\ \varepsilon\bigr). \tag{11}$$

Zum Nachweis von (7) genügt es nunmehr, die Anzahl der $m \leqq x$ abzuschätzen, für die

$$c - \delta \leqq f(m) \leqq c + \delta \quad \bigl(f_\varkappa(m)\ \textit{beliebig}\bigr) \tag{12}$$

ist; hier soll die Existenz eines $\delta = \delta(\varepsilon) > 0$ nachgewiesen werden, so daß die in Rede stehende Anzahl danach wiederum durch (11) abgeschätzt werden kann; damit wäre dann die Existenz von $\lim\limits_{\varkappa\to\infty} \delta_*(\mathfrak{M}_\varkappa)$ sowie

$$\delta_*(\mathfrak{A}_c) = \lim_{\varkappa\to\infty} \delta_*(\mathfrak{M}_\varkappa) \tag{13}$$

bewiesen. Ferner ergäbe sich für jedes $|h| < \delta(\varepsilon)$ und hinreichend große x sofort weiter

$$|\delta_*(\mathfrak{A}_{c+h}) - \delta_*(\mathfrak{A}_c)| \leqq \left|\delta_*(\mathfrak{A}_{c+h}) - \frac{A_{c+h}(x)}{x}\right| + \left|\frac{A_{c+h}(x)}{x} - \frac{A_c(x)}{x}\right| + \left|\frac{A_c(x)}{x} - \delta_*(\mathfrak{A}_c)\right| = \varepsilon\, O(1),$$

womit dann auch die behauptete Stetigkeit gezeigt wäre. Zum Beweis teile man die m aus (12) wiederum in zwei Klassen ein: die erste umfasse die m mit $|f(m) - f_\varkappa(m)| > \delta$ ($\delta > 0$ und zunächst beliebig), die zweite enthalte die restlichen m. Nach dem bereits Bewiesenen ist für genügend große $\varkappa$ und x die Anzahl der Elemente der ersten Klasse gleich $\varepsilon\, x\, O(1)$. Für die m der zweiten Klasse folgt unmittelbar

$$c - 2\,\delta \leqq f_\varkappa(m) \leqq c + 2\,\delta.$$

Diese m werden ihrerseits in zwei Teilmengen unterteilt: erstens die m, die durch ein Quadrat größer oder gleich ε^{-4} teilbar sind, und zweitens die verbleibenden m. Die erstere Anzahl ist offenbar höchstens gleich

$$\sum_{n \geqq \varepsilon^{-2}} \left[\frac{x}{n^2}\right] < x \int_{\varepsilon^{-2}-1}^{\infty} \frac{dt}{t^2} = \varepsilon^2\, x\, O(1) \quad \left(0 < \varepsilon < \frac{1}{2}\right).$$

Mit $\alpha_1, \alpha_2, \ldots$ bezeichne man diejenigen quadratfreien Zahlen, die nur Primteiler $p \leqq \varkappa$ besitzen, und für die

$$c - 2\,\delta \leqq f(\alpha_i) \leqq c + 2\,\delta \quad (i = 1, 2, \ldots)$$

gilt. Aus

$$c - 2\,\delta \leqq f_\varkappa(m) = f\Big(\prod_{\substack{p \leqq \varkappa \\ p \mid m}} p\Big) \leqq c + 2\,\delta$$

folgt sofort, daß $\prod_{\substack{p \leqq \varkappa \\ p \mid m}} p$ ein α_i ist. m läßt sich daher in der Form $m = \alpha_i\, \mu\, t$ schreiben, worin μ nur Primteiler von α_i enthält, während t nur solche größer als $\varkappa$ besitzt. Für jeden Primteiler p, der in μ nur genau in ungerader Potenz $p^{2\varrho+1}$ $(\varrho \geqq 0)$ auftritt, ist $p^{2\varrho+2} \mid \alpha_i\, \mu$, mithin $\alpha_i\, \mu$ und daher erst recht m durch eine Quadratzahl $n^2 \geqq \mu$ teilbar. Gehört nun m zur zweiten Teilmenge, so folgt daher $\mu < \varepsilon^{-4}$. Für jedes in Frage kommende μ ist die Anzahl der zugehörigen $m = \alpha_i\, \mu\, t \leqq x$ gleich der Anzahl der $t \leqq \frac{x}{\alpha_i\, \mu}$, die keinen Primteiler $p \leqq \varkappa$ besitzen, und nach 19.1. (3) (mit $\frac{x}{\alpha_i\, \mu}$ an Stelle von x und mit $a = 1$) ist deren Anzahl höchstens gleich

$$\frac{x}{\alpha_i\, \mu} \prod_{1 < p \leqq \varkappa} \left(1 - \frac{1}{p}\right) + 2^{\Pi(\varkappa)} =_{\mathrm{Df}} A \quad (\Pi(\varkappa)\ \textit{Anzahlfunktion von}\ \mathfrak{P}).$$

Sind $0 < p_1 < p_2 < \cdots < p_{\Pi(\varkappa)}$ genau alle Primzahlen bis $\varkappa$, so ist für genügend große x

$$\begin{aligned} A &= \frac{x}{\alpha_i \mu} \prod_{1 < p \leqq \varkappa} \left(1 - \frac{1}{p}\right)\left(1 + \frac{2^{\Pi(\varkappa)} \alpha_i \mu}{x \prod\limits_{1 < p \leqq \varkappa}\left(1 - \frac{1}{p}\right)}\right) \\ &\leqq \frac{x}{\alpha_i \mu} \prod_{1 < p \leqq \varkappa} \left(1 - \frac{1}{p}\right)\left(1 + \frac{2^{\Pi(\varkappa)} p_1 p_2 \cdots p_{\Pi(\varkappa)}\, \varepsilon^{-4}}{x \prod\limits_{1 < p \leqq \varkappa}\left(1 - \frac{1}{p}\right)}\right) \\ &\leqq \frac{2x}{\alpha_i \mu} \prod_{1 < p \leqq \varkappa} \left(1 - \frac{1}{p}\right) \qquad \big(x \geqq x_0(\varepsilon, \delta, \varkappa),\ \varkappa \geqq \varkappa_0(\varepsilon, \delta)\big). \end{aligned}$$

Die Anzahl aller $m \leqq x$ der zweiten Teilmenge ist mithin höchstens gleich

$$\begin{aligned} \sum_{\alpha_i} \sum_{\mu < \varepsilon^{-4}} \frac{2x}{\alpha_i \mu} \prod_{1 < p \leqq \varkappa} \left(1 - \frac{1}{p}\right) &= 2x \prod_{1 < p \leqq \varkappa} \left(1 - \frac{1}{p}\right) \sum_{\mu < \varepsilon^{-4}} \frac{1}{\mu} \sum_{i \geqq 1} \frac{1}{\alpha_i} \\ &\leqq 2x \left\{\prod_{1 < p \leqq \varkappa} \left(1 - \frac{1}{p}\right)\right\} (1 + \log \varepsilon^{-4}) \sum_{i \geqq 1} \frac{1}{\alpha_i} = O(x) \frac{\sum\limits_{i \geqq 1} \frac{1}{\alpha_i} \log \varepsilon^{-1}}{\log \varkappa}, \end{aligned}$$

letzteres wegen $\prod\limits_{1 < p \leqq \varkappa} \frac{1}{1 - p^{-1}} = \prod\limits_{1 < p \leqq \varkappa} \left(1 + \frac{1}{p} + \frac{1}{p^2} + \cdots\right) \geqq \sum\limits_{\nu = 2}^{\varkappa} \frac{1}{\nu}$ $> \log \varkappa$.

Zum Abschluß des Beweises genügt es, um (11) zu erhalten, offensichtlich

$$\sum_{i \geqq 1} \frac{1}{\alpha_i} \leqq \varepsilon^2 \log \varkappa \textit{ für alle genügend kleinen } \delta = \delta(\varepsilon) > 0 \tag{14}$$

nachzuweisen. Auf Grund von Voraussetzung (4) kann ohne Einschränkung etwa

$$\sum_{f(p) > 0} \frac{1}{p} \textit{ divergent} \tag{15}$$

angenommen werden. Bezeichne $q_1, q_2, \ldots$ alle diejenigen Primzahlen bis $\varkappa$, für die $f(q_i) > 4\delta$ ist, so läßt sich für alle hinreichend kleinen $\delta = \delta(C) > 0$ ($C > 0$ beliebig) wegen (15) offenbar

$$\sum_{i \geqq 1} \frac{1}{q_i} > 2C$$

erreichen.

Bezeichnungen: 1. $r_1, r_2, \ldots$ *seien alle Primzahlen* $\neq q_i$ *bis* $\varkappa$;

2. $\beta_1, \beta_2, \ldots$ *seien die quadratfreien Zahlen, die nur aus den Primfaktoren* q_i *zusammengesetzt sind;*

3. $\gamma_1, \gamma_2, \ldots$ *seien die aus den r_i zusammengesetzten quadratfreien Zahlen;*

4. $\tau_\alpha (m)$ *bedeute die Anzahl der $\alpha_i \mid m$;*

5. $\tau_\gamma (m)$ *sei die Anzahl der $\gamma_i \mid m$;*

6. $\tau_\varkappa (m)$ *bezeichne die Anzahl derjenigen quadratfreien Teiler von m, die nur Primteiler $p \leqq \varkappa$ besitzen.*

Augenscheinlich gilt

$$\sum_{\lambda=1}^{M} \tau_\alpha(\lambda) = \sum_{\alpha_i} \left[\frac{M}{\alpha_i}\right] > \Big(\sum_{\alpha_i \geqq M} \frac{M}{\alpha_i}\Big) - M. \tag{16}$$

Bezeichnet man mit λ' die λ, die weniger als C Teiler unter den q_i aufweisen, so setze man

$$\Sigma_1 = \sum_{1<\lambda' \leqq M} \tau_\alpha(\lambda'), \quad \sum_{\lambda=1}^{M} \tau_\alpha(\lambda) =_{\mathrm{Df}} \Sigma_1 + \Sigma_2.$$

Dann ist

$$\sum_1 < \sum_{1<\lambda' \leqq M} \left(\binom{C}{0} + \binom{C}{1} + \cdots + \binom{C}{C}\right) \tau_\gamma(\lambda') \leqq 2^C \sum_{\lambda=1}^{M} \tau_\gamma(\lambda)$$

$$= 2^C \sum_{\gamma_i \leqq M} \left[\frac{M}{\gamma_i}\right] \leqq 2^C M \prod_{i \geqq 1} \left(1 + \frac{1}{r_i}\right)$$

$$= 2^C M \frac{\prod\limits_{p \leqq \varkappa} \left(1 + \frac{1}{p}\right)}{\prod\limits_{i \geqq 1} \left(1 + \frac{1}{q_i}\right)^{\frac{q_i+1}{q_i+1}}} < 2^C M \frac{\prod\limits_{p \leqq \varkappa} e^{\frac{1}{p}}}{\prod\limits_{i \geqq 1} e^{\frac{1}{q_i+1}}} \leqq 2^C M \frac{e^{\log\log \varkappa + O(1)}}{e^{\frac{1}{2} \Sigma \frac{1}{q_i}}}$$

$$= \left(\frac{2}{e}\right)^C M\, O(1) \log \varkappa < \varepsilon^3 M \log \varkappa \quad \big(C \geqq C_0(\varepsilon)\big). \tag{17}$$

Weiter sei $\Sigma_2 = \Sigma\, \tau^\alpha(\lambda'')$ $(1 \leqq \lambda'' \leqq M)$ gesetzt. λ'' läßt sich in der Gestalt $\lambda'' = \beta_u \gamma_v t$ schreiben, wobei β_u mindestens C verschiedene Primteiler q_i besitzt und t außer Primteilern größer als $\varkappa$ nur noch solche von $\beta_u \gamma_v$ hat. Ein $\alpha_\varrho \mid \lambda''$ hat die Form $\alpha_\varrho = \beta_i \gamma_j$ mit $\beta_i \mid \beta_u$, $\gamma_j \mid \gamma_v$. Gäbe es $\alpha_{\varrho_1} = \beta_{i_1} \gamma_v$, $\alpha_{\varrho_2} = \beta_{i_2} \gamma_v$ mit $\beta_{i_1} \mid \beta_{i_2}$, $\beta_{i_1} \neq \beta_{i_2}$, so würde aus $(\beta_{i_1}, \gamma_v) = (\beta_{i_2}, \gamma_v) = 1$ für mindestens ein q_σ

$$4\,\delta \geqq f(\alpha_{\varrho_2}) - f(\alpha_{\varrho_1}) = f(\beta_{i_2}) - f(\beta_{i_1}) \geqq f(q_\sigma) > 4\,\delta$$

folgen, was unmöglich ist, so daß zum selben γ_v gehörige β_i nicht durcheinander teilbar sein können. Setzt man in $\lambda'' = \beta_u \gamma_v t$ noch

$$\beta_u = q_{i_1} q_{i_2} \cdots q_{i_y}, \quad \gamma_v = r_{j_1} r_{j_2} \cdots r_{j_z} \quad (y \geqq C),$$

so ist die Anzahl der zu festem γ_j gehörigen $\alpha_\varrho \mid \lambda''$ gleich der Anzahl der nicht durcheinander teilbaren Teiler von β_u; nun sind aber offensichtlich alle Teiler von β_u eineindeutig auf die Teilmengen von $\mathfrak{N} = \{q_{i_1}, q_{i_2}, \ldots, q_{i_y}\}$ abbildbar, und den nicht durcheinander teilbaren Teilern von β_u entsprechen dabei einander nicht enthaltende Teilmengen von $\mathfrak{N}$. Nach SPERNER [1] kann aber eine Menge von y Elementen höchstens $\binom{y}{\left[\frac{1}{2}y\right]}$ einander nicht umfassende Teilmengen besitzen. Zu festem γ_j kann es auf Grund der Festsetzung über t in $\lambda'' = \beta_u \gamma_v t$ nur höchstens $\binom{y}{\left[\frac{1}{2}y\right]}$ Teiler von λ'' geben. Aus der STIRLINGschen Formel 17.1. (4) folgt durch leichte Rechnung

$$\binom{y}{\left[\frac{1}{2}y\right]} < \frac{2^y}{\sqrt{y}} \leqq \frac{2^y}{\sqrt{C}}\,.$$

Alle $\alpha_\varrho \mid \lambda''$ ergeben sich, indem man noch die γ_j variiert und $\gamma_j \mid r_{j_1} r_{j_2} \cdots r_{j_z}$ beachtet. Daher

$$\tau_\alpha(\lambda'') \leqq \frac{2^y}{\sqrt{C}}\left(\binom{z}{0} + \binom{z}{1} + \cdots + \binom{z}{z}\right) = \frac{2^{y+z}}{\sqrt{C}} = \frac{\tau_\varkappa(\beta_u \gamma_v)}{\sqrt{C}} \leqq \frac{\tau_\varkappa(\lambda'')}{\sqrt{C}}\,,$$

also

$$\sum_2 = \sum_{1 \leqq \lambda'' \leqq M} \tau_\alpha(\lambda'') \leqq \sum_{\lambda=1}^{M} \frac{\tau_\varkappa(\lambda)}{\sqrt{C}}$$

$$\leqq \frac{1}{\sqrt{C}}\Big(\sum_{1 < p \leqq \varkappa} \left[\frac{M}{p}\right] + \sum_{1 < p < p' \leqq \varkappa} \left[\frac{M}{p\,p'}\right] + \cdots\Big) \leqq \frac{M}{\sqrt{C}} \prod_{p \leqq \varkappa} \left(1 + \frac{1}{p}\right)$$

$$= O(1)\,\frac{M}{\sqrt{C}} \log \varkappa$$

(letzteres analog (17)); mithin für genügend großes C

$$\Sigma_2 < \varepsilon^3 M \log \varkappa. \tag{18}$$

Aus (16), (17) und (18) folgt daher insgesamt

$$\sum_{i \geqq 1} \frac{1}{\alpha_i} < 1 + 2\,\varepsilon^3 \log \varkappa.$$

Wählt man $\varepsilon < \frac{1}{3}$ und $\varkappa$ so groß, daß $1 < \varepsilon^3 \log \varkappa$ ist, so wird

$$\sum_{i \geqq 1} \frac{1}{\alpha_i} < \varepsilon^2 \log \varkappa,$$

womit (14) bestätigt und der Beweis im ersten Fall beendet ist.

2. Fall. $f(p^\alpha)$ beliebig, weiterhin sei (4) erfüllt. Es sei $g_1 = 1$, weiter seien $g_2, g_3, \ldots, g_\lambda, \ldots$ alle die ganzen Zahlen, deren sämtliche Primteiler mindestens quadratisch auftreten. Aus

$$\sum_{\lambda \geqq 1} \frac{1}{g_\lambda} = \prod_{p>1} \left(1 + \frac{1}{p^2} + \frac{1}{p^3} + \cdots\right) = \prod_{p>1} \left(\frac{1}{1-p^{-1}} - \frac{1}{p}\right)$$

$$= \prod_{p>1} \left(1 + \frac{1}{p(p-1)}\right) \leqq \prod_{p>1} \left(1 + \frac{1}{(p-1)^2}\right) \quad (p \text{ Primzahl})$$

folgt die Konvergenz von Σg_λ^{-1} Weiter bedeute $g_{\lambda(m)}$ das größte g_i mit $g_i \mid m$. In $m = g_{\lambda(m)} m'$ ist dann m' quadratfrei, und es ist $(g_{\lambda(m)}, m') = 1$. Weiter bedeute $\mathfrak{A}_{c,\lambda}$ die Gesamtheit der m, für die $g_{\lambda(m)} = g_\lambda$ (λ fest) und $f(m) \geqq c$ ist. Dann ist für die Elemente m_λ aus $\frac{\mathfrak{A}_{c,\lambda}}{g_\lambda}$ wegen der Quadratfreiheit (5) erfüllt. Ferner gilt wegen $(g_\lambda, m_\lambda) = 1$ $(m = g_{\lambda(m)} m_\lambda = g_\lambda m_\lambda)$:

$$f(m) = f(g_\lambda m_\lambda) = f(g_\lambda) + f(m_\lambda) \geqq c \curvearrowright f(m_\lambda) \geqq c - f(g_\lambda) =_{\mathrm{Df}} c'.$$

Der weitere Beweis verläuft analog dem Fall 1: An Stelle der dortigen Menge $\mathfrak{M}^{(j)} (= \mathfrak{M}^{(j)}(c))$ tritt die Menge $\mathfrak{M}^{(j)\prime} = \mathfrak{M}^{(j)\prime}(c')$ der quadratfreien Elemente aus $\mathfrak{M}^{(j)}(c')$, d. h. also die Multiplamenge

$$\mathfrak{M}^{(j)\prime}(c') = \mathfrak{M}^{(j)\prime} = a_j \times \mathfrak{M}\ (\{1\}, \{p_2, p_3, \ldots, p_s, p_{s+1}^2, p_{s+2}^2, \ldots, p_{s+\sigma}^2, \ldots\})$$
$$(1 < p_2 < \cdots < p_s \leqq \varkappa,\ p_{s+\sigma} > \varkappa).$$

Nach 19.1., Satz 3 existiert $\delta_*\left(\frac{\mathfrak{M}^{(j)\prime}}{a_j}\right)$, und nach 18.1., Satz 3 ist

$$\delta_*(\mathfrak{M}^{(j)\prime}) = \frac{1}{a_j} \delta_*\left(\frac{\mathfrak{M}^{(j)}}{a_j}\right).$$

Daher gilt auch die (6) entsprechende Gleichung

$$\lim_{\varkappa \to \infty} \mathfrak{M}'_\varkappa = \frac{\mathfrak{A}_{c,\lambda}}{g_\lambda},$$

worin also $\mathfrak{M}'_\varkappa = \mathfrak{M}'_\varkappa(c')$ die quadratfreien Elemente aus (der wie im Fall 1 zu bildenden Menge) $\mathfrak{M}_\varkappa = \mathfrak{M}_\varkappa(c')$ bedeutet. Man prüft leicht nach, daß der weitere Beweisgang im ersten Fall lediglich die Eigenschaften (5) und (6) sowie die Existenz von $\delta_*(\mathfrak{M}_\varkappa)$ benötigt, und wie eben gezeigt, sind diese Bedingungen bezüglich $\frac{1}{g_\lambda}\mathfrak{A}_{c,\lambda}$ erfüllt. Daher existiert $\delta_*(\mathfrak{A}_{c,\lambda}) = \frac{1}{g_\lambda}\delta_*\left(\frac{1}{g_\lambda}\mathfrak{A}_{c,\lambda}\right)$ und ist eine stetige Funktion von c. Trivialerweise ist $\delta_*\left(\frac{1}{g_\lambda}\mathfrak{A}_{c,\lambda}\right) \leqq 1$, so daß $\delta_*(\mathfrak{A}_{c,\lambda}) \leqq \frac{1}{g_\lambda}$, also

$\sum_{\lambda=1}^{\infty} \delta_* (\mathfrak{A}_{c,\lambda})$ auf Grund der Konvergenz von $\sum g_\lambda^{-1}$ gleichmäßig in c konvergiert und somit ebenfalls stetig in c ist. Die Mengen der Folge $\mathfrak{A}_{c,1}, \mathfrak{A}_{c,2}, \ldots, \mathfrak{A}_{c,\lambda}, \ldots$ sind offensichtlich paarweise elementefremd, also

$$\sum_{\lambda=1}^{\infty} \frac{A_{c,\lambda}(x)}{x} = \frac{A_c(x)}{x}\,; \tag{19}$$

schließlich folgt aus $g_\lambda \mid \mathfrak{A}_{c,\lambda}$ sofort $\frac{A_{c,\lambda}(x)}{x} \leqq \frac{1}{g_\lambda}$, so daß die Reihe in (19) bei festem c gleichmäßig in x konvergiert, nach 18.1., Satz 4 ist daher $\delta_* (\mathfrak{A}_c) = \sum_{\lambda=1}^{\infty} \delta_* (\mathfrak{A}_{c,\lambda})$. Damit ist auch Fall 2 erledigt.

Fall 3. (4) sei verletzt, d. h. $\sum_{f(p)\neq 0} p^{-1}$ konvergiert. $b_1 = 1$, $b_2, b_3, \ldots$ seien alle nur aus Primzahlen p mit $f(p) \neq 0$ zusammengesetzten Zahlen. Dann ist

$$\sum_{i \geqq 1} \frac{1}{b_i} = \prod_{f(p)\neq 0} \left(1 + \frac{1}{p} + \frac{1}{p^2} + \cdots\right) = \prod_{f(p)\neq 0} \frac{1}{1 - p^{-1}}$$

auf Grund der jetzigen Voraussetzung konvergent. $b_{\varrho(m)}$ sei das größte b_i mit $b_i \mid m$. In $m = b_{\varrho(m)}\, m'$ zerlege man m' weiter: $m' = g_{\lambda(m')}\, m''$, wobei $g_{\lambda(m)}$ wie in Fall 2 erklärt sei. Offensichtlich sind $b_{\varrho(m)}, g_{\lambda(m')}, m''$ paarweise teilerfremd, und $g_{\lambda(m')}$ sowie m'' besitzen nur Primteiler p mit $f(p) = 0$. Auf Grund der Quadratfreiheit von m'' ist daher

$$f(m'') = 0,\ f(m) = f(b_{\varrho(m)}) + f(g_{\lambda(m')}). \tag{20}$$

Ist $\mathfrak{P}_\lambda$ die Menge aller Primzahlen mit $f(p) \neq 0$ und $p \nmid g_\lambda$, so existiert nach 19.1., Satz 3 die natürliche Dichte der Multiplamenge $\mathfrak{M}(\{1\}, \mathfrak{P}_\lambda) =_{\mathrm{Df}} \mathfrak{M}_\lambda$, und es ist

$$\delta_* (\mathfrak{M}_\lambda) = \prod_{\substack{f(p)\neq 0\\ p \nmid g_\lambda}} \left(1 - \frac{1}{p}\right) > 0,$$

nach 18.1., Satz 3 ist daher

$$\delta_* (g_\lambda \times \mathfrak{M}_\lambda) = \frac{1}{g_\lambda} \prod_{\substack{f(p)\neq 0\\ p \nmid g_\lambda}} \left(1 - \frac{1}{p}\right) > 0$$

sowie

$$\delta_* (b_\varrho \times g_\lambda \times \mathfrak{M}_\lambda) = \frac{1}{b_\varrho g_\lambda} \prod_{\substack{f(p)\neq 0\\ p \nmid g_\lambda}} \left(1 - \frac{1}{p}\right) > 0.$$

Da ferner die Zerlegung $m = b_{\varrho(m)}\, g_{\lambda(m')}\, m'' \left(m' = \frac{m}{b_{\varrho(m)}}\right)$ eindeutig ist, so sind die Mengen $b_\varrho \times g_\lambda \times \mathfrak{M}_\lambda$ für verschiedene Paare (ϱ, λ) elementefremd. Unter Beachtung von (20) ist daher

$$\mathfrak{A}_c = \bigcup_{f(b_\varrho)+f(g_\lambda)\geqq c} (b_\varrho \times g_\lambda \times \mathfrak{M}_\lambda), \quad \frac{A_c(x)}{x} = \sum_{f(b_\varrho)+f(g_\lambda)\geqq c} \frac{b_\varrho \times g_\lambda \times M_\lambda(x)}{x}. \tag{21}$$

Wegen $(b_\varrho \times g_\lambda \times M_\lambda)(x) \leqq \left[\frac{x}{b_\varrho g_\lambda}\right] \leqq \frac{x}{b_\varrho g_\lambda}$ ist somit

$$\frac{A_c(x)}{x} \leqq \sum_{\varrho=1}^{\infty} \frac{1}{b_\varrho} \sum_{\lambda=1}^{\infty} \frac{1}{g_\lambda}. \tag{22}$$

Beide Reihen rechter Hand in (22) sind, wie gezeigt, konvergent, mithin die Reihe rechts in (21) gleichmäßig konvergent in x. Nach 18.1., Satz 4 existiert daher $\delta_*(\mathfrak{A}_c)$, und es ist

$$\delta_*(\mathfrak{A}_c) = \sum_{f(b_\varrho)+f(g_\lambda)\geqq c} \frac{1}{b_\varrho g_\lambda} \prod_{\substack{f(p)\neq 0\\ p\nmid g_\lambda}} \left(1-\frac{1}{p}\right) > 0 \textit{ oder } \mathfrak{A}_c = \{0\}.$$

$\delta_*(\mathfrak{A}_c)$ ist offensichtlich eine Treppenfunktion mit den Sprungstellen $c = f(b_\varrho) + f(g_\lambda)$. Wegen $b_1 = 1$, $g_1 = 1$ sind die Folgen $b_1, b_2, \ldots$ und $g_1, g_2, \ldots$ nicht leer, so daß auch mindestens eine Sprungstelle existiert.

Bemerkung. Der Fall $\mathfrak{A}_c = \{0\}$ kann durchaus eintreten; z. B. sei $f(n) = 0$ für alle $n > 0$. Offenbar ist $\mathfrak{A}_c = \{0\}$ für $c > 0$, $\mathfrak{A}_c = \mathfrak{Z}$ für $c \leqq 0$; oder weniger trivial

$$f(n) = \begin{cases} a, & \textit{wenn } p \mid n, \\ 0, & \textit{wenn } p \nmid n, \end{cases} \quad (p \textit{ fest gewählte Primzahl}; \; a \textit{ beliebig}).$$

Dann ist $\mathfrak{A}_c = \{0\}$ für $c > a$.

Das Wesen der Voraussetzung (4) ist bereits durch den Satz selbst aufgeklärt. In Hinblick auf Voraussetzung (3) gilt nach ERDÖS [3]

Satz 2. *Ist* $f(m) \geqq 0$ *und* $\sum_{p\in\mathfrak{P}^{(0)}} \frac{f^*(p)}{p}$ *divergent, so ist* $\delta_*(\mathfrak{A}_c) = 1$ *für alle* c.

Siehe hierzu auch ERDÖS-WINTNER [1], ERDÖS [16], SCHÖNBERG [1].

Auf Satz 1 beruht der Spezialfall:

Satz 3. *Ist* $f(m) \geqq 0$ *und* $\sum_{p\in\mathfrak{P}^{(0)}} \frac{f^*(p)}{p}$ *konvergent, so existiert* $\delta_*(\mathfrak{A}_c)$. *Ist überdies* $\sum_{f(p)\neq 0} p^{-1}$ *divergent, so ist* $\delta_*(\mathfrak{A}_c)$ *stetig* (ERDÖS [11]); *ist ferner noch* $\mathfrak{A}_c \neq \{0\}$, *so ist* $\delta_*(\mathfrak{A}_c) > 0$.

Beweis: Es ist offenbar lediglich noch $\delta_*(\mathfrak{A}_c) > 0$ nachzuweisen. Sei also $m > 0$ und $m \in \mathfrak{A}_c$, und $p_1, p_2, \ldots, p_s$ seien die sämtlichen Primteiler von m. Dann hat nach 19.1., Satz 3 die Multiplamenge

$m \times \mathfrak{M}(\{1\}, \{p_1, p_2, \ldots, p_s\}) =_{\mathrm{Df}} \mathfrak{M}_1$ die natürliche Dichte $\delta_* (\mathfrak{M}_1) = \frac{1}{m} \prod_{\sigma=1}^{s} \left(1 - \frac{1}{p_\sigma}\right) > 0$. Aus $\lambda \in \frac{\mathfrak{M}_1}{m}$ folgt $(\lambda, m) = 1$, mithin

$$f(\lambda\, m) = f(\lambda) + f(m) \geqq f(m) \geqq c,$$

so daß $\mathfrak{M}_1 \subseteqq \mathfrak{A}_c$, also auch $\delta_* (\mathfrak{A}_c) > 0$ ist.

Bemerkung. Die Übertragung der Sätze 1, 2 und 3 auf multiplikative Funktionen $g(x)$ ist mit $f(x) = \log g(x)$ evident. Beachtet man aber die Ungleichung $1 + \log x \leq x$ $(x > 0)$, so bleiben die Sätze erst recht richtig, wenn die Konvergenzvoraussetzung bereits für $\sum_{p \in \mathfrak{P}^{(0)}} \frac{g^*(p) - 1}{p}$ an Stelle von $\sum_{p \in \mathfrak{P}^{(0)}} \frac{(\log g(p))^*}{p}$ gilt bei sinngemäß zu definierenden $g^*(n)$. Satz 3 erhält dann nach Erdös die Form

Satz 3a. *Ist* $g(m) \geqq 1$ *und multiplikativ, und ist* $\sum_{p \in \mathfrak{P}^{(0)}} \frac{g(p) - 1}{p}$ *konvergent, so existiert* $\delta_* (\mathfrak{A}_c)$. *Ist ferner* $\sum_{g(p) \neq 1} p^{-1}$ *divergent, so ist* $\delta_* (\mathfrak{A}_c)$ *stetig. Ist* $\mathfrak{A}_c \neq \{0\}$, *so ist* $\delta_* (\mathfrak{A}_c) > 0$.

In Ergänzung zu Satz 1 gilt noch:

Satz 4. *Existiert* $\delta_* (\mathfrak{A}_c)$ *in einer Umgebung von* c_0, *und ist* $\delta_* (\mathfrak{A}_c)$ *in* c_0 *stetig, so ist*

$$\delta_* (\mathfrak{A}_{c_0}) = \delta_* (\mathfrak{A}_{c_0 +}),$$

wenn $\mathfrak{A}_{c_0 +}$ *die Menge aller* m *mit* $f(m) > c_0$ *bedeutet. Ist (statt (4))* Σp^{-1} *konvergent, so ist* $\delta_* (\mathfrak{A}_{c+})$ *diejenige Treppenfunktion, die aus* $\delta_* (\mathfrak{A}_c)$ *entsteht, die an den Sprungstellen rechtsseitig stetig ist. Die Menge* $\mathfrak{A}_c - \mathfrak{A}_{c+}$, *d. h. die Gesamtheit aller* m *mit* $f(m) = c$ *besitzt verschwindende natürliche Dichte oder ist leer.*

Beweis: Die Behauptung ergibt sich im Stetigkeitsfall sofort aus:

$$c > c_0 \curvearrowright \mathfrak{A}_c \subseteqq \mathfrak{A}_{c_0 +} \subseteqq \mathfrak{A}_{c_0},$$

indem man c gegen c_0 streben läßt. Die weitere Aussage über $\mathfrak{A}_{c+}$ entnimmt man unmittelbar den Formeln (20) und (21), in denen lediglich die Vorschrift $f(b_\varrho) + f(g_\lambda) \geqq c$ durch $f(b_\varrho) + f(g_\lambda) > c$ zu ersetzen ist. — Die restliche Aussage ist evident.

Erdös [9] untersucht unter der Voraussetzung der Konvergenz von $\Sigma \frac{f(p)}{p}$ nebst $f(x) \geqq 0$ noch $\mathfrak{A} = \underset{x \in \mathfrak{Z}}{\in} [f(x+1) \geqq f(x)]$, bzw. $\underset{x \in \mathfrak{Z}}{\in} [f(x+1) > f(x)]$, und zeigt $\delta_* (\mathfrak{A}) = \frac{1}{2}$.

Satz 3a ermöglicht die Anwendung auf alle $\varkappa$-abundanten Zahlen. In Verallgemeinerung von 19.1., Satz 9 ergibt sich (S. CHOWLA [1], DAVENPORT [1])

Satz 5. *Bedeutet $\mathfrak{A}_\varkappa$ die Menge aller $\varkappa$-abundanten Zahlen ($\varkappa \geqq 1$), so existiert die natürliche Dichte von $\mathfrak{A}_\varkappa$, sie ist charakteristisch und eine stetige Funktion von $\varkappa$. Ferner ist $\mathfrak{A}_\varkappa$ eine asymptotische Basis endlicher Ordnung. — Die Menge $\mathfrak{A}_\varkappa - \mathfrak{A}_{\varkappa+}$ der $\varkappa$-vollkommenen Zahlen ist leer oder hat verschwindende natürliche Dichte.*

Hinsichtlich der Menge $\mathfrak{V}$ aller vollkommenen Zahlen beweist HORNFECK [2] auf elementarem Weg unter Benutzung der bekannten Strukturbedingungen für gerade bzw. ungerade vollkommene Zahlen über Satz 5 hinaus

$$V(x) = O(\sqrt{x}).$$

KANOLD [4] beweist noch

$$\delta_*\left(\bigcup_{\varkappa=1}^{\infty} (\mathfrak{A}_\varkappa - \mathfrak{A}_{\varkappa+})\right) = 0 \qquad (\varkappa \textit{ ganz}).$$

(Zusatz bei der Korrektur.) Siehe ferner KANOLD [2], [4].

Zusatz 1 (OSTMANN). Ist $\sigma_\nu(n) = \sum_{d|n} d^\nu$ ($\nu > 1$), und bedeutet $\mathfrak{A}_{\varkappa\nu}$ die Menge aller m mit $\sigma_\nu(m) \geqq \varkappa\, m^\nu$, so gilt Satz 5 mit Ausnahme der asymptotischen Basiseigenschaft auch dann für $\mathfrak{A}_{\varkappa\nu}$, wenn $\varkappa < \zeta(\nu)$ ist ($\zeta(s)$ RIEMANNsche ζ-Funktion). Für $\varkappa \geqq \zeta(\nu)$ ist $\mathfrak{A}_{\varkappa\nu} = \{0\}$.

Beweis: Man setze $g(n) = \dfrac{\sigma_\nu(n)}{n^\nu}$, $\nu \geqq 1$. Bekanntlich ist $g(n)$ multiplikativ. Weiter ist

$$g(n) = \frac{\sigma_\nu(n)}{n^\nu} \geqq \frac{1+n^\nu}{n^\nu} > 1 \quad (n > 1;\ g(1) = 1),$$

also $g(p) \neq 1$ für alle Primzahlen $p > 1$; daher $\sum_{g(p)\neq 1} p^{-1}$ (nach 19.1. (8)) divergent. Schließlich ist

$$0 < \sum_{p \in \mathfrak{P}^{(0)}} \frac{g(p)-1}{p} = \sum \frac{\sigma_\nu(p) - p^\nu}{p^{\nu+1}} < \sum \frac{1 + p^\nu - p^\nu}{p^{\nu+1}} = \sum \frac{1}{p^{\nu+1}},$$

woraus für $\nu > 0$ die Konvergenz folgt. Ist $\nu > 1$, so folgt aus

$$\varkappa \leqq \frac{\sigma_\nu(n)}{n^\nu} = \sum_{d|n} \left(\frac{d}{n}\right)^\nu = \sum_{d|n} \frac{1}{d^\nu} < \sum_{m=1}^{\infty} \frac{1}{m^\nu} = \zeta(\nu)$$

sofort $\mathfrak{A}_{\varkappa\nu} = \{0\}$ für $\varkappa \geqq \zeta(\nu)$. Ist $\varkappa < \zeta(\nu)$ und $\varepsilon > 0$ beliebig, so sei $N = N(\varepsilon)$ so gewählt, daß $\sum_{m=1}^{N} m^{-\nu} > \zeta(\nu) - \varepsilon$ ist. Für $n = N!$ ist dann offenbar erst recht $n^{-\nu}\sigma_\nu(n) > \zeta(\nu) - \varepsilon$, also $\mathfrak{A}_{\varkappa\nu} \neq \{0\}$ für alle $\varkappa < \zeta(\nu)$, und für diese $\varkappa$ sind alle Voraussetzungen von Satz 3a erfüllt;

für $\nu = 1$ folgt das nämliche aus der Divergenz von $\sum_{m=1}^{\infty} \frac{1}{m}$. Die asymptotische Basiseigenschaft für $\nu = 1$ ergibt sich folgendermaßen: Sind a, b, c, d paarweise teilerfremde $\varkappa$-abundante Zahlen, so sind wegen $\sigma(a\,b) = \sigma(a)\,\sigma(b) \geqq \varkappa^2\,a\,b$, $\sigma(c\,d) \geqq \varkappa^2\,c\,d$ die teilerfremden Zahlen $a\,b$ und $c\,d$ sicher $\varkappa^2$-abundant. Nach dem Zusatz zu Satz 9 in 19.1. gibt es aber unendlich viele paarweise teilerfremde 2-abundante Zahlen, so daß nach dem eben Bewiesenen diese Eigenschaft auch für alle $\varkappa$ zutrifft.

Bemerkung. Ist $\nu \geqq 2$, so trifft die asymptotische Basiseigenschaft für $\mathfrak{A}_{\varkappa\nu}$ nicht mehr für alle $\varkappa < \zeta(\nu)$ zu, da man sonst vermittels teilerfremder Elemente auch zu Werten $\varkappa > \zeta(\nu)$ aufsteigen könnte, was unmöglich ist.

Zusatz 2. Satz 5 gilt in gleicher Form auch für $g(n) = \frac{n}{\varphi(n)}$ bzw. $= \frac{n^\nu}{\varphi(n^\nu)}$, wenn $\varphi(n)$ die Eulersche Funktion bezeichnet. Man beachte hierzu in beiden Fällen $\overline{\lim\limits_{n=1,2\ldots}}\, g(n) = \infty$.

Siehe auch Erdös [22], [23]. Erdös [24] untersucht noch $\mathfrak{A} = \underset{x \in \mathfrak{Z}}{\in} [(x, \varphi(x)) = 1]$ und zeigt $\delta_*(\mathfrak{A}) = 0$, genauer

$$A(x) = (e^{-C} + o(1)) \frac{x}{\log\log\log x} \qquad (C = \text{Eulersche } \textit{Konstante}).$$

Ist wieder $\sigma_k(n) = \sum_{d \mid n} d^k$, und setzt man $\mathfrak{S} = \underset{x \in \mathfrak{Z}}{\in} [x = \sigma_k(n)\ (k = 1, 2, \ldots;$ $n = 1, 2, \ldots)]$, so gilt (Niven [3]) $\delta_*(\mathfrak{S}) = 0$.

Siehe zu dem ganzen Abschnitt 20.1. auch Erdös-Kac [1], le Veque [1], sowie den Bericht von Kac [2]. Siehe ferner Delange [3], Kanold [3].

20.2. Im folgenden sei als multiplikative Funktion speziell die Teileranzahl $\tau(n)$ zugrunde gelegt. Es bezeichne $\mathfrak{N}_k$ die Menge aller n mit $k \mid \tau(n)$. Dann gilt (Pillai [10], Sathe [1, I])

Satz 6. *Es sei $k > 2$ und Primzahl; dann ist*[1]

$$N_k(x) = x\Bigl(1 - \prod_{\substack{p \in \mathfrak{P} \\ p > 1}} \Bigl(1 - \frac{p-1}{p^k - 1}\Bigr)\Bigr) + O\bigl(\sqrt[k-1]{x} \log x\bigr)$$

$$= \Bigl(1 - \frac{\zeta(k)}{\zeta(k-1)}\Bigr) x + O\bigl(\sqrt[k-1]{x} \log x\bigr);$$

$$N_2(x) = x - [\sqrt{x}].$$

[1] (Zusatz bei der Korrektur.) Es sei

$$\mathfrak{M}_k = \underset{n \in \mathfrak{Z}}{\in} [(\tau(n), k) = 1].$$

Ist $k > 1$ eine Primzahl, so sind $\mathfrak{M}_k$ und $\mathfrak{N}_k$ offenbar Komplementärmengen voneinander. Für beliebiges ganzes $k > 0$ beweist Wirsing (Näheres siehe

Für alle ganzen $k > 0$ existiert $\delta_* (\mathfrak{N}_k) > 0$. (SATHE [1, II]); *ferner gilt*

$$k \equiv 1 \ (2) \ \curvearrowright \ N_k(x) \sim N_{2k}(x) \quad (k > 0).$$

$\mathfrak{N}_2$ ist offenbar das Komplement der Menge aller Quadratzahlen, $N_2(x) = x - [\sqrt{x}]$ daher evident. — Bedeutet $\mathfrak{N}_{kr}$ die Menge aller n mit $\tau(n) \equiv r\ (k)$, so besteht[1]

Satz 7 (SATHE [2]). *Es sei $2^m \mid k$, $2^{m+1} \nmid k$; dann gilt:*

$$2^m \mid r \curvearrowright \delta_*(\mathfrak{N}_{kr}) > 0,$$

$$2^m \nmid r \curvearrowright \delta_*(\mathfrak{N}_{kr}) = 0.$$

Schließlich untersucht MIRSKY [10] die Teilmenge $\mathfrak{N}'_k \subseteqq \mathfrak{N}_k$, die aus allen n mit $\tau(n) = k$ besteht:

Satz 8. *Es sei p^* der kleinste Primteiler von k $(k > 1)$, und es gelte $p^{*m} \mid k$, $p^{*m+1} \nmid k$. Dann ist*

$$0 < \delta_*\left(\mathfrak{N}'_k;\ \sqrt[p^*-1]{x}\,\frac{(\log\log x)^{m-1}}{\log x}\right) < \infty;$$

genauer gilt:

$$m = 1 \curvearrowright N'_k(x) = c_k \frac{\sqrt[p^*-1]{x}}{\log x} + O\left(\frac{\sqrt[p^*-1]{x}}{\log^2 x}\right) \wedge c_k > 0,$$

$$m > 1 \curvearrowright N'_k(x) = c_k \sqrt[p^*-1]{x}\,\frac{(\log\log x)^{m-1}}{\log x} + + O\left(\sqrt[p^*-1]{x}\,\frac{(\log\log x)^{m-2}}{\log x}\right) \wedge c_k > 0. \tag{23}$$

$\mathfrak{N}'_2$ ist offensichtlich mit der Menge aller Primzahlen $p > 1$ identisch, Satz 8 daher eine gewisse Verallgemeinerung des Primzahlsatzes (s. 21.1., Satz 1).

Zusatz. Für die Menge $\mathfrak{N}''_k$ aller n mit $\tau(n) \leqq k$ erhält man aus $\mathfrak{N}''_k = \bigcup_{\varkappa=1}^{k} \mathfrak{N}'_\varkappa$ durch Aufsummieren der entsprechenden Gleichungen

Fußnote 1 auf S. 66)

$$0 < \delta_*\left(\mathfrak{M}_k;\ x^{\frac{1}{r_0-1}}\right) < \infty. \qquad \left(r_0 = \operatorname*{Min}_{\substack{(r,k)=1\\ r\geqq 2}} r\right).$$

[1] (Zusatz bei der Korrektur.) Für diese Mengen $\mathfrak{N}_{kr}$ zeigt WIRSING noch (Näheres siehe Fußnote 1, S. 66): *Bezeichnet $\mathfrak{G}_k$ die Gruppe der primen Restklassen* mod k *und (r_0) die von $r_0 = \operatorname*{Min}_{\substack{(r,k)=1\\ r\geqq 2}} r$ in $\mathfrak{G}_k$ erzeugte Untergruppe, so existiert $\delta_*\left(\mathfrak{N}_{kr};\ x^{\frac{1}{r_0-1}}\right)$ für alle zu k teilerfremden r und hat für alle r, die derselben Nebenklasse von (r_0) angehören, den gleichen Wert.*

(23) leicht

$$N_k''(x) = O\left(x \frac{(\log\log x)^{\left[\frac{\log k}{\log 2}\right]-1}}{\log x}\right) \qquad (k \geqq 2).$$

Siehe ferner Mirsky [10][1].

21. Die Primzahlen und verwandte Mengen.

21.1. Satz 1. *Für die Menge $\mathfrak{P}$ aller Primzahlen existiert die natürliche $\frac{x}{\log x}$-Dichte, sie ist für $\mathfrak{P}$ überdies charakteristisch und hat den Wert Eins.*

Vgl. hiermit auch 19.1., Satz 7, (15).

---

[1] (Zusatz bei der Korrektur.) In Analogie zu den Sätzen 6 bis 8 untersucht Wirsing noch (Näheres siehe Fußnote 1 auf S. 66) die Mengen

$$\mathfrak{E}_k = \underset{n\in\mathfrak{Z}}{\in} [(\varphi(n), k) = 1], \quad \mathfrak{E}_{kr} = \underset{n\in\mathfrak{Z}}{\in} [\varphi(n) \equiv r(k)],$$

sowie

$$\mathfrak{S}_k^{(s)} = \underset{n\in\mathfrak{Z}}{\in} [(\sigma_s(n), k) = 1], \quad \mathfrak{S}_{kr}^{(s)} = \underset{n\in\mathfrak{Z}}{\in} [\sigma_s(n) \equiv r(k)]$$

$$\Big(\sigma_s(n) = \sum_{d|n} d^s,\ s \geq 0\Big).$$

Es gilt

$$2 \nmid k \curvearrowright 0 < \delta_*\left(\mathfrak{E}_k; \frac{x}{(\log x)^{1-\alpha_k}}\right) < \infty \qquad \left(\alpha_k = \prod_{p|k}\left(1 - \frac{1}{p-1}\right)\right);$$

trivial ist $\mathfrak{E}_k = \{1, 2\}$, wenn $2|k$ ist. Weiter gilt:

$$(6, k) = (r, k) = 1 \curvearrowright \delta_*(\mathfrak{E}_{kr}; E_k(x)) = \frac{1}{\varphi(k)},$$

$$2 \nmid k \wedge 3|k \wedge (r, k) = 1 \curvearrowright \delta_*(\mathfrak{E}_{kr}; E_k(x)) = \begin{cases} \dfrac{1+\beta}{\varphi(k)} \textit{ für } r \equiv 1\ (3), \\ \dfrac{1-\beta}{\varphi(k)} \textit{ für } r \equiv -1\ (3) \end{cases}$$

$$\left(1 > \beta = \frac{1}{2} \prod_{\substack{p \nmid k \\ (p-1,k)=1}} \left(1 + \frac{2}{(p-1)(p+2)}\right)^{-1}\right).$$

Für die verbleibenden beiden Mengentypen wird gezeigt:

$$s > 0 \wedge 2 \nmid k \curvearrowright 0 < \delta_*\left(\mathfrak{S}_k^{(s)}; \frac{x}{(\log x)^{1-\alpha_{ks}}}\right) < \infty \quad \left(\alpha_{ks} = \prod_{p|k}\left(1 - \frac{l_s(p)}{p-1}\right)\right),$$

wobei $l_s(p)$ die Lösungsanzahl von $x^s \equiv -1(p)$ bedeutet. Ferner ist

$$\delta_*(\mathfrak{S}_2^{(1)}; \sqrt{x}) = 1 + \frac{1}{2}\sqrt{2}, \quad \delta_*(\mathfrak{S}_{2k}^{(1)}; \sqrt{x}) < \infty.$$

Mühelos erkennt man $\mathfrak{S}_2^{(s)} = \mathfrak{S}_2^{(1)}\ (s > 0)$. Schließlich gilt noch:

$$2 \nmid k \wedge (r, k) = 1 \curvearrowright \delta_*(\mathfrak{S}_{kr}^{(1)}; S_k^{(1)}(x)) = \frac{1}{\varphi(k)}.$$

Hinsichtlich $\mathfrak{S}_k^{(0)} = \mathfrak{M}_k$ bzw. $\mathfrak{S}_{kr}^{(0)} = \mathfrak{N}_{kr}$ siehe die Fußnoten 1, S. 43 und 44 sowie Satz 7.

Dieser als „Primzahlsatz" bekannte Zusammenhang ist 1896 unabhängig voneinander durch DE LA VALLÉE POUSSIN [1] und HADAMARD [1] bewiesen worden. Der Beweis blieb lange trotz verschiedener Vereinfachungen umfangreich. Erst die Entwicklung von TAUBER-Sätzen, die auf Arbeiten von N. WIENER [1], [2], [3] zurückgeht, ermöglichte eine wesentliche Abkürzung (siehe auch LANDAU [10] sowie DOETSCH [1], WIDDER [1]). Darüber hinaus führten diese Methoden sogar zur Aufstellung eines Satzes der allgemeinen Dichtentheorie, nämlich des in 8.5. bewiesenen IKEHARAschen TAUBER-Satzes, und der Beweis des Primzahlsatzes ergibt sich nunmehr bereits durch direkte Anwendung der allgemeinen Theorie. Im Gegensatz hierzu ist es neuerdings A. SELBERG gelungen, einen völlig andersartigen Beweis für Satz 1 zu liefern, dessen Hauptmerkmal es ist, mit einfachsten Hilfsmitteln der reellen Analysis auszukommen, ohne daß die Vermeidung des Komplexen (die sich natürlich stets erreichen ließe) lediglich künstlich erzwungen wird (siehe hierzu 21.2.).

Zwecks Anwendung des IKEHARAschen TAUBER-Satzes seien zunächst folgende klassischen Funktionen definiert:

$$\Lambda(n) = \begin{cases} \log p & \textit{für } n = p^k,\ p > 0 \textit{ Primzahl}, \\ 0 & \textit{sonst } (n \geqq 0); \end{cases}$$

$$\psi(x) = \sum_{n \leqq x} \Lambda(n); \qquad \vartheta(x) = \sum_{0 < p \leqq x} \log p \qquad (x \geqq 0).$$

Die Anzahlfunktion von $\mathfrak{P}$ sei hier — wie üblich — mit $\Pi(x)$ bezeichnet. Satz 1 ist nun in den beiden anschließenden Hilfssätzen enthalten, von denen der erste ganz elementar beweisbar ist, während der zweite auf den IKEHARAschen Satz gestützt werden wird.

Hilfssatz 1 (*Satz von* ČEBYŠEV (TSCHEBYSCHEFF)).

$$\varliminf_{x \to \infty} \frac{\psi(x)}{x} = \varliminf_{x \to \infty} \frac{\Pi(x) \log x}{x} \leqq \varlimsup_{x \to \infty} \frac{\Pi(x) \log x}{x} = \varlimsup_{x \to \infty} \frac{\psi(x)}{x} < \infty^{1},$$

und mit $\vartheta(x)$ an Stelle von $\psi(x)$ gilt dieselbe Relation.

Hilfssatz 2. *Es ist*

$$\lim_{x \to \infty} \frac{\psi(x)}{x} = 1.$$

Beweis der Hilfssätze: Zunächst werde gezeigt, daß $\vartheta(x) = O(x)$ ist. Es ist offenbar

$$\binom{2m}{m} < \sum_{\mu=0}^{2m} \binom{2m}{\mu} = 2^{2m};$$

[1] Die Endlichkeit, d. h. also $\psi(x) = O(x)$ wird für Hilfssatz 2 nicht benötigt, ist aber im Gegensatz zu Hilfssatz 2 (und damit auch zu Satz 1) elementar und einfach mitzugewinnen.

ferner gilt

$$\prod_{m<p\leqq 2m} p \,\Big|\, \binom{2m}{m}, \quad also \quad \prod_{m<p\leqq 2m} p < 2^{2m}.$$

Für $m = 2^\lambda$ folgt daraus wegen

$$\vartheta(2^{\lambda+1}) - \vartheta(2^\lambda) = \log \prod_{2^\lambda<p\leqq 2^{\lambda+1}} p < 2^{\lambda+1}\log 2 \quad (\lambda = 0, 1, 2, \ldots)$$

sofort

$$\vartheta(2^{k+1}) = \sum_{\lambda=0}^{k} \left(\vartheta(2^{\lambda+1}) - \vartheta(2^\lambda)\right) < 2\,(2^{k+1} - 1)\log 2 < 2^{k+2}\log 2,$$

also für $2^k < x \leqq 2^{k+1}$

$$\vartheta(x) \leqq \vartheta(2^{k+1}) < 2^{k+2}\log 2 = 4\cdot 2^k \log 2 < 4\,x\log 2 = O(x).$$

Weiter gilt, wenn n aus $2^n \leqq x < 2^{n+1}$ zu $n = \left[\frac{\log x}{\log 2}\right]$ bestimmt wird,

$$\psi(x) = \sum_{p^\nu\leqq x} \log p = \sum_{\nu=1}^{n} \sum_{p\leqq \sqrt[\nu]{x}} \log p = \sum_{\nu=1}^{n} \vartheta\left(\sqrt[\nu]{x}\right) = \vartheta(x) + O\left(n\,\vartheta\left(\sqrt{x}\right)\right)$$

$$= \vartheta(x) + O\left(\vartheta\left(\sqrt{x}\right)\log x\right) = \vartheta(x) + O\left(\sqrt{x}\log x\right) = O(x).$$

Für $\psi(x)$ gilt ferner:

$$\psi(x) = \sum_{n\leqq x} \Lambda(n) = \sum_{0<p^\alpha\leqq x} \log p = \sum_{0<p\leqq x} \left[\frac{\log x}{\log p}\right]\log p$$

$$\leqq \sum_{0<p\leqq x} \log x = \Pi(x)\log x.$$

Also:

$$\varliminf_{x=1,2,\ldots} \frac{\psi(x)}{x} \leqq \varliminf_{x=1,2,\ldots} \frac{\Pi(x)\log x}{x},$$

$$\varlimsup_{x=1,2,\ldots} \frac{\psi(x)}{x} \leqq \varlimsup_{x=1,2,\ldots} \frac{\Pi(x)\log x}{x},$$

und wegen $\vartheta(x) \leqq \psi(x)$ gelten diese Ungleichungen auch bezüglich $\vartheta(x)$ an Stelle von $\psi(x)$. Die entgegengesetzten Ungleichungen ergeben sich wie folgt:

$$\Pi(x) = \Pi(y) + \sum_{y<p\leqq x} \frac{\log p}{\log p} \leqq y + \sum_{y<p\leqq x} \frac{\log p}{\log y}$$

$$\leqq y + \frac{\vartheta(x)}{\log y} \leqq y + \frac{\psi(x)}{\log y} \qquad (2 \leqq y < x),$$

also für $y = \frac{x}{\log^2 x}$, $x > e$,

$$\frac{\Pi(x)\log x}{x} \leqq \frac{x\log x}{x\log^2 x} + \frac{\vartheta(x)\log x}{x(\log x - 2\log\log x)}$$

$$= \frac{1}{\log x} + \frac{\vartheta(x)}{x\left(1 - \frac{2\log\log x}{\log x}\right)} \leqq \frac{1}{\log x} + \frac{\psi(x)}{x\left(1 - \frac{2\log\log x}{\log x}\right)},$$

womit Hilfssatz 1 bewiesen ist.

Die wesentlich tieferen Hilfsmittel liegen im Beweis des zweiten Hilfssatzes. Von der in 8.3. eingeführten RIEMANNschen ζ-Funktion wird dabei im folgenden noch benötigt, daß sie in der Halbebene $\sigma \geqq 1$ bis auf einen einfachen Pol in $s = 1$ regulär[1] und von Null verschieden ist. Es gilt offensichtlich

$$(1 - 2^{1-s})\,\zeta(s) = \sum_{n=1}^{\infty} \frac{(-1)^{n+1}}{n^s}$$

sowie

$$(1 - 3^{1-s})\,\zeta(s) = \sum_{n=1}^{\infty} \left(\frac{1}{(3n-2)^s} + \frac{1}{(3n-1)^s} - \frac{2}{(3n)^s}\right)$$

$$= \sum_{n=1}^{\infty} \left(\frac{1}{(3n-2)^s} - \frac{1}{(3n)^s}\right) + \sum_{n=1}^{\infty} \left(\frac{1}{(3n-1)^s} - \frac{1}{(3n)^s}\right);$$

die in den beiden Beziehungen rechter Hand auftretenden drei Reihen sind als alternierende Reihen für $s > 0$ konvergent; nach dem Zusatz 2 zu Satz 5 in 8.3. sind die rechten Seiten also in der Halbebene $\sigma > 0$ regulär. Mithin ist $\zeta(s)$ in $\sigma > 0$ höchstens mit Ausnahme der gemeinsamen Nullstellen von $1 - 2^{1-s}$ und $1 - 3^{1-s}$, und dies ist lediglich die Nullstelle $s = 1$, regulär. Nach (28) in 8.3. hat somit $\zeta(s)$ in $s = 1$ einen Pol erster Ordnung mit dem Residuum 1. — Es bleibt noch zu zeigen, daß $\zeta(1 + i\tau) \neq 0$ für alle τ ist. Nach 19.2. (18) (vgl. auch 19.1. (8)) ist nämlich schon

$$\zeta(s) = \prod_{n=2}^{\infty} \frac{1}{1 - p_n^{-s}} \neq 0, \sigma > 1 \qquad (p_2 = 2;\ p_n \textit{ Primzahl})$$

Daher konvergiert für $\sigma > 1$

$$\log \zeta(s) = -\sum_{n=2}^{\infty} \log\left(1 - p_n^{-s}\right) = \sum_{n=2}^{\infty} \sum_{\varkappa=1}^{\infty} \frac{p_n^{-\varkappa s}}{\varkappa}. \tag{1}$$

Für den Realteil gilt:

$$\log|\zeta(s)| = R\left(\log \zeta(s)\right) = \sum_{n=2}^{\infty} \sum_{\varkappa=1}^{\infty} \frac{1}{\varkappa} R\left(p_n^{-\varkappa s}\right) \tag{2}$$

$$= \sum_{n=2}^{\infty} \sum_{\varkappa=1}^{\infty} \frac{1}{\varkappa} p_n^{-\varkappa\sigma} \cos(\varkappa \tau \log p_n).$$

Man betrachte nun die Funktion

$$f(\varepsilon, \tau) = |\zeta(1 + \varepsilon)|^{\frac{3}{4}} \cdot |\zeta(1 + \varepsilon + i\tau)|\,|\zeta(1 + \varepsilon + 2i\tau)|^{\frac{1}{4}}, \quad \varepsilon > 0,$$

---

[1] Nach 8.3. ist $\zeta(s)$, $s = \sigma + i\tau$, zunächst nur in $\sigma > 1$ als regulär nachgewiesen.

für die nach (2) gilt:

$$\log f(\varepsilon, \tau) = \sum_{n=2}^{\infty} \sum_{\varkappa=1}^{\infty} \frac{1}{\varkappa} p_n^{-\varkappa(1+\varepsilon)} \left(\frac{3}{4} + \cos(\varkappa \tau \log p_n) + \frac{1}{4} \cos(2 \varkappa \tau \log p_n)\right).$$

Nun ist aber

$$\frac{3}{4} + \cos\alpha + \frac{1}{4}\cos 2\alpha = \frac{1}{2}(1 + \cos\alpha)^2 \geqq 0,$$

also folgt:

$$\log f(\varepsilon, \tau) \geqq 0, \quad f(\varepsilon, \tau) \geqq 1 \qquad (\varepsilon > 0).$$

Nimmt man an, es wäre für ein $\tau_0 \neq 0$ nun $\zeta(1 + i\tau_0) = 0$, so wäre

$$\zeta(1 + \varepsilon + i\tau_0) = O(\varepsilon);$$

ferner ist

$$|\zeta(1 + \varepsilon)| = O(\varepsilon^{-1}) \text{ (\textit{wegen des Pols 1. Ordnung in } s = 1\text{)},}$$

also

$$|\zeta(1 + \varepsilon)|^{\frac{3}{4}} = O\left(\varepsilon^{-\frac{3}{4}}\right),$$

sowie

$$\zeta(1 + \varepsilon + 2i\tau_0)^{\frac{1}{4}} = O(1) \text{ (\textit{da } \zeta(s) \textit{ für } s \neq 1 \textit{ stetig});}$$

insgesamt ergäbe sich also

$$f(\varepsilon, \tau_0) = O\left(\varepsilon^{\frac{1}{4}}\right) = o(1) \qquad (\varepsilon \to 0+)$$

im Widerspruch zu $f(\varepsilon, \tau) \geqq 1$. — Differenziert man (1), so erhält man

$$-\frac{\zeta'(s)}{\zeta(s)} = \sum_{n=2}^{\infty} \sum_{\varkappa=1}^{\infty} p_n^{-\varkappa s} \log p_n = \sum_{n=1}^{\infty} \Lambda(n)\, n^{-s} \qquad (\sigma > 1).$$

Da $\zeta(s)$ in $\sigma \geqq 1$ mit Ausnahme des Pols $s = 1$ regulär und überdies von Null verschieden ist, so ist auch

$$-\frac{\zeta'(s)}{\zeta(s)} = \sum_{n=1}^{\infty} \Lambda(n)\, n^{-s}$$

in $\sigma \geqq 1$ regulär bis auf den einfachen Pol $s = 1$ mit dem Residuum eins. Wegen $\Lambda(n) \geqq 0$ sind damit insgesamt die Voraussetzungen des IKEHARAschen TAUBER-Satzes aus 8.5. (Zusatz zu Satz 9) erfüllt, und somit folgt

$$\frac{\psi(x)}{x} = \frac{\sum_{n=1}^{x} \Lambda(n)}{x} \to 1 \qquad (x \to \infty),$$

womit Hilfssatz 2 und damit der Primzahlsatz bewiesen ist.

Satz 1 läßt sich bekanntlich auf die in einer zu $m \geqq 2$ teilerfremden Restklasse liegenden Primzahlen verallgemeinern. Es besteht

Satz 2 (DE LA VALLÉE POUSSIN [1]). *Für die Menge* $\mathfrak{P}_{a,m}$ *aller Primzahlen* $p \equiv a \pmod m$, $(a, m) = 1$, *gilt*

$$\delta_*\left(\mathfrak{P}_{a,m}; \frac{x}{\log x}\right) = \frac{1}{\varphi(m)}, \tag{3}$$

wobei $\varphi(m)$ *die* EULER*sche Funktion bedeutet.*

Der klassische Beweis erfordert eine Verallgemeinerung der RIEMANNschen ζ-Funktion, nämlich die Betrachtung der sogenannten DIRICHLETschen $L(s, \chi)$-Reihen:

$$L(s, \chi) = \sum_{n=1}^{\infty} \frac{\chi(n)}{n^s},$$

worin χ einen sogenannten Charakter der Gruppe der teilerfremden Restklassen mod m bedeutet (deren es bekanntlich $\varphi(m)$ gibt); es sei noch stets $\chi(n) = 0$, wenn $(n, m) > 1$ ist[1]. — Siehe auch 21.2., ferner die Monographien von WINTNER [3], [4]. — FOGELS [2] untersucht die Anzahl der Primzahlen in quadratischen Formen.

21.2. Der eingangs von 21.1. erwähnte Beweis von A. SELBERG [4] wird vermittels der oben definierten Funktion $\vartheta(x)$ in der Gestalt

$$\lim_{x\to\infty} \frac{\vartheta(x)}{x} = 1 \ \textit{bzw.} \ \lim_{x\to\infty} \frac{R(x)}{x} = 0 \qquad (R(x) = \vartheta(x) - x)$$

erbracht (siehe Hilfssatz 2). Die Herleitung hiervon basiert auf der fundamentalen SELBERG-*Formel*

$$\sum_{0<p\leqq x} \log^2 p + \sum_{0<pq\leqq x} \log p \log q = 2x \log x + O(x) \quad (p, q \ \textit{Primzahlen}),$$

die wegen

$$\sum_{0<p\leqq x} \log^2 p = \vartheta(x) \log x + O(x),$$

$$\sum_{0<p\leqq x} \frac{\log p}{p} = \log x + O(1)$$

gleichwertig mit

$$\vartheta(x) \log x + \sum_{0<p\leqq x} \vartheta\left(\frac{x}{p}\right) \log p = 2x \log x + O(x)$$

bzw. mit

$$R(x) \log x + \sum_{0<p\leqq x} R\left(\frac{x}{p}\right) \log p = O(x)$$

ist, während aus $R(x) = O(x)$ rechter Hand nur $O(x \log x)$ zu erwarten wäre.

[1] (Zusatz bei der Korrektur.) Ein Beweis von Satz 2, der in völliger Analogie zu dem oben gegebenen von Satz 1 verläuft, wird bei WIRSING (Näheres siehe Fußnote 1, S. 66) u. a. durchgeführt. Siehe hierzu auch A. KIENAST, Comm. Math. Helvetici 8 (1935/36) 130—141.

Hinsichtlich des Beweises der SELBERG-Formel s. auch BREUSCH [1], SHAPIRO [3], TANAKA [1]. Siehe ferner A. SELBERG [5].

An Stelle der SELBERG-Formel leiten TATUZAWA-ISEKI [1] eine entsprechende Formel mit $\psi(x)$ in relativ einfacher Weise her:

$$\psi(x)\log x + \sum_{0<p^\nu\leq x} \psi\left(\frac{x}{p^\nu}\right)\log p = 2\,x\log x + O(x).$$

ERDÖS [29] gewinnt aus der SELBERG-Formel auf elementarem Weg

$$\Pi(x,\lambda x) > c\frac{x}{\log x},\quad c = c(\lambda),\ x \geq x_0(\lambda),\ \lambda > 1 \textit{ beliebig},$$

d. h. $\lim\limits_{n\to\infty}\dfrac{p_{n+1}}{p_n} = 1$.

Siehe auch V. D. CORPUT [8].

Die Übertragung des Beweises auf Satz 2 wird ebenfalls von A. SELBERG [3], [6] durchgeführt. Insbesondere gilt die analoge Formel

$$\sum_{\substack{p\leq x\\ p=a(m)}} \log^2 p + \sum_{\substack{pq\leq x\\ pq=a(m)}} \log p\log q = \frac{2}{\varphi(m)}\,x\log x + O(x).$$

Siehe auch BUCHŠTAB [6], ČUDAKOV [3], [5], CUTANOVSKIJ [1], ERDÖS [27], [28], FOGELS [1], LANDAU [4], [7], PAGE [2], RODOSSKIĬ [1], ROMANOV [5], SHAPIRO [1], [4], WRIGHT [2]. Ferner sei auf ESTERMANN [10], NAGELL [3] und TROST [2] verwiesen.

Die Eigenschaft, daß die Primzahlmenge für jeden Modul m nur in den primen Restklassen unendlich viele Elemente aufweist, hat noch zur Folge, daß *jede beliebige Menge von Primzahlen pseudorational ist* (R. BUCK [1]). Setzt man nämlich $m_n = p_1 p_2 \cdots p_n$, wobei $p_1, p_2, \ldots, p_n$ die ersten n aufeinanderfolgende Primzahlen sind, so folgt aus $\prod\limits_{p>1}\left(1-\dfrac{1}{p}\right) = 0$ sofort $\lim\limits_{n\to\infty}\dfrac{\varphi(m_n)}{m_n} = 0$, so daß man aus den primen Restklassen mod m_n rationale Obermengen beliebig kleiner Dichte zu der gegebenen Primzahlmenge $\mathfrak{P}' \subseteq \mathfrak{P}$ dadurch erhält, daß man noch die in $\mathfrak{P}'$ enthaltenen Primteiler des jeweiligen Moduls m_n den primen Restklassen hinzufügt.

21.3. Auf Grund der unschwer zu bestätigenden Beziehung

$$\frac{x}{\log x} \sim \operatorname{li} x = \int_2^x \frac{dt}{\log t} \qquad (x\to\infty)^1$$

[1] li x ist bis auf eine (reelle) Konstante der reelle Integrallogarithmus: $\operatorname{Li} x = \int_0^x \frac{dt}{\log t}$, wobei für $x > 1$ das Integral als CAUCHYscher Hauptwert erklärt ist: $\lim\limits_{\varepsilon\to 0}\left(\int_0^{1-\varepsilon} + \int_{1+\varepsilon}^x\right)$. Für $x > 1$ weicht li x vom analytischen Integrallogarithmus um eine komplexe Konstante ab.

erhält man als gleichwertig mit Satz 1

$$\Pi(x) \sim \operatorname{li} x \quad (x \to \infty).$$

Hierüber hinaus liegen noch verfeinerte Abschätzungsformeln für $\Pi(x)$ vor. Nach LITTLEWOOD (siehe LANDAU [8, Bd. 2]) ist

$$\Pi(x) = \operatorname{li} x + O\left(x\, e^{-c\sqrt{\log x \log\log x}}\right), \quad c > 0. \tag{4}$$

In Verschärfung von (4) gewinnt ČUCADOV [2] noch

$$\Pi(x) = \operatorname{li} x + O\left(x\, e^{-c \log^{\mu} x}\right), \quad \mu < \frac{4}{7}.$$

Siehe hierzu auch TATUZAWA [1].

Entsprechend (4) gilt für die Primzahlmenge $\mathfrak{P}_{a,m}$ einer Restklasse a mod m (LANDAU [8], [7])

$$\Pi_{a,m}(x) = \frac{1}{\varphi(m)} \operatorname{li} x + O\left(x\, e^{-C\sqrt{\log x \log\log x}}\right), \quad C > 0.$$

In Verallgemeinerung hiervon gilt nach PAGE [2]-SIEGEL [1]-WALFISZ [2]

$$\Pi_{a,m}(x) = \frac{\operatorname{li} x}{\varphi(m)} + O\left(x\, e^{-C_1\sqrt{\log x}}\right) + O\left(\frac{x^{1-C_2 m^{-\varepsilon}}}{\varphi(m)\log x}\right), \quad \varepsilon > 0,$$

gleichmäßig in m.

WESTPHAL [1] schätzt die Konstante c in (4) mit $c > 0{,}405$ ab. Der Beweis für (4) erfordert ein tieferes Studium der ζ-Funktion. An Stelle von (4) vermutet man

$$\Pi(x) = \operatorname{li} x + O(\sqrt{x}\log x),$$

was mit der sogenannten RIEMANNschen Vermutung über die Nullstellen der ζ-Funktion äquivalent ist (vgl. LANDAU [8, Bd. 2], s. ferner TURÁN [1, II]). Eine andersartige Abschätzung gab BRODERICK [1], die von BEHREND [4], [5] verschärft wurde; es gilt

$$\frac{x}{2\,s(x)} < \Pi(x) < \frac{3\,x}{s(x)}, \quad s(x) = \sum_{n=1}^{x} \frac{1}{n}.$$

ROSSER [16] gibt für $\Pi(x)$ in der bekannten Abschätzung

$$\frac{x}{A - 1 + \log x} < \Pi(x) < \frac{x}{-A - 1 + \log x}, \quad x \geq N(A)$$

noch numerische Werte: Für $x \geq 41$ kann stets $A = 3$, für

$$41 \leq x \leq e^{95} \textit{ sowie } x > e^{2000}$$

kann $A = 1$ gesetzt werden. — Siehe ferner TURAN [1] sowie BUCHŠTAB [5], VINOGRADOV [8].

Wesentlich für die Primzahlmenge $\mathfrak{P} = \{0, 1, 2, 3, 5, \ldots\}$ ist noch ihre Eigenschaft, zur Bildung von DIRICHLET-Dichten einer Menge $\mathfrak{T}$ bezüglich

$\mathfrak{P}$ (siehe 8.3. (25)) zulässig zu sein, d. h. daß $\lim\limits_{s \to 1+} \sum\limits_{p \in \mathfrak{P}^{(0)}} p^{-s} = \infty$ ist.

Genauer gilt

$$\sum_{p \in \mathfrak{P}^{(0)}} p^{-s} = -\log(s-1) + S(s) \quad \big(S(s) \textit{ regulär in } \mathfrak{U}_\varepsilon(1)\big).$$

Beweis: Wie in 21.1. gezeigt, besitzt $\zeta(s)$ in $s = 1$ einen Pol mit dem Residuum Eins, so daß $S_1(s) = \log((s-1)\,\zeta(s))$ mit $S_1(1) = 0$ regulär in einer Umgebung $\mathfrak{U}_\varepsilon(1)$ ist. Aus (1) folgt daher

$$S_1(s) = \log(s-1) + \log\zeta(s) = \log(s-1) + \sum_{\substack{p>1\\ p \in \mathfrak{P}}} \sum_{k=1}^{\infty} \frac{p^{-ks}}{k}$$

$$= \log(s-1) + \sum_{k=1}^{\infty} \frac{1}{k} \sum_{\substack{p>1\\ p \in \mathfrak{P}}} p^{-ks}$$

$$= \log(s-1) + \sum_{\substack{p>1\\ p \in \mathfrak{P}}} p^{-s} + \sum_{k=2}^{\infty} \frac{1}{k} \sum_{\substack{p>1\\ p \in \mathfrak{P}}} p^{-ks} \quad (s = \sigma + i\tau, \sigma > 1),$$

also ergibt sich, da die Doppelsumme noch in $s = 1$ regulär ist,

$$\sum_{p \in \mathfrak{P}^{(0)}} p^{-s} = -\log(s-1) + S(s),$$

wobei $S(s)$ in $s = 1$ regulär ist; mithin

$$\lim_{s \to 1+} \sum_{p \in \mathfrak{P}^{(0)}} p^{-s} = \infty, \quad \sum_{p \in \mathfrak{P}^{(0)}} p^{-s} \sim -\log(s-1);$$

daher ist

$$\lim_{s \to 1+} \frac{\sum\limits_{n \in \mathfrak{T}} n^{-s}}{\sum\limits_{p \in \mathfrak{P}^{(0)}} p^{-s}} = \lim_{s \to 1+} \frac{\sum\limits_{n \in \mathfrak{T}} n^{-s}}{\log(s-1)}$$

bei Existenz dieses Grenzwertes als Dirichlet-Dichte $D(\mathfrak{T}; \mathfrak{P})$ zulässig. Die Existenz von $D(\mathfrak{T}; \mathfrak{P})$ ist mit der Existenz der natürlichen $\Pi(x)$-Dichte $\delta_*\left(\mathfrak{P}, \frac{x}{\log x}\right)$ nicht äquivalent, was etwa durch das Beispiel der Menge $\mathfrak{T}$ aller jener Primzahlen p demonstriert wird, für die $[\log p]$ gerade ist. Jedoch ist die Existenz von $D(\mathfrak{T}; \mathfrak{P})$ gleichwertig mit der Existenz von $D_l(\mathfrak{T}; \mathfrak{P})$ (siehe 8.3. (29)); siehe hierzu etwa Wintner [4].

Bildet man die zur ersten Differenzenfolge von $\mathfrak{P}$ gehörige Menge $\Delta\mathfrak{P} = \underset{n \in \mathfrak{Z}}{\in} [n = p_{\lambda+1} - p_\lambda; \{p_\lambda, p_{\lambda+1}\} \subset \mathfrak{P}; \lambda = 0, 1, 2, \ldots]$, so folgt aus 19.1., Satz 7 das auf Prachar [2] zurückgehende Ergebnis

$$\delta^*(\Delta\mathfrak{P}) > 0,$$

und dies trifft auch noch zu, wenn man nur Primzahlen $p \equiv a \pmod{m}$, $(a, m) = 1$ zuläßt.

Die Primzahldifferenzen $p_{n+1} - p_n$ sind vielfach untersucht worden. Siehe HOHEISEL [1], INGHAM [2] sowie u. a. ČUDAKOV [6], LANDAU [8], MIN [1], PHILLIPS [1], TITCHMARSH [1] (weitere Literaturhinweise finden sich in den genannten Arbeiten). — Siehe ferner ERDÖS [32], [33], ERDÖS-A. RÉNYI [1], PRACHAR [5], RANKIN [1]. — Einen Bericht über diesen Fragenkomplex gibt RICCI [5]. — Siehe auch Satz 11ff. weiter unten. — Die bekannte Vermutung, daß es unendlich viele Primzahlzwillinge gibt, würde mit der Bezeichnung aus 5., Definition 2 besagen, daß der asymptotische FERMAT-Index von $\mathfrak{P}$ gleich 2 ist.

21.4. Zahlreiche Untersuchungen über die Primzahlmenge $\mathfrak{P}'' = \{0, 1, 3, 5, \ldots, p, \ldots\}$, $p \neq 2$, knüpfen an die sogenannte GOLDBACH*sche Vermutung* an, die besagt, daß $\mathfrak{P}'' - \{0\}$ eine Basis zweiter Ordnung für die Menge aller positiven geraden Zahlen ist, oder gleichwertig hiermit, daß $\mathfrak{P}''$ Basis dritter Ordnung von $\mathfrak{Z}$ ist. Schwächer ist die Aussage, daß $\mathfrak{P} = \{0, 1, 2, 3, 5, \ldots\}$ Basis dritter Ordnung ist. Das erste wesentliche Ergebnis in dieser Richtung erzielte SCHNIRELMANN [1], [3]; es gilt

Satz 3. *$\mathfrak{P}''$ ist eine beständige Basis endlicher Ordnung von $\mathfrak{Z}$.*

Der Beweis wird dadurch erbracht, daß die Voraussetzungen des SCHNIRELMANNschen Basissatzes 14.1., Satz 9 als erfüllt nachgewiesen werden. (Vgl. auch LANDAU [9].) Hinsichtlich einer Verallgemeinerung von Satz 3 siehe 19.1., Satz 7.

Den zweiten wesentlichen Fortschritt erreichte VINOGRADOV [2]:

Satz 4. *$\mathfrak{P}' = \{3, 5, \ldots\}$ ist eine asymptotische Basis dritter Ordnung für die Menge aller ungeraden Zahlen und somit $\mathfrak{P}$ asymptotische Basis vierter Ordnung von $\mathfrak{Z}$.*

In Hinblick auf die eigentliche GOLDBACHsche Vermutung beweisen V. D. CORPUT [1], ČUDAKOV [1], ESTERMANN [8] in Ergänzung zu Satz 4:

Satz 5. *Die Menge $\mathfrak{N}$ aller nicht als Summe zweier Primzahlen darstellbaren geraden Zahlen besitzt die natürliche Dichte Null; genauer gilt*

$$N(x) = O\left(\frac{x}{\log^{\alpha} x}\right) \quad \textit{für jedes } \alpha > 0.$$

Nach PRACHAR [4] gibt es unendlich viele n, für die

$$k(2n; \mathfrak{P}, \mathfrak{P}) > \frac{c\, n \log\log 2n}{\log^2 2n} \qquad (c = \text{const} > 0)$$

ist, während andrerseits (siehe etwa bei LANDAU [12]) für alle n

$$k(2n; \mathfrak{P}, \mathfrak{P}) = O\left(\frac{n \log\log 2n}{\log^2 2n}\right)$$

gilt.

Nach PIPPING [1], [2] ist für alle $2n \leq 100\,000$ die Darstellung als Summe zweier Primzahlen gesichert (s. auch SELMER [1], SELMER-NESHEIM [1], WINTNER [2]).

In Weiterverfolgung der SCHNIRELMANNschen Methode gelang es (SHAPIRO-WARGA [1]) auf elementarem Wege — abgesehen von der Heranziehung des Primzahlsatzes — für die asymptotische Basisordnung h^* von $\mathfrak{P} = \{0, 1, 2, 3, 5, \ldots\}$ die Abschätzung

$$h^* \leqq 20$$

anzugeben. (Vgl. hierzu auch HEILBRONN-LANDAU-SCHERK [1], RICCI [2].)

COHEN [1] überträgt die GOLDBACHsche Problemstellung in den Restklassenring mod m und gelangt mit elementaren Betrachtungen zu einer vollständigen Lösung.

Die Beweismethode von Satz 4 ermöglicht zugleich die Behandlung einer Verallgmeinerung des GOLDBACH-Problems, die auf einer Kombination mit dem WARING-Problem (siehe 22.2.) beruht: Bezeichnet $\mathfrak{P}^{(k)}$ die Menge der k-ten Potenzen aller Primzahlen, so besteht das sogenannte GOLDBACH-WARING-Problem in der Ermittlung der beiden Basisordnungen von $\mathfrak{P}^{(k)} = \{0, 1, 2^k, \ldots, p^k, \ldots\}$, p Primzahl; für $k = 1$ liegt offenbar die gewöhnliche GOLDBACHsche Problemstellung vor (vgl. hiermit auch den letzten Absatz in 18.1.). Es gilt nach HUA [1], [3]:

Satz 6. *$\mathfrak{P}^{(k)}$ ist für jedes ganze $k \geqq 1$ Basis endlicher Ordnung. Für die asymptotische Basisordnung $h^*(k)$ ist*

$$\overline{\lim_{k\to\infty}} \frac{h^*(k)}{6\,k \log k} \leqq 1.$$

HUA [4] erwähnt, daß sogar $\overline{\lim\limits_{k\to\infty}} \frac{h^*(k)}{4k \log k} \leq 1$ erreicht werden könne.

Die sich hieraus ergebende Größenordnung $h^*(k) = O(k \log k)$ stimmt mit der in 22.2., Satz 5 beim WARING-Problem angegebenen überein. Für $k = 2$ gab bereits VINOGRADOV [5] einen Beweis.

Für $n \leq 100\,000$ gibt GUPTA [1], [2], [9], [10] in den Fällen $k = 2, k = 3$ Tabellen an; s. auch I. CHOWLA [2].

Für den Beweis von Satz 6 wird zunächst $\mathfrak{P}^{(k)^{(0)}}$ zugrunde gelegt und ein Modul $m > 1$ so bestimmt, daß $\varphi(m) \mid k$ ist, was dem kleinen FERMATschen Satz zufolge

$$p_i^k \equiv 1\ (m) \quad \big((p_i, m) = 1\big)$$

nach sich zieht. Für die Elemente $n \in s\,\mathfrak{P}^{(k)^{(0)}} \cap [m + 1, \infty)$ gilt daher

$$n = \sum_{i=1}^{s} p_i^k \equiv s\,(m).$$

Ist k gerade, so kann $m = 2$ gewählt werden. Der weitere Beweis läuft dann darauf hinaus, die Existenz eines $s = h^*$ nachzuweisen, daß $\mathfrak{P}^{(k)^{(0)}}$ asymptotische Basis der Ordnung h^* für die Restklasse h^* (mod m) ist. Offenbar ist dann auch $s\,\mathfrak{P}^{(k)^{(0)}} \cap [m+1, \infty) \sim \{s \ (\mathrm{mod}\ m)\}$ für jedes $s \geq h^*$, da das ja nur eine Verschiebung der Restklasse innerhalb $\mathfrak{Z}$ bedeutet. Daher wird

$$\bigcup_{\lambda=0}^{m-1} (h^* + \lambda)\,\mathfrak{P}^{(k)^{(0)}} \sim \mathfrak{Z} \qquad \textit{und mithin} \qquad (h^* + m - 1)\,\mathfrak{P}^{(k)} \sim \mathfrak{Z}.$$

Der Nachweis für die Existenz eines h^* wird durch Betrachtung der Kompositionsfunktion $k\left(n; s, \mathfrak{P}^{(k)^{(0)}}\right)$ geführt, wobei als wesentliches Hilfsmittel die fundamentale VINOGRADOVsche Methode für die Abschätzung der (außerordentlich häufig untersuchten) WEYLschen Summen (siehe 7.3.) in Verbindung mit dem in 21.3. erwähnten PAGE-SIEGEL-WALFISZ-Resultat herangezogen wird. Das gleiche Verfahren diente auch bereits zum Beweis von Satz 4 (siehe etwa HUA [3], VINOGRADOV [7]). JAMES-WEYL [1] (siehe auch RICHERT [3]) gewinnen auf diesem Wege im Fall $k = 1$ das allgemeinere Resultat:

Es seien $a_1, a_2, \ldots, a_s$ positive ganze, paarweise teilerfremde Zahlen. Für $s \geq 3$ gilt dann $(A_s = a_1 a_2 \cdots a_s;\ \mathfrak{P}' = \{3, 5, \ldots\} \subset \mathfrak{P})$

$$n \equiv \sum_{i=1}^{s} a_i \ (2) \curvearrowright k(n; a_1 \times \mathfrak{P}', a_2 \times \mathfrak{P}', \ldots, a_s \times \mathfrak{P}')$$
$$= \frac{n^{s-1}}{A_s\,(s-1)!\,\log^s n} \prod_{p \nmid n A_s} \left(1 - \left(\frac{-1}{p-1}\right)^s\right) \prod_{p \mid (n, A_s)} \left(1 - \left(\frac{-1}{p-1}\right)^{s-2}\right)$$
$$\cdot \prod_{\substack{p \mid n A_s \\ p \nmid (n, A_s)}} \left(1 - \left(\frac{-1}{p-1}\right)^{s-1}\right) + O\left(\frac{n^{s-1}}{\log^{s+1} n}\right).$$

Wegen $p_i \geq 3$ ist für die Darstellbarkeit von n in der Gestalt

$$n = a_1 p^{(1)} + a_2 p^{(2)} + \cdots + a_s p^{(s)} \qquad (p^{(\sigma)} \in \mathfrak{P}';\ \sigma = 1, 2, \ldots, s)$$

die Kongruenzbedingung offenbar erforderlich. Die Spezialisierung $s = 3$, $a_1 = a_2 = a_3 = 1$ ergibt unmittelbar den Satz 4.

LINNIK [6] ist ein Beweis von Satz 4 gelungen, der auf der klassischen HARDY-LITTLEWOODschen Methode fußt. Die damals benötigte Annahme des Analogons der (etwas abgeschwächten) RIEMANNschen Vermutung für die in 21.1. erklärten DIRICHLETschen $L(s, \chi)$-Reihen (siehe etwa LANDAU [8]) wird ersetzt durch schwächere aber beweisbare Resultate über die Nullstellenverteilung der $L(s, \chi)$-Reihen (siehe 21.1. (3)f). ČUDAKOV [4] gibt auf demselben Weg noch eine Verschärfung der LINNIKschen Restgliedabschätzung. Ebenfalls auf dieser Grundlage beweist ZULAUF [3] (siehe auch [1]) die folgende Verallgemeinerung von Satz 4, die ein Spezialfall eines zuvor nach der VINOGRADOVschen Methode bewiesenen Resultates von v. D. CORPUT [5] ist:

Es seien $a_i \bmod m$ $(i = 1, 2, \ldots, s)$ *nicht notwendig verschiedene teilerfremde Restklassen; es sei* $s \geqq 3$, $m \geqq 1$. *Ferner bedeute* $\mathfrak{P}'_{a_i, m}$ *die Menge aller Primzahlen* $p \equiv a_i\,(m)$, $p \geqq 3$ $(i = 1, 2, \ldots, s)$. *Dann gilt*

$$n \equiv s\,(2) \wedge n \equiv \sum_{i=1}^{s} a_i\,(m) \quad \curvearrowright \quad k\left(n;\, \mathfrak{P}'_{a_1, m}, \mathfrak{P}'_{a_2, m}, \ldots, \mathfrak{P}'_{a_s, m}\right) =$$

$$= \frac{n^{s-1} m\,(3 - (-1)^m)}{2\,\varphi^s(m)\,(s-1)!\,\log^s n} \prod_{\substack{p \nmid m \\ p \mid n,\, p > 2}} \left(1 - \left(\frac{-1}{p-1}\right)^{s-1}\right) \prod_{\substack{p \nmid m \\ p \nmid n,\, p > 2}} \left(1 - \left(\frac{-1}{p-1}\right)^{s}\right) +$$

$$+ O\left(\frac{n^{s-1} \log\log n}{\log^{s+1} n}\right) > 0 \quad (n \geqq N,\, n \to \infty).$$

Die Notwendigkeit der Kongruenzbedingungen ist evident. Zulauf [3] gibt allgemeiner noch eine entsprechende Formel für $k\,(n;\, \mathfrak{P}'_{a_1, m_1}, \ldots, \mathfrak{P}'_{a_s, m_s})$; siehe auch Satz 18ff. weiter unten.

Ferner beweist Zulauf [2] auf diesem Weg als Verallgemeinerung von Satz 5 den folgenden ebenfalls auf v. d. Corput [5] zurückgehenden Satz:

Es sei $m \geqq 1$ *beliebig ganz, und es seien* a_1, a_2 *zu* m *teilerfremde Zahlen. Dann besitzt die Menge* $\mathfrak{N}$ *aller geraden Zahlen* $2n \equiv a_1 + a_2\,(m)$, *die nicht in der Form*

$$2n = p_1 + p_2,\ p_1 \equiv a_1\,(m),\ p_2 \equiv a_2\,(m);\ p_1, p_2 \ \textit{Primzahlen},$$

darstellbar sind, die natürliche Dichte Null. Genauer gilt

$$N(x) = O\left(\frac{x}{\log^\alpha x}\right), \quad \alpha > 0 \ \textit{beliebig},\ x \geqq 2.$$

Siehe unter anderem auch Ayoub [1], v. d. Corput [2], [5], [4], [6], Erdös [12], Földes [1], Hua [4], Iseki [2], James-Weyl [1], Mardžanišvili [2], Pillai [4], [9], [12], Walfisz [3], [4], [5]. — Siehe insbesondere auch die Darstellungen bei Estermann [10], Hua [3], Trost [2] und Vinogradov [4], [7]. Vgl. ferner die zusammenfassenden Darstellungen bzw. Berichte von v. d. Corput [3], R. James [4], Linnik [5], Mardžanišvili [7], Ricci [4], Segal [3], Vinogradov [6]. Über den gegenwärtigen Stand des Goldbach-Problems referieren Archibald [1], Obláth [2], Ricci [3]. — Šapiro-Pjateckij [2] betrachtet eine gewisse Verallgemeinerung des Goldbach-Waring-Problems auf nichtganzzahlige Exponenten.

Ist wieder $\mathfrak{P} = \{0, 1, 2, 3, 5, \ldots, p, \ldots\}$, p Primzahl, so gilt noch (Richert [1], [2])

$$p_v(n, \mathfrak{P}) > 0 \quad \textit{für alle} \quad n \geqq 0.$$

Siehe auch Brigham [1], [2].

Über eine Fragestellung, die ebenfalls mit dem Goldbach-Problem zusammenhängt, s. den folgenden Abschnitt 21.5.

Die oben erwähnte Beweisführung enthält auch eine gewisse Verbindung zum sogenannten Tarry-Escott-Problemkreis (auch Theorie *der multigraden Gleichungen* genannt, bzw. *equal sums of like powers*). Darunter versteht man die — zur Theorie der Diophantischen Gleichungen gehörige —

Aufgabe, das Gleichungssystem (es sei etwa $s \leq t$)

$$x_1^{n_\varkappa} + x_2^{n_\varkappa} + \cdots + x_s^{n_\varkappa} = y_1^{n_\varkappa} + y_2^{n_\varkappa} + \cdots + y_t^{n_\varkappa} \qquad (\varkappa = 1, 2, \ldots, k),$$

nicht trivial in positiven ganzen x_i, y_j simultan zu lösen. s, t und die $n_\varkappa$ sind dabei gegebene positive ganze Zahlen. Siehe hierzu die zusammenfassenden Berichte von Brown-Dorwart [1], Gloden [1] (und hierzu das Literaturverzeichnis Gloden-Palamà [1]), Grossmann [1], Palamà [1]. Für den Fall $n_\varkappa = \varkappa$ schreibt man in der Regel auch kurz

$$x_1, x_2, \ldots, x_s \overset{k}{=} y_1, y_2, \ldots, y_t.$$

Faßt man die rechten Seiten zusammen

$$\sum_{i=1}^{t} y_i^{n_\varkappa} = N_\varkappa \quad (\varkappa = 1, 2, \ldots, k),$$

so kann man nach der Anzahl der simultanen Lösungssysteme $(x_1, x_2, \ldots, x_s)$ von $\sum_{i=1}^{s} x_i^{n_\varkappa} = N_\varkappa$ fragen (vgl. auch 22.2. (4)), und die Verbindung zum Goldbach-Waring-Problem erhält man, indem überdies gefordert wird, daß alle x_i Primzahlen sind.

Siehe hierzu unter anderem Hua [3], [4], Mardžanišvili [1], [3], [4], [5], [6], [7], [8], [9], [10].

Als *vereinfachtes* (*easier*) Goldbach-Waring-Problem bezeichnet man die Bestimmung des kleinsten s_0, so daß

$$p_1^k \pm p_2^k \pm \cdots \pm p_{s_0}^k = n \geqq 0 \quad (p_i \in \mathfrak{P};\, i = 1, 2, \ldots, s_0;\ k \geqq 1)$$

für alle oder alle hinreichend großen n erfüllbar ist. Die Frage gliedert sich in zwei Fälle, je nachdem, ob die Vorzeichenverteilung fest vorgegeben ist, oder ob sie für jedes n möglichst günstig gewählt werden darf.

Siehe hierzu unter anderem Erdös [10], [15], Sierpiński [1].

Im Fall $k = 1$ beweist Richert [3]:

Sind $a_1, a_2, \ldots, a_s$ beliebige nicht verschwindende ganze Zahlen, die nicht durchweg dasselbe Vorzeichen besitzen, so lassen sich für $s \geqq 3$ alle ganzen $n \equiv \sum_{i=1}^{s} a_i$ (2) auf unendlich viele Weisen in der Form

$$n = \sum_{i=1}^{s} a_i p_i \quad (p_i \geqq 3 \text{ und Primzahl})$$

darstellen.

Hinsichtlich der Summe $\mathfrak{P}^{(k_1)} + \mathfrak{P}^{(k_2)} + \cdots + \mathfrak{P}^{(k_s)}$, $1 \leqq k_1 \leqq k_2 \leqq \cdots \leqq k_s$, untersucht Erdös [13] den Fall $s = 2$, $k_1 = 1$, $k_2 = 2$ und zeigt

$$\delta\,(\mathfrak{P} + \mathfrak{P}^{(2)}) > 0.$$

Nach Prachar [3] ist ferner

$$\delta_*\left((\mathfrak{P}^{(2)} + \mathfrak{P}^{(3)} + \mathfrak{P}^{(4)} + \mathfrak{P}^{(5)}) \cap (2 \times 3)\right) = \frac{1}{2},$$

was offensichtlich besagt, daß die nicht in dieser Summe enthaltenen geraden Zahlen die natürliche Dichte Null besitzen. Der Beweis hierfür läßt sich nach PRACHAR [3] auf $\mathfrak{P}^{(2)} + \mathfrak{P}^{(3)} + \mathfrak{P}^{(4)} + \mathfrak{P}^{(k)}$ verallgemeinern, wobei für gerades k nur die in den Restklassen 2, 4 (mod 6) gelegenen Zahlen der Summenmenge genommenen werden, mithin (in etwas schwächerer Formulierung)

$$\delta^* (\mathfrak{P}^{(2)} + \mathfrak{P}^{(3)} + \mathfrak{P}^{(4)} + \mathfrak{P}^{(k)}) \geqq \begin{cases} \frac{1}{2} \text{ für } k \equiv 1\ (2), \\ \frac{1}{3} \text{ für } k \equiv 0\ (2). \end{cases}$$

Ferner zeigt PRACHAR [3, II], wenn $\mathfrak{U}$ die Menge aller ungeraden positiven Zahlen bezeichnet

$$\mathfrak{U} \cap (\mathfrak{P} + \mathfrak{P}^{(2)} + \mathfrak{P}^{(3)} + \mathfrak{P}^{(4)} + \mathfrak{P}^{(k)}) \sim \mathfrak{U} \qquad (k \geqq 5).$$

Siehe ferner HUA [3].

21.5 Mengen mit Primteilerbedingungen ihrer Elemente. Vermittels des Primzahlsatzes lassen sich die charakteristischen Dichten weiterer Mengen ermitteln. LANDAU [4], [5] beweist die folgenden drei Sätze.

Satz 7. *Ist $\mathfrak{P}_\nu$ die Menge aller Zahlen, die sich als Produkt von irgend ν paarweise verschiedenen Primzahlen $p > 1$ darstellen lassen (also stets quadratfrei sind), so ist*

$$\delta_*\left(\mathfrak{P}_\nu; \frac{x \log^{\nu-1} \log x}{\log x}\right) = \frac{1}{(\nu-1)!}; \tag{5}$$

für die Anzahlfunktion gilt genauer

$$P_\nu(x) = \sum_{\mu=1}^{m} \frac{x}{\log^\mu x} \sum_{\varkappa=0}^{\nu-1} P_{\mu\varkappa}^{(\nu)} \log^\varkappa \log x + o\left(\frac{x}{\log^m x}\right), \quad m \geqq 1 \text{ beliebig}, \tag{6}$$

wobei $P_{\mu\varkappa}^{(\nu)}$ Konstante sind; speziell ist

$$P_{\mu,\nu-1}^{(\nu)} = \frac{(\mu-1)!}{(\nu-1)!};$$

für $\nu = 2$ gilt überdies (S. SELBERG [7])

$$P_2(x) = \frac{x}{\log x} \sum_{\varrho=0}^{r} \frac{a_\varrho + \varrho! \log \log x}{\log^\varrho x} + O\left(\frac{\log \log x}{\log^r x}\right).$$

Siehe auch S. SELBERG [2], [3]. — PILLAI [7] untersucht noch $\bigcup_\nu \mathfrak{P}_\nu$, wobei $\nu \equiv t$ (mod. r) (t und r fest) sei. Siehe hierzu 19.2., Satz 12. — RICHERT [6] verallgemeinert den Satz von PAGE-SIEGEL-WALFISZ (siehe S. 52) auf die Menge $\mathfrak{P}_{\nu,a,m}$ aller in $\mathfrak{P}_\nu$ gelegenen Zahlen $\equiv a$ (mod m). Speziell ergibt sich in Analogie zu (5)

$$\delta_*\left(\mathfrak{P}_{\nu,a,m}; \frac{x \log^{\nu-1} \log x}{\log x}\right) = \frac{1}{\varphi(m)(\nu-1)!}, \tag{5'}$$

wofür HORNFECK [1] noch einen direkten Beweis angibt.

Sind $\mathfrak{P}', \mathfrak{P}'', \ldots, \mathfrak{P}^{(\nu)}$ paarweise elementefremde Mengen von Primzahlen mit $\delta_*\left(\mathfrak{P}^{(\varkappa)}; \frac{x}{\log x}\right) = \tau_\varkappa$ ($\varkappa = 1, 2, \ldots, \nu$), so gilt nach HORNFECK [4]

$$\delta_*\left(\prod_{\varkappa=1}^{\nu} \mathfrak{P}^{(\varkappa)}; \frac{x \log^{\nu-1} \log x}{\log x}\right) = \frac{1}{k} \prod_{\varkappa=1}^{\nu} \tau_\varkappa .$$

Satz 8. *Für die Menge $\mathfrak{S}_\nu$ aller aus ν — nicht notwendig verschiedenen — Primfaktoren $p > 1$ bestehenden Zahlen, d. h. $\mathfrak{S}_\nu = (\mathfrak{P} - \{0,1\})^\nu$ ist ebenfalls*

$$\delta_*\left(\mathfrak{S}_\nu; \frac{x \log^{\nu-1} \log x}{\log x}\right) = \frac{1}{(\nu-1)!};$$

desgleichen gilt (6) *für die Anzahlfunktion entsprechend. Ferner ist $\mathfrak{S}_\nu$ (als Spezialfall von* 19.1., Satz 7) *pseudorational. — Ist $\mathfrak{P}'$ eine Teilmenge der Primzahlmenge mit $\delta_*\left(\mathfrak{P}'; \frac{x}{\log x}\right) = \tau$, so gilt in Verallgemeinerung obiger Dichtenrelation* (HORNFECK [4])

$$\delta_*\left(\mathfrak{P}'^\nu; \frac{x (\log \log x)^{\nu-1}}{\log x}\right) = \frac{\tau^\nu}{(\nu-1)!}.$$

Zusatz. Für die in der Restklasse a (mod m), $(a, m) = 1$, gelegenen Zahlen von $\mathfrak{S}_\nu$ gilt (HORNFECK [1]) (5′) entsprechend. — *Ist* $\mathfrak{S}_t^{(h)} = \bigcup_{\nu \equiv t (h)} \mathfrak{S}_\nu$, *so gilt* (PILLAI [7])

$$\delta_*(\mathfrak{S}_t^{(h)}) = \frac{1}{h} \quad (t = 0, 1, 2, \ldots, h-1).$$

Bezüglich $h = 2$ gibt GUPTA [11] eine Tabelle bis 20000 an. Für $\nu = 1$ gehen Satz 7 und 8 offenbar in den Primzahlsatz über.

Satz 9. *Für die Menge $\mathfrak{R}_\nu$ aller durch genau ν paarweise verschiedene Primzahlen teilbaren Zahlen $r_\nu = p_1^{\alpha_1} p_2^{\alpha_2} \cdots p_\nu^{\alpha_\nu}$ ($p_i > 1$ beliebige Primzahlen, $\alpha_i > 0$ beliebig) gelten ebenfalls* (5) *und* (6).

Nach HORNFECK [1] gilt (5′) entsprechend für die in $\mathfrak{R}_\nu$ gelegenen Zahlen der Restklasse a (mod m), $(a, m) = 1$. — Hinsichtlich einer Verfeinerung für alle drei Sätze s. ERDÖS [25], SATHE [4]. Vgl. auch S. SELBERG [4].

Satz 10. *Ist $\mathfrak{F}_\nu$ die Menge aller Potenzprodukte von ν festen, paarweise und von Eins verschiedenen Primzahlen $p_1, p_2, \ldots, p_\nu$, so ist* (POLYA [1]; siehe auch 1.3., Satz 19f, wonach $\mathfrak{F}_\nu$ irreduzibel ist)

$$\delta_*(\mathfrak{F}_\nu; \log^\nu x) = \frac{1}{\nu! \prod_{\mu=1}^{\nu} \log p_\mu} = \frac{1}{\prod_{\mu=1}^{\nu} \log p_\mu^\mu}.$$

Überdies gilt

$$\delta(\mathfrak{F}_\nu; \log^\nu x) = \delta_*(\mathfrak{F}_\nu; \log^\nu x)$$

und (daher) für die Anzahlfunktion

$$F_\nu(x) = \frac{\log^\nu x}{\nu! \prod_{\mu=1}^{\nu} \log p_\mu} + |\, o(\log^\nu x)\,|, \quad x > 0.$$

Ferner ist $\mathfrak{F}_\nu$ *pseudorational.*

Den Spezialfall $\nu = 2, p_1 = 2, p_2 = 3$ untersuchen Pillai [11] und Pillai-George [1] und geben zugleich numerische Tabellen an. Siehe ferner de Bruijn [4].

Den Beweis von Gleichung (6) (die ja (5) nach sich zieht), führt Landau [5] durch Modifikation der damaligen Methoden der Beweise des Primzahlsatzes gleich direkt für beliebiges ν durch, also ohne Heranziehung des Primzahlsatzes, der dadurch zugleich noch mitbewiesen wird. Mit Verwendung des Primzahlsatzes würde auch eine induktive Beweisführung zum Ziele führen, allerdings mit größerem Rechenaufwand, der dann etwas geringer ist, wenn lediglich (5) das Ziel ist (Landau [4, Bd. 1]). Diesen Weg beschreitet auch Hornfeck [1], [4] beim Beweis von (5′) (bzw. den entsprechenden oben erwähnten Aussagen) sowie des letzten Teils von Satz 8. Die ersten Teile der Sätze 8 und 9 lassen sich dagegen rasch aus Satz 7 ableiten: Offensichtlich ist

$$S_1(x) = P_1(x) = \Pi(x)$$

und, wie sofort ersichtlich,

$$\Pi(x) \leqq R_1(x) = \sum_{\nu \geqq 1} \Pi(\sqrt[\nu]{x}) = \Pi(x) + O(\sqrt{x} \log x)$$
$$= \Pi(x) + o\left(\frac{x}{\log x}\right).$$

Die vollständige Induktion nach ν sei jetzt gleich gemeinsam für $S_\nu(x)$ und $R_\nu(x)$ durchgeführt. Es sind die aus genau $\varkappa$ ($\leqq \nu$) verschiedenen Primfaktoren bestehenden Zahlen aus $\mathfrak{S}_{\nu+1}$ sicher enthalten in $\mathfrak{R}_\varkappa$; also ist in Verbindung mit der Induktionsvoraussetzung

$$P_{\nu+1}(x) \leqq S_{\nu+1}(x) \leqq R_1(x) + R_2(x) + \cdots + R_\nu(x) + P_{\nu+1}(x)$$
$$= P_{\nu+1}(x) + O\left(\sum_{\varkappa=1}^{\nu} \frac{x \log^{\varkappa-1} \log x}{\log x}\right)$$
$$= P_{\nu+1}(x) + O\left(\frac{x \log^{\nu-1} \log x}{\log x}\right) = P_{\nu+1}(x) + o\left(\frac{x \log^\nu \log x}{\log x}\right),$$

womit nach Satz 7 für $S_{\nu+1}(x)$ bereits alles bewiesen ist. In $\mathfrak{R}_{\nu+1}$ betrachte man zunächst die Teilmenge der Elemente, die sich auf die Form $p^\varkappa r$, $\varkappa \geqq 2$, bringen lassen. Bei festem r ist die Lösungsanzahl $L(r)$ von

$$p^\varkappa r \leqq x, \quad \varkappa \geqq 2, \quad r \in \mathfrak{R}_\nu$$

gleich

$$\sum_{\varkappa} \Pi\left(\sqrt[\varkappa]{\frac{x}{r}}\right) \qquad \left(\varkappa = 2, 3, \ldots, \left[\frac{\log \frac{x}{r}}{\log 2}\right]\right),$$

also

$$L(r) \leqq \frac{\log \frac{x}{r}}{\log 2} \Pi\left(\sqrt{\frac{x}{r}}\right) = O\left(\sqrt{\frac{x}{r}}\right).$$

Daher

$$P_{\nu+1}(x) \leqq R_{\nu+1}(x) \leqq P_{\nu+1}(x) + \sum_{\substack{r \leqq x \\ r \in \mathfrak{R}_\nu}} L(r)$$

$$= P_{\nu+1}(x) + O\left(\sum_{\substack{r \leqq x \\ r \in \mathfrak{R}_\nu}} \sqrt{\frac{x}{r}}\right).$$

Hierin wird

$$\sum_{\substack{r \leqq x \\ r \in \mathfrak{R}_\nu}} \frac{1}{\sqrt{r}} = \int_{1-}^{x} t^{-\frac{1}{2}} dR_\nu(t) = \frac{R_\nu(x)}{\sqrt{x}} + \frac{1}{2} \int_{1-}^{x} R_\nu(t)\, t^{-\frac{3}{2}} dt$$

$$= O\left(\frac{x \log^{\nu-1} \log x}{\sqrt{x} \log x}\right) + O\left(\int_e^x t^{-\frac{1}{2}} \frac{\log^{\nu-1} \log t}{\log t} dt\right)$$

$$= O\left(\frac{\sqrt{x} \log^{\nu-1} \log x}{\log x}\right) + O\left(\log^{\nu-1} \log x \int_e^x \frac{dt}{\sqrt{t} \log t}\right),$$

wobei

$$\int_e^x \frac{dt}{\sqrt{t} \log t} = \int_{\sqrt{e}}^{\sqrt{x}} \frac{du}{\log u} = O\left(\frac{\sqrt{x}}{\log x}\right) \qquad (t = u^2)$$

ist, mithin

$$P_{\nu+1}(x) \leqq R_{\nu+1}(x) = P_{\nu+1}(x) + O\left(\frac{x \log^{\nu-1} \log x}{\log x}\right)$$

$$= P_{\nu+1}(x) + o\left(\frac{x \log^{\nu} \log x}{\log x}\right)$$

wie behauptet.

Satz 10 ist trotz seiner äußerlichen Ähnlichkeit mit den vorangehenden gar nicht tief und sein Beweis (Pólya [1]) gelingt elementar durch die folgende Gitterpunktsabschätzung, wobei gleich die Behauptung für $F_\nu(x)$ bewiesen werden soll, aus der sich (mit $\frac{F_\nu(1)}{\log^\nu 1} =_{\mathrm{Df}} \infty$) die beiden ersten Behauptungen mitergeben. Aus $f_\nu = p_1^{\alpha_1} p_2^{\alpha_2} \cdots p_\nu^{\alpha_\nu} \in \mathfrak{F}_\nu$ folgt, daß $F_\nu(x)$ gleich der Lösungsanzahl ist von

$$0 \leqq \log l_\nu = \sum_{\varkappa=1}^{\nu} \alpha_\varkappa \log p_\varkappa \leqq \log x$$

in nichtnegativen ganzen $\alpha_\varkappa$. Für $\nu = 1$ ist daher

$$F_1(x) = 1 + \left[\frac{\log x}{\log p_1}\right] = \frac{\log x}{\log p_1} + |\, o(\log x)\,|.$$

Nimmt man nun bereits

$$F_{\nu-1}(x) = \frac{\log^{\nu-1} x}{(\nu-1)!\sum\limits_{\mu=1}^{\nu-1} \log p_\mu} + |\, o(\log^{\nu-1} x)\,|$$

als richtig an, so gilt bei festem $\alpha_\nu \in \left[0, \left[\frac{\log x}{\log p_\nu}\right]\right]$ für die Lösungsanzahl $L(\alpha_\nu)$ von

$$0 \leqq \sum_{\mu=1}^{\nu-1} x_\mu \log p_\mu \leqq \log x - \alpha_\nu \log p_\nu$$

offenbar

$$L(\alpha_\nu) = \frac{(\log x - \alpha_\nu \log p_\nu)^{\nu-1}}{(\nu-1)!\sum\limits_{\mu=1}^{\nu-1} \log p_\mu} + |\, o(\log^{\nu-1} x)\,|,$$

also

$$F_\nu(x) = \sum_{\alpha_\nu=0}^{\frac{\log x}{\log p_\nu}} L(\alpha_\nu) =$$

$$= \frac{\log^{\nu-1} x}{(\nu-1)!\sum\limits_{\mu=1}^{\nu-1} \log p_\mu} \sum_{\alpha_\nu} \left(1 - \alpha_\nu \frac{\log p_\nu}{\log x}\right)^{\nu-1} + |\, o(\log^\nu x)\,|,$$

wobei

$$\sum_{\alpha_\nu} \begin{cases} \leqq 1 + \int\limits_0^{\frac{\log x}{\log p_\nu}} \left(1 - \alpha_\nu \frac{\log p_\nu}{\log x}\right)^{\nu-1} d\alpha_\nu = 1 + \frac{\log x}{\nu \log p_\nu}, \\ \geqq \int\limits_0^{\frac{\log x}{\log p_\nu}} \cdots = \frac{\log x}{\nu \log p_\nu}, \end{cases}$$

also

$$\sum_{\alpha_\nu} = \frac{\log x}{\nu \log p_\nu} + |\, O(1)\,|$$

ist. — Der Beweis der Pseudorationalität von $\mathfrak{F}_\nu$ verläuft wie der Beweis der nämlichen Eigenschaft für die Primzahlmenge (siehe am Schluß von 21.2.).

Bildet man bezüglich der in den Sätzen 7, 8 und 9 definierten Mengen $\mathfrak{P}_\nu$, $\mathfrak{S}_\nu$, $\mathfrak{R}_\nu$ jeweils für $\nu = 1, 2, \ldots, n$ die Vereinigungsmenge, also

$$\mathfrak{B}_n = \bigcup_{\nu=1}^{n} \mathfrak{P}_\nu, \; bzw. = \bigcup_{\nu=1}^{n} \mathfrak{S}_\nu, \; bzw. = \bigcup_{\nu=1}^{n} \mathfrak{R}_\nu,$$

so gilt offensichtlich in allen drei Fällen

$$\delta_*\left(\mathfrak{B}_n; \frac{x \log^{n-1} \log x}{\log x}\right) = \frac{1}{(n-1)!}.$$

Wegen $\{2, 3\} \subset \mathfrak{B}_n$ ist noch der größte Teiler jedes dieser $\mathfrak{B}_n$ gleich 1.

Ein besonderes Interesse hat speziell $\mathfrak{B}_n = \bigcup_{\nu=1}^{n} \mathfrak{S}_\nu$ $(n = 1, 2, \ldots)$, d. h. die Menge aller aus höchstens n — nicht notwendig verschiedenen — Primfaktoren bestehenden natürlichen Zahlen erlangt, und zwar auf Grund einer Beziehung zum GOLDBACH-Problem. Beachtet man nämlich, daß wegen $\mathfrak{B}_n \subseteqq \mathfrak{B}_{n+1}$ aus der Basiseigenschaft eines $\mathfrak{B}_n \cup \{0,1\}$ auch die von $\mathfrak{B}_{n+\lambda} \cup \{0,1\}$ für jedes $\lambda \geqq 0$ folgt, so ergibt sich die Aufgabe, das kleinste $n = n_0$, falls es ein solches gibt, zu bestimmen, so daß $\mathfrak{B}_{n_0} \cup \{0,1\}$ eine Basis bildet. Die GOLDBACHsche Vermutung besagt, daß $\mathfrak{B}_1$ Basis zweiter Ordnung für die Menge aller geraden Zahlen ist. In dieser Richtung gilt (BUCHŠTAB [3])

Satz 11. *$\mathfrak{B}_4 = \bigcup_{\nu=1}^{4} \mathfrak{S}_\nu$ ist asymptotische Basis zweiter Ordnung für die Menge aller geraden Zahlen.*

Der Beweis beruht auf einer vertieften Analyse des Siebes von ERATOSTHENES, die auf BRUN [1] zurückgeht, der auch Satz 11 bereits für $\mathfrak{B}_9$ bewiesen hat. Durch eine Verbesserung des Siebverfahrens gewann RADEMACHER [1] die gleiche Eigenschaft bereits für $\mathfrak{B}_7$; den entsprechenden Beweis für $\mathfrak{B}_6$ gab ESTERMANN [5]; bez. $\mathfrak{B}_5$ siehe BUCHŠTAB [2]. Siehe auch R. JAMES [3]. In einer allgemeinen Analyse des Siebverfahrens gibt A. SELBERG [7] noch an, daß Satz 11 auch noch für $\mathfrak{B}_3$ gezeigt werden könne, daß aber ein Beweis der GOLDBACHschen Vermutung auf diesem Weg nicht zu erwarten ist. Noch allgemeiner werden durch Diskussion einer Extremalaufgabe Grenzen der Siebmethode abgesteckt. — Andrerseits zeigt Kapitel 19., daß die Anwendung der Siebmethode nicht auf die Primzahlen beschränkt ist, vielmehr können allgemeiner Mengen mit paarweise teilerfremden Elementen zugrunde gelegt werden. Siehe hierzu auch HORNFECK [1], [3]. Siehe auch 21.6.

An die Menge $2\,\mathfrak{P}^{(0)*}$ läßt sich die folgende Frage anknüpfen: Gibt es zu jeder Primzahl $p \in 2\,\mathfrak{P}^{(0)*}$ (also $p \geqq 2$) eine Darstellung der Form $p = p_1 p_2 + p_3 p_4$ $(p_i \in \mathfrak{P}^{(0)})$ derart, daß auch zugleich alle Permutationen der p_i

$$p_1 p_2 + p_3 p_4 = p, \ p_1 p_4 + p_2 p_3 = q, \ p_1 p_3 + p_2 p_4 = r$$

lauter Primzahlen darstellen? Z. B. $p = 59$; es ist

$$2 \cdot 13 + 3 \cdot 11 = 59, \ 2 \cdot 11 + 3 \cdot 13 = 61, \ 2 \cdot 3 + 11 \cdot 13 = 149.$$

Offenbar muß für $p > 2$ genau eine der Primzahlen p_i, etwa p_1 gleich 2 sein und die p_i müssen paarweise teilerfremd sein. Das Quadrupel (p_1, p_2, p_3, p_4) ist nicht notwendig durch p eindeutig bestimmt; so ist für $p = 59$ auch (2, 19, 3, 7) eine Lösung:

$$2 \cdot 19 + 3 \cdot 7 = 59, \ 2 \cdot 7 + 3 \cdot 19 = 71, \ 2 \cdot 3 + 7 \cdot 19 = 139.$$

In der folgenden Tabelle (Ostmann) ist für alle Primzahlen $p < 200$ ein Lösungsquadrupel angegeben.

p	(p_1, p_2, p_3, p_4)	q	r	p	(p_1, p_2, p_3, p_4)	q	r
2	(1, 1, 1, 1)	2	2	89	(2, 17, 5, 11)	107	197
3	(2, 1, 1, 1)	3	3	97	*siehe* p = 53, 73		
5	(2, 1, 3, 1)	5	7	101	*siehe* p = 79, 137		
7	*siehe* p = 5			103	(2, 23, 3, 19)	107	443
11	(2, 5, 1, 1)	7	7	107	*siehe* p = 89, 103		
13	(2, 5, 1, 3)	11	17	109	(2, 37, 5, 7)	199	269
17	*siehe* p = 13, 19, 23			113	(2, 13, 3, 29)	97	383
19	(2, 7, 1, 5)	17	37	127	(2, 47, 3, 11)	163	523
23	(2, 1, 3, 7)	17	13	131	(2, 23, 5, 17)	149	401
29	(2, 7, 3, 5)	31	41	137	(2, 11, 5, 23)	101	263
31	*siehe* p = 29			139	*siehe* p = 71		
37	*siehe* p = 19			149	*siehe* p = 59, 131		
41	*siehe* p = 29			151	*siehe* p = 73		
43	(2, 11, 3, 7)	47	83	157	(2, 7, 11, 13)	103	113
47	*siehe* p = 43, 53			163	*siehe* p = 127		
53	(2, 7, 3, 13)	47	97	167	*siehe* p = 67		
59	(2, 13, 3, 11)	61	149	173	(2, 29, 5, 23)	191	677
61	*siehe* p = 59, 79			179	(2, 47, 5, 17)	269	809
67	(2, 23, 3, 7)	83	167	181	(2, 31, 7, 17)	251	541
71	(2, 7, 3, 19)	59	139	191	*siehe* p = 173		
73	(2, 29, 3, 5)	97	151	193	(2, 3, 11, 17)	67	73
79	(2, 7, 5, 13)	61	101	197	*siehe* p = 89		
83	*siehe* p = 43, 67			199	*siehe* p = 109		

Ein mit der Betrachtung obiger $\mathfrak{B}_n$ verwandter Weg mit der Goldbach-Vermutung als Ziel besteht darin, das kleinste n zu bestimmen, so daß

$$\mathfrak{S}_1 + \mathfrak{S}_n \ (\subset \mathfrak{P} + \mathfrak{S}_n)$$

alle geraden Zahlen umfaßt. Unter Heranziehung eines von Linnik [1] eingeführten Siebverfahrens beweist A. Rényi [1] die Existenz eines solchen n (vgl. auch Buchštab [4], Estermann [5]). Hinsichtlich einer Weiterführung des Linnikschen Siebverfahrens siehe auch A. Rényi [2], [3]. Zur Methode von Siebverfahren siehe ferner Ozigova [1], A. Selberg

[2], [7], S. SELBERG [5], [8], [11], WINTNER [3] sowie den Bericht von RICCI [5].

Weiteres zum GOLDBACH-Problem s. in dem vorangehenden Abschnitt 21.4.

Schließlich ist noch $2\,\mathfrak{P} + \mathfrak{S}_2$ näher betrachtet worden. ESTERMANN [7] beweist

$$2\,\mathfrak{P} + \mathfrak{S}_2 \sim \mathfrak{Z}.$$

WALFISZ [3] untersucht u. a. die zugehörige Kompositionsfunktion $k(n;\mathfrak{P},\mathfrak{P},\mathfrak{S}_2)$. RICHERT [6] untersucht die Kompositionsfunktion von $2\,\mathfrak{P} + \mathfrak{P}_2 \sim \mathfrak{Z}$.

Siehe ferner LINNIK [7], [9] sowie [8].

Mit den im Anschluß an Satz 11 erwähnten Siebmethoden hängt auch der Beweis des folgenden Satzes von KNÖDEL [1] zusammen: *Es bezeichne $\Pi(x; d_1 = 0, d_2, \ldots, d_k)$ die Anzahl aller $p \in \mathfrak{P}$, für die alle $p + d_\varkappa$ $(\varkappa = 1, 2, \ldots, k)$ ebenfalls Primzahlen sind. Dann gilt*

$$\Pi(x; d_1, \ldots, d_k) \leqq c\,\frac{x}{\log^k x} \quad \left(c = c\,(k, d_1, d_2, \ldots, d_k);\; k \geqq 1\right).$$

Siehe auch den Bericht von RICCI [5]; siehe ferner CUGIANI [6], RICCI [6]; siehe auch den letzten Absatz in 21.3.

Auch die folgenden beiden Sätze behandeln Mengen, die durch Primteilerbedingungen ihrer Elemente gekennzeichnet sind[1].

[1] (Zusatz bei der Korrektur.) In dem gleichen Zusammenhang mit den Resultaten, die in den während der Korrektur hinzugefügten Fußnoten auf den Seiten 23, 43, 44, 45, 50, 72 angegeben sind, beweist WIRSING auch eine gemeinschaftliche Verallgemeinerung der Sätze 12 und 13 (einen auszugsweisen Bericht über einige seiner Ergebnisse gab WIRSING auf dem Jahreskongreß der Deutschen Mathematiker-Vereinigung 1955 und stellte mir liebenswürdigerweise seine Aufzeichnungen hierüber zur Einsichtnahme zur Verfügung; eine Veröffentlichung ist in Vorbereitung). Es wird folgender Satz bewiesen:

Es bedeute $\mathfrak{R}$ die Vereinigung von r primen Restklassen mod k; *die Vereinigung der übrigen $\varphi(k) - r$ primen Restklassen sei $\mathfrak{R}'$. Weiter sei $f(n) \geq 0$ eine multiplikative nichtnegative Funktion: $f(a\,b) = f(a)\,f(b)$ für $(a, b) = 1$, und es sei*

$$f(p^\nu) \leq \gamma^\nu \text{ für alle Primzahlen } p \;\; (0 < \gamma < 2;\; \nu = 0, 1, 2, \ldots),$$

(*) $$p \in \mathfrak{R} \curvearrowright f(p) = 1,\quad p \in \mathfrak{R}' \curvearrowright f(p) = 0.$$

Weiter bedeute $v(n)$ die Anzahl der verschiedenen Primteiler von n, ferner $t(n)$ die Anzahl der Primteiler von n, jeder entsprechend seiner Vielfachheit gezählt. Dann gilt

$$(m_1, m_2) = 1 \curvearrowright \sum_{\substack{n \leqq x \\ t(n) \equiv r_1 (m_1) \\ v(n) \equiv r_2 (m_2)}} f(n) \sim \frac{1}{m_1\, m_2\, \Gamma\left(\frac{r}{\varphi(k)}\right)} \frac{x}{(\log x)^{1 - \frac{r}{\varphi(k)}}} \cdot \lim_{s \to 1+} (s-1)^{\frac{r}{\varphi(k)}} \sum_{n=1}^{\infty} \frac{f(n)}{n^s}.$$

Satz 12 (LANDAU [1], [3], [4]). *Es sei* $\mathfrak{U}_k$ *die Menge aller derjenigen natürlichen Zahlen n, deren sämtliche Primteiler in r vorgegebenen teilerfremden Restklassen* mod k, *etwa*

$$l_1 \bmod k, l_2 \bmod k, \ldots, l_r \bmod k \quad (1 \leqq r \leqq \varphi(k); (l_\varrho, k) = 1)$$

liegen[2]. *Dann ist die* $x(\log x)^{\frac{r}{\varphi(k)}-1}$*-Dichte charakteristisch, und es ist*

$$\delta_*\left(\mathfrak{U}_k; x(\log x)^{\frac{r}{\varphi(k)}-1}\right)$$

$$= \frac{1}{\Gamma\left(\frac{r}{\varphi(k)}\right)} \lim_{s\to 1+} (s-1)^{\frac{r}{\varphi(k)}} \prod_{\varrho=1}^{r} \prod_{p\equiv l_\varrho(k)} \frac{1}{1-p^{-s}} \qquad (p > 1 \textit{ Primzahl})$$

$$= \frac{1}{\Gamma\left(\frac{r}{\varphi(k)}\right)} \lim_{s\to 1+} (s-1)^{\frac{r}{\varphi(k)}} \sum_{n\in\mathfrak{U}_k} \frac{1}{n^s}.$$

Setzt man beispielsweise $f(p^\nu) = 1$ für alle $p \in \mathfrak{R}$ und alle $\nu \geq 0$, ferner $f(p^\nu) = 0$ für alle $p \notin \mathfrak{R}$ und alle $\nu \geq 0$, so ist Voraussetzung (*) mit $\gamma = 1$ erfüllt, und wegen

$$f(n) = 0 \curvearrowright n \in \mathfrak{U}_k$$

ergibt sich sofort Satz 12. Um Satz 13 zu gewinnen, setze man $f(p^\nu) = 1$ für alle $p \notin \mathfrak{R}'$ und alle $\nu \geq 0$ sowie $f(p^\nu) = 1$ oder 0 für $p \in \mathfrak{R}'$, je nachdem ν gerade oder ungerade ist. — Eine entsprechende Verallgemeinerung der oben im Text folgenden Sätze 12′ und 13′ wird ebenfalls bewiesen. — Zum Beweis seiner Sätze gibt WIRSING zunächst eine an Fußnote 1 in Teil I, S. 98 knüpfende Verallgemeinerung des in 8.5. besprochenen IKEHARAschen TAUBER-Satzes. — Abgesehen von den hier genannten Anwendungen ergibt sich eine Reihe weiterer. — Die folgende Verallgemeinerung von Satz 13 für $k = 4$ sei noch hervorgehoben:

Es sei $\mathfrak{K}$ *ein* GALOISscher *Zahlkörper vom Grad d über dem Körper* P *der rationalen Zahlen,* $\mathfrak{K}_g$ *der Ring der ganzalgebraischen Zahlen in* $\mathfrak{K}$. *Für die Menge*

$$\mathfrak{N}_{\mathfrak{K}} = \mathop{\in}_{n\in\mathfrak{Z}} [\textit{es gibt ein ganzes Ideal der Norm } n \textit{ in } \mathfrak{K}_g]$$

gilt dann

$$0 < \delta_*\left(\mathfrak{N}_{\mathfrak{K}}; \frac{x}{(\log x)^{1-\frac{1}{d}}}\right) < \infty.$$

Wählt man hierin für $\mathfrak{K}$ den GAUSSschen Zahlkörper P(i), in welchem ja die Normen genau die Summen zweier nichtnegativer Quadratzahlen sind, so ist offenbar (siehe den Zusatz zu Satz 13′) $\mathfrak{N}_{\mathfrak{K}} = \mathfrak{U}_4'$.

[2] Da $n = 1$ die geforderten Bedingungen nicht verletzt, ist $1 \in \mathfrak{U}_k$.

Zusatz. Für $r = \varphi(k)$ fällt somit bereits die gewöhnliche natürliche Dichte positiv aus und hat offensichtlich den Wert

$$\prod_{\substack{p|k\\p>1}} \left(1 - \frac{1}{p}\right) \lim_{s\to 1+} (s-1) \prod_{\substack{p \in \mathfrak{P}\\p>1}} \frac{1}{1-p^{-s}}$$

$$= \prod_{\substack{p|k\\p>1}} \left(1 - \frac{1}{p}\right) \lim_{s\to 1+} (s-1)\,\zeta(s) = \prod_{\substack{p|k\\p>1}} \left(1 - \frac{1}{p}\right) = \frac{\varphi(k)}{k}.$$

Da sich in diesem Fall die in Rede stehende Menge auch als die Gesamtheit aller zu k teilerfremden Zahlen beschreiben läßt, ist dieses Resultat auch unmittelbar evident.

Siehe auch Delange [2].

R. James [2] untersucht unter anderem speziell die Menge $\mathfrak{M}$ aller Zahlen, die nur Primteiler $p \equiv 1\ (4)$ besitzen, zuzüglich der Null, und zeigt, daß sie eine Basis höchstens sechster Ordnung ist. Man beachte, daß $1 \in \mathfrak{M}$ ist.

Für $k = 2$ geht $\mathfrak{U}_k$ offenbar in die Menge $\mathfrak{U}$ aller ungeraden Zahlen über. — Mit Satz 12 hängt (in dessen Bezeichnung) eng zusammen:

Satz 13 (Landau). *Die Menge $\mathfrak{U}'_k$ entstehe aus $\mathfrak{Z}$ dadurch, daß alle diejenigen n gestrichen werden, die mindestens einen Primteiler in genau ungerader Potenz aus einer der übrigen $\varphi(k) - r$ teilerfremden Restklassen l_{r+1} mod $k, \ldots, l_{\varphi(k)}$ mod k besitzen. Dann gilt*

$$0 < \delta_*\left(\mathfrak{U}'_k;\, x\,(\log x)^{\frac{r}{\varphi(k)}-1}\right) = \frac{1}{\Gamma\left(\frac{r}{\varphi(k)}\right)} \prod_{p|k} \left(1 - \frac{1}{p}\right)^{-1} \cdot$$

$$\cdot \prod_{\varrho=r+1}^{\varphi(k)} \prod_{p \equiv l_\varrho(k)} \left(1 - \frac{1}{p^2}\right)^{-1} \lim_{s\to 1+} (s-1)^{\frac{r}{\varphi(k)}} \prod_{\varrho=1}^{r} \prod_{p \equiv l_\varrho(k)} \frac{1}{1-p^{-s}} < \infty$$

$(p > 1$ *Primzahl*$)$.

Ist $r = \varphi(k)$, so ist (offensichtlich) $\mathfrak{U}'_k = \mathfrak{Z}$.

Zusatz. Mengen, die zu den in den beiden letzten Sätzen beschriebenen verwandt sind, erhält man noch durch Spezialisierung von 19.3., Satz 21; z. B. die Menge aller Zahlen, die mindestens einen Primteiler $p \equiv 3\ (4)$ in höchstens l-ter Potenz enthalten usw. Für $l = 1$ ist in diesem Falle die resultierende Menge offenbar im Komplement derjenigen Menge $\mathfrak{U}'_4$ enthalten, für die $r = 1$, $l_2 = 3$ ist. Dieses $\mathfrak{U}'_4$ ist bekanntlich identisch mit der Menge der als Summe zweier nichtnegativer Quadrate darstellbaren Zahlen (siehe Landau [4, Bd. 1]; auch 22.1., Satz 2). Satz 13 auf $\mathfrak{U}'_4$ angewendet ergibt

$$\delta_*\left(\mathfrak{U}'_4;\, \frac{x}{\sqrt{\log x}}\right) = \frac{1}{\Gamma\left(\frac{1}{2}\right)} \prod_{p\equiv 3\,(4)} \frac{1}{1-p^{-2}} \lim_{s\to 1+} \sqrt{s-1} \prod_{p \equiv 1\,(4)} \frac{1}{1-p^{-s}},$$

was sich noch umformen läßt: Es ist

$$f(s) =_{\mathrm{Df}} \prod_{p\equiv 1\,(4)} \frac{1}{1-p^{-s}} \prod_{p\equiv 3\,(4)} \frac{1}{1+p^{-s}} = 1 - \frac{1}{3^s} + \frac{1}{5^s} - \frac{1}{7^s} + \frac{1}{9^s} - + \cdots,$$

also $f(1) - \frac{\pi}{4}$. Mithin ist (in Verbindung mit 8.3. (28))

$$\sqrt{\frac{\pi}{4}} = \lim_{s\to 1+} \sqrt{(s-1)\,\zeta(s)\,f(s)} =$$

$$= \lim_{s\to 1+} \sqrt{s-1} \prod_{p\equiv 1\,(4)} \frac{1}{1-p^{-s}} \sqrt{\frac{1}{1-2^{-s}} \prod_{p\equiv 3\,(4)} \frac{1}{1-p^{-2s}}},$$

also

$$\lim_{s\to 1+} \sqrt{s-1} \prod_{p\equiv 1\,(4)} \frac{1}{1-p^{-s}} = \frac{1}{2}\sqrt{\pi}\cdot\sqrt{\frac{1}{2} \prod_{p\equiv 3\,(4)} (1-p^{-2})}\;;$$

insgesamt ist daher noch

$$\delta_*\left(\mathfrak{U}_4'; \frac{x}{\sqrt{\log x}}\right) = \frac{1}{2}\sqrt{2 \prod_{p\equiv 3\,(4)} \frac{1}{1-p^{-2}}}.$$

Die Sätze 12 und 13 stehen nach LANDAU in Zusammenhang mit den folgenden beiden Sätzen 12′ und 13′, die auch von selbständigen Interesse sein dürften.

Satz 12′ (LANDAU). *Es sei*

$$\varepsilon_n = \begin{cases} 1, \text{ wenn } n \in \mathfrak{U}_k, \\ 0, \text{ wenn } n \notin \mathfrak{U}_k \end{cases}$$

ist. Ferner sei $\nu(n)$ *die Anzahl der verschiedenen Primteiler von* n; $\nu(1) = 0$; *dann ist*

$$0 < \lim_{x\to\infty} \frac{\sum_{n=1}^{x} 2^{\nu(n)}\,\varepsilon_n}{x\,(\log x)^{\frac{2r}{\varphi(k)}-1}}$$

$$= \frac{1}{\Gamma\left(\frac{2r}{\varphi(k)}\right)} \lim_{s\to 1+} \left\{(s-1)^{\frac{2r}{\varphi(k)}} \prod_{\varrho=1}^{r} \prod_{p\equiv l_\varrho(k)} \frac{1+p^{-s}}{1-p^{-s}}\right\} < \infty$$

($p > 1$ *Primzahl*).

Zum Beweis wird die DIRICHLET-Reihe

$$f_1^{(1)}(s) = \sum_{n=1}^{\infty} \frac{2^{\nu(n)}\,\varepsilon_n}{n^s} = \prod_{\varrho=1}^{r} \prod_{p\equiv l_\varrho(k)} \left(1 + \frac{2}{p^s} + \frac{2}{p^{2s}} + \cdots\right)$$

$$= \prod_{\varrho=1}^{r} \prod_{p\equiv l_\varrho(k)} \frac{1+p^{-s}}{1-p^{-s}}$$

betrachtet. Eine einfache Rechnung ergibt

$$\log \prod_{p \equiv l_\varrho(k)} \frac{1+p^{-s}}{1-p^{-s}} = \log\left\{\prod_{p \equiv l_\varrho(k)} (1-p^{-s})^{-2} \prod_{p \equiv l_\varrho(k)} (1-p^{-2s})\right\}$$
$$= -2 \sum_{p \equiv l_\varrho(k)} \log(1-p^{-s})$$
$$+ \sum_{p \equiv l_\varrho(k)} \log(1-p^{-2s}) = 2 \sum_{p \equiv l_\varrho(k)} p^{-s} + g_0(s),$$

worin $g_0(s)$ — ebenso wie die im folgenden noch auftretenden Funktionen $g_\chi(s)$, $g_i(s)$, $g^{(i)}(s)$ $(i = 1, 2)$ — eine in $\sigma > \frac{1}{2}$ $(s = \sigma + i\tau)$ reguläre Funktion darstellt. Für die am Schluß von 21.1. definierten $L(s, \chi)$-Reihen erkennt man unschwer[1],

$$\log L(s,\chi) = -\sum_p \log\left(1 - \frac{\chi(p)}{p^s}\right) = \sum_p \sum_{n=1}^{\infty} \frac{\chi(p^n)}{n p^s}$$
$$= \sum_p \frac{\chi(p)}{p^s} + g_\chi(s),$$
$$\sum_{\varkappa=1}^{\varphi(k)} \frac{\log L(s,\chi_\varkappa)}{\chi_\varkappa(l_\varrho)} = \sum_\varkappa \left(\sum_p \frac{\chi_\varkappa(p)}{\chi_\varkappa(l_\varrho)\, p^s} + \frac{g_{\chi_\varkappa}(s)}{\chi_\varkappa(l_\varrho)}\right)$$
$$= \varphi(k)\Big(\sum_{p \equiv l_\varrho(k)} p^{-s}\Big) - \varphi(k)\, g_1(s),$$

also

$$\sum_{p \equiv l_\varrho(k)} p^{-s} = \frac{1}{\varphi(k)} \sum_{\varkappa=1}^{\varphi(k)} \frac{\log L(s,\chi_\varkappa)}{\chi_\varkappa(l_\varrho)} + g_1(s),$$

somit

$$\log f_1^{(1)}(s) = \frac{2}{\varphi(k)} \sum_{\varrho=1}^{r} \sum_{\varkappa=1}^{\varphi(k)} \frac{\log L(s,\chi_\varkappa)}{\chi_\varkappa(l_\varrho)} + g_2(s),$$

was sich auch in der Form

$$\log f_1^{(1)}(s) = \sum_{\varkappa=1}^{\varphi(k)} e_\varkappa^{(1)} \log L(s,\chi_\varkappa) + g_2(s), \tag{7}$$

wobei speziell

$$e_1^{(1)} = \frac{2}{\varphi(k)} \sum_{\varrho=1}^{r} \frac{1}{\chi_1(l_\varrho)} = \frac{2r}{\varphi(k)}\ {}^{2}$$

ist, schreiben läßt. Auf eine Gleichung vom selben funktionentheoretischen Typus wie (7) wird der Beweis des anschließenden Satzes 13′

[1] Die Charaktere sind ja bekanntlich distributiv. Überdies sei an

$$\sum_{\varkappa=1}^{\varphi(k)} \chi_\varkappa(a) = \begin{cases} \varphi(k) & \textit{für } a = 1, \\ 0 & \textit{sonst} \end{cases}$$

erinnert.

[2] χ_1 bedeutet hierin den Hauptcharakter: $\chi_1(n) = 0$ oder 1, je nachdem $(n, k) > 1$ oder $= 1$ ist.

sowie der für die Sätze 12 und 13 zurückgeführt werden. Der weitere Beweis von Satz 12′ erfordert ein weitergehendes Studium der durch $f_1^{(1)}(s)$ definierten Dirichlet-Reihe (siehe Landau [3], [4])[1].

Satz 13′ (Landau). *Ist*

$$\varepsilon_n' = \begin{cases} 1 \text{ für } n \in \mathfrak{U}_k', \\ 0 \text{ sonst}, \end{cases}$$

so gilt

$$\lim_{x\to\infty} \frac{\sum\limits_{n=1}^{x} 2^{\nu(n)} \varepsilon_n'}{x (\log x)^{\frac{2r}{\varphi(k)}-1}} = \frac{1}{\Gamma\left(\frac{2r}{\varphi(k)}\right)} \cdot$$

$$\cdot \prod_{p\mid k} \frac{p+1}{p-1} \left(\prod_{\varrho=r+1}^{\varphi(k)} \prod_{p\equiv l_\varrho(k)} \frac{p^2+1}{p^2-1} \right) \lim_{s\to 1+} (s-1)^{\frac{2r}{\varphi(k)}} \prod_{\varrho=1}^{r} \prod_{p\equiv l_\varrho(k)} \frac{1+p^{-s}}{1-p^{-s}}$$

$(p > 1$ *Primzahl*$)$.

Beweis: Man bilde die zu $f_1^{(1)}(s)$ analoge Dirichlet-Reihe

$$f_2^{(1)}(s) = \sum_{n=1}^{\infty} \frac{2^{\nu(n)} \varepsilon_n'}{n^s} = \left(\prod_{\varrho=1}^{r} \prod_{p\equiv l_\varrho(k)} \left(1 + \frac{2}{p^s} + \frac{2}{p^{2s}} + \cdots \right)\right) \cdot$$

$$\cdot \left(\prod_{p\mid k} \left(1 + \frac{2}{p^s} + \frac{2}{p^{2s}} + \cdots \right)\right) \prod_{\varrho=r+1}^{\varphi(k)} \prod_{p\equiv l_\varrho(k)} \left(1 + \frac{2}{p^{2s}} + \frac{2}{p^{4s}} + \cdots \right)$$

$$= \left(\prod_{\varrho=1}^{r} \prod_{p\equiv l_\varrho(k)} \frac{p^s+1}{p^s-1} \right) \left(\prod_{p\mid k} \frac{p^s+1}{p^s-1} \right) \left(\prod_{\varrho=r+1}^{\varphi(k)} \prod_{p\equiv l_\varrho(k)} \frac{p^{2s}+1}{p^{2s}-1} \right)$$

$$= f_1^{(1)}(s) \cdot \prod_{p\mid k} \left(\prod_{\varrho=r+1}^{\varphi(k)} \prod_{p\equiv l_\varrho(k)} \right),$$

und $\log f_1^{(1)}(s)$ unterscheidet sich von $\log f_2^{(1)}(s)$ offenbar nur um eine Funktion vom Typus der obigen $g_i(s)$, so daß eine zu (7) völlig analoge Relation besteht; damit ist die Zurückführung auf Satz 12′ bewerkstelligt.

Beweis der Sätze 12 und 13: Hier bilde man die zu $\mathfrak{U}_k$ bzw. $\mathfrak{U}_k'$ gehörigen Dirichlet-Reihen

$$f_1^{(2)}(s) = \sum_{n=1}^{\infty} \frac{\varepsilon_n}{n^s} = \prod_{\varrho=1}^{r} \prod_{p\equiv l_\varrho(k)} (1-p^{-s})^{-1} = e^{-\sum\limits_{\varrho=1}^{r} \sum\limits_{p\equiv l_\varrho(k)} \log(1-p^{-s})}$$

[1] An dieser Stelle wird bei Wirsing die in Fußnote 1, S. 66 erwähnte Verallgemeinerung des Ikeharaschen Satzes auf $f_1^{(1)}(s)$ angewendet; dabei wird von den $L(s, \chi)$-Reihen im wesentlichen nur die Nullstellenfreiheit auf $\sigma = 1$ benötigt.

bzw.

$$f_2^{(2)}(s) = \sum_{n=1}^{\infty}{}' \frac{\varepsilon_n}{n^s} = f_1^{(2)}(s)\left(\prod_{p\mid k}\left(1+\frac{1}{p^s}+\frac{1}{p^{2s}}+\cdots\right)\right)\cdot$$

$$\prod_{\varrho=r+1}^{\varphi(k)} \prod_{p\equiv l_\varrho(k)}\left(1+\frac{1}{p^{2s}}+\frac{1}{p^{4s}}+\cdots\right);$$

dann wird

$$\log f_1^{(2)}(s) = g^{(1)}(s) + \sum_{\varrho=1}^{r} \sum_{p\equiv l_\varrho(k)} p^{-s}$$

$$= g^{(2)}(s) + \frac{1}{\varphi(k)} \sum_{\varrho=1}^{r} \sum_{\varkappa=1}^{\varphi(k)} \frac{\log L(s,\chi_\varkappa)}{\chi_\varkappa(l_\varrho)}$$

$$= g^{(3)}(s) + \sum_{\varkappa=1}^{\varphi(k)} e_\varkappa^{(2)} \log L(s,\chi_\varkappa),$$

und in Vergleich zu (7) ist hierin $e_\varkappa^{(2)} = \frac{1}{2} e_\varkappa^{(1)}$ $(\varkappa = 1, 2, \ldots, \varphi(k))$; die Funktionen $g^{(i)}(s)$ sind entsprechend den $g_i(s)$ in $\sigma > \frac{1}{2}$ regulär. Mit einem $g^{(4)}(s)$ an Stelle von $g^{(3)}(s)$ gilt die letzte Formel offensichtlich auch für $\log f_2^{(2)}(s)$, so daß die Zurückführung auf Satz 12′ durchgeführt ist.

Zusatz. In den obigen vier Sätzen bestimmt sich der Wert in den behaupteten Formeln rechter Hand jeweils durch

$$\frac{1}{\Gamma(e_1^{(i)})} \lim_{s\to 1+} (s-1)^{e_1^{(i)}} f_i^{(j)}(s) \qquad (i = 1, 2;\ j = 1, 2).$$

Die Spezialfälle 1 mod 3, 1 mod 4 und 1 mod 6 gehen bereits auf D. N. Lehmer [1] zurück. Den Spezialfall $r = 1$ allgemein gewinnt Raikov [4] auch aus einem mit Wienerschen Methoden arbeitenden Tauber-Satz (Raikov [2]).

Avakumović [1] untersucht die Menge $\mathfrak{A}_d$, die aus allen natürlichen Zahlen $n \equiv -1 \pmod d$ besteht, die keinen Primteiler derselben Form besitzen. Es gilt

$$A_d(x) = 0 \text{ für } d = 2, 3, 4, 6;\ x \geqq 0,$$

was sich leicht bestätigen läßt. Ferner ist[1]

$$\lim_{x\to\infty} A_d(x) = \infty, \text{ wenn } d \geqq 7 \text{ ist},$$

$$\delta_*\left(\mathfrak{A}_5;\ \frac{x}{\sqrt[4]{\log x}}\right) < \infty.$$

[1] (Zusatz bei der Korrektur.) Eine Verallgemeinerung hiervon gibt Wirsing (Näheres siehe Fußnote 1, S. 66): Es sei $\mathfrak{R}$ die Vereinigung der in Satz 12 erklärten Restklassen, $(\mathfrak{R})$ die von diesen Restklassen in der Gruppe $\mathfrak{G}_k$ aller mod k primen Restklassen erzeugte Untergruppe. $\mathfrak{G}'$ sei die von der Gesamtheit aller Quotienten $\frac{r_1}{r_2}$ $(\{r_1, r_2\} \subseteq \mathfrak{R})$ erzeugte Unter-

Für die zweite Eigenschaft genügt es dabei, die Existenz wenigstens eines Elementes in $\mathfrak{A}_d$ $(d \geq 7)$ nachzuweisen, da die ungeraden Potenzen einer solchen wieder von der verlangten Form sind.

Sind sämtliche Primteiler p von $n^2 + 1$ kleiner als $2n$, so heißt n nach S. CHOWLA-TODD [1] *reduzibel*; beide Autoren vermuten, daß für die Menge $\mathfrak{R}$ aller reduziblen Zahlen $\delta_*(\mathfrak{R})$ existiert und ungefähr den Wert $\frac{1}{3}$ hat. KNÖDEL [3] zeigt $\bar{\delta}^*(\mathfrak{R}) \leqq \frac{1}{2}$, was sich aus dem Spezialfall $f(x) = 2x$ des folgenden allgemeinen Resultates ergibt:

Ist $f(x) = o(x \log x)$ und $\mathfrak{R}(f(x))$ die Menge aller n, so daß sämtliche Primteiler von $n^2 + 1$ höchstens gleich $f(n)$ sind, so ist

$$\bar{\delta}^*\big(\mathfrak{R}(f(x))\big) \leqq \frac{1}{2}.$$

Für die Menge $\mathfrak{R}'$ aller n, deren Primteiler kleiner als $2\sqrt{n}$ sind, existiert die natürliche Dichte, und es ist (S. CHOWLA-TODD [1])

$$\delta_*(\mathfrak{R}') = 1 - \log 2.$$

Ist $\mathfrak{A}_\eta$, $\frac{1}{2} \leqq \eta < 1$, die Menge aller ganzen $n \geqq 0$, die mindestens einen Primteiler $p > n^\eta$ besitzen, so ist nach CUGIANI [2]

$$\delta_*(\mathfrak{A}_\eta) = \log \frac{1}{\eta}.$$

21.6. Weitere Summen mit $\mathfrak{P}$ als Summand. Es bezeichne $\mathfrak{M}_a$ für ganzes $a > 1$ die Menge aller Zahlen a^x $(x = 0, 1, 2, \ldots)$ (hinsichtlich der Partitionsfunktion $p(n, \mathfrak{M}_a)$ siehe 7.7. (54)). Die Betrachtung der Summe $\mathfrak{R}_a = \mathfrak{P} + \mathfrak{M}_a$ und der Nachweis von $\delta(\mathfrak{R}_a) > 0$ geht auf

---

gruppe von $\mathfrak{G}_k$; ihr Index sei i. Bedeutet ferner $\mathfrak{Q}$ die in Fußnote 1, S. 23 erklärte Menge mit $m_1 = k$, und ist $\mathfrak{U}_k = \mathfrak{U}_{m_1}$ die Menge aus Satz 12, so gilt:

$$(\mathfrak{R}) = \mathfrak{G}_{m_1} \wedge (r_1, m_1) = (m_2, m_3) = (i, m_2 m_3) = 1 \curvearrowright$$

$$(*) \qquad \curvearrowright \delta_*(\mathfrak{Q} \cap \mathfrak{U}_{m_1}; U_{m_1}(x)) = \frac{1}{\varphi(m_1) m_2 m_3} \prod_{p \in \mathfrak{R}} \left(1 - \frac{1}{p^m}\right).$$

Vermittels Satz 12 ergibt sich hiermit noch, daß die natürliche $x(\log x)^{\frac{r}{\varphi(m_1)} - 1}$-Dichte für $\mathfrak{Q} \cap \mathfrak{U}_{m_1}$ charakteristisch ist. — Die Bedingung $(i, m_2 m_3) = 1$ ist wegen $i \mid \varphi(m_1)$ beispielsweise erfüllt, wenn schon $(\varphi(m_1), m_2 m_3) = 1$ ist; oder ist $1 \in \mathfrak{R}$, also $(\mathfrak{R}) = \mathfrak{G}'$, so folgt aus der Voraussetzung $(\mathfrak{R}) = \mathfrak{G}_{m_1}$ sofort $i = 1$.

Die oben im Text auftretenden Mengen $\mathfrak{A}_d$ erhält man durch die Spezialisierung $m_1 = d$, $r_1 = -1$, $m_2 = m_3 = 1$, $m = \infty$, $r = \varphi(m_1) - 1$, $l_\varrho \not\equiv -1\ (m_1)$ $(\varrho = 1, 2, \ldots, r)$. In den Fällen $d = 2, 3, 4, 6$ ist die Voraussetzung $(\mathfrak{R}) = \mathfrak{G}_{m_1}$ offensichtlich verletzt. Für die verbleibenden natürlichen Zahlen $d > 1$ ist $\varphi(d) > 2$, also $r \geq 2$; mithin ist $(\mathfrak{R})$ nicht die Einsuntergruppe, sondern $(\mathfrak{R}) = \mathfrak{G}_d$. Für alle $d \geq 5$, $d \neq 6$ sind daher die Voraussetzungen in (*) erfüllt.

ROMANOV [1] zurück. In Verallgemeinerung hiervon besteht (ERDÖS [30]. hinsichtlich einer anderen Verallgemeinerung siehe weiter unten Satz 16):

Satz 14. *Besitzen die Elemente der unendlichen Menge* $\mathfrak{A} = \{a_1, a_2, \ldots\}$ *die Eigenschaft* $a_\lambda \mid a_{\lambda+1}$ *für alle* $\lambda \geqq 1$, *so gilt:*

$$\overline{\lim_{\lambda=1,2,\ldots}} \frac{\log a_\lambda}{\lambda} < \infty \wedge \sum_{d \mid a_\lambda} \frac{1}{d} = O(1)\ (\lambda \to \infty) \curvearrowright \delta^*(\mathfrak{P} + \mathfrak{A}) > 0.$$

Satz 15. *Es gilt* (LANDAU [11], [12], ROMANOV [1])

$$\frac{1}{\log a} \geqq \bar{\delta}^*(\mathfrak{R}_a) \geqq \delta(\mathfrak{R}_a) > 0, \quad \delta^*(\overline{\mathfrak{R}}_a) \geqq 1 - \frac{1}{\log a}; \tag{8}$$

$$\frac{1}{2} \geqq \bar{\delta}^*(\mathfrak{R}_2)\, \delta(\mathfrak{R}_2) > 0, \quad 1 > \delta^*(\overline{\mathfrak{R}}_2) \geqq \frac{1}{2}.$$

In $\overline{\mathfrak{R}}_2$ *gibt es arithmetische Folgen (erster Ordnung) ungerader Zahlen* (ERDÖS [30]).

Beweis: Für $\mathfrak{R}_a$ sind die Voraussetzungen von Satz 14, wie leicht zu sehen, erfüllt, so daß wegen $1 \in \mathfrak{R}_a$ sicher $\delta(\mathfrak{R}_a) > 0$ ist. Ferner ist

$$R_a(x) \leqq \sum_{y=1}^{x} p(y; \mathfrak{P}, \mathfrak{M}_a) \leqq \Pi(x) M_a(x) \tag{9}$$

trivial; daher ergibt sich vermittels des Primzahlsatzes (Satz 1)

$$\bar{\delta}^*(\mathfrak{R}_a) \leqq \overline{\lim_{x=1,2,\ldots}} \frac{1}{x}(1+\varepsilon)\frac{x}{\log x}\left(\left[\frac{\log x}{\log a}\right] + 1\right) = \frac{1+\varepsilon}{\log a}$$

für jedes $\varepsilon > 0$, mithin $\bar{\delta}^*(\mathfrak{R}_a) \leqq \frac{1}{\log a}$, was noch unmittelbar $\delta^*(\overline{\mathfrak{R}}_a) \geqq 1 - \frac{1}{\log a}$ nach sich zieht. Für $a = 2$ enthält $\mathfrak{R}_a$ als gerade Zahlen genau alle $2^x\ (x > 0)$, alle $2 + 2^x\ (x > 0)$ sowie alle $p + 1\ (p \equiv 1\ (2),\ p \in \mathfrak{P})$; jede dieser drei Mengen besitzt die natürliche Dichte Null; also ist $\delta^*(\overline{\mathfrak{R}}_2) \geqq \frac{1}{2}$ und mithin $\bar{\delta}^*(\mathfrak{R}_2) \leqq \frac{1}{2}$. Hinsichtlich der restlichen Behauptung sowie für den Beweis von Satz 14 sei auf ERDÖS [30] verwiesen.

Die aus (9) folgende Größenordnung ist nach (8) bereits genau; ergänzend hierzu zeigt ERDÖS [30], daß sich Zahlen n nachweisen lassen, deren Darstellungsanzahlen beliebige Schranken überschreiten: es ist

$$\overline{\lim_{n=1,2,\ldots}}\ p(n; \mathfrak{P}, \mathfrak{M}_a) = \overline{\lim_{n=1,2,\ldots}}\ k(n; \mathfrak{P}, \mathfrak{M}_a) = \infty.$$

Vgl. auch V. D. CORPUT [9], ERDÖS-TURÁN [1].

Eine andere Verallgemeinerung des oben erwähnten Satzes von ROMANOV [1] und zugleich eine Verallgemeinerung eines Satzes von PRACHAR [1] beweist HORNFECK [1]:

Satz 16. *Es sei $\mathfrak{M}$ eine beliebige Teilmenge von $\mathfrak{M}_a$ und $\mathfrak{A}$ eine Menge paarweise teilerfremder Elemente mit charakteristischer $\frac{x}{\log x}$-Dichte. Dann ist*

$$(A + M)(x) \geqq c \frac{x M(x)}{\log x} \qquad (c > 0).$$

Bezeichnet $\mathfrak{S}_\nu$ die Menge aus Satz 8 und setzt man $\mathfrak{S}_1 \cup \mathfrak{S}_2 \cup \{0,1\} = \mathfrak{B}_2$ (also $\mathfrak{P} \subseteq \mathfrak{B}_2$), bedeutet ferner $\mathfrak{M}_{\mathfrak{P},a}$ die Menge aller Zahlen a^{p_n}, $p_n \in \mathfrak{P}$, so beweist Chung [1] in Analogie zu Satz 15

$$\delta(\mathfrak{B}_2 + \mathfrak{M}_{\mathfrak{P},a}) > 0;$$

man beachte, daß wegen $0 \in \mathfrak{P}$ sicher $1 \in \mathfrak{B}_2 + \mathfrak{M}_{\mathfrak{P},a}$ ist. Läßt man in $\mathfrak{M}_{\mathfrak{P},a}$ endlich viele Elemente fort, so bleibt die asymptotische Dichte positiv, da ja aus $\mathfrak{B}_2 + \mathfrak{M}_{\mathfrak{P},a}$ nach Satz 8 nur eine Menge der natürlichen Dichte Null herausfällt. — Hornfeck [1] gibt noch eine Verallgemeinerung des Ergebnisses von Chung, indem Summanden zugelassen werden, die lediglich gewissen strukturellen Bedingungen unterworfen werden. — Die Beweise für den Romanovschen Satz und seine Verallgemeinerungen bedienen sich wesentlich der Siebmethode. — Verwandt mit diesen Resultaten ist (S. Selberg [10]), daß für die Menge $\mathfrak{A}$ aller Zahlen der Form $a x^2 + b y^2 + c^{z^2}$ ($a > 0$, $b > 0$, $c > 1$, ganz) ebenfalls $\delta(\mathfrak{A}) > 0$ ist. Man beachte hierbei, daß $1 \in \mathfrak{A}$ ist. Ist $\mathfrak{M}_{\mathfrak{Z}^{(2)},c}$ die Menge aller c^{z^2}, $\mathfrak{Z}^{(2)}$ die Menge aller Quadratzahlen, so läßt sich noch

$$\mathfrak{A} = a \times \mathfrak{Z}^{(2)} + b \times \mathfrak{Z}^{(2)} + \mathfrak{M}_{\mathfrak{Z}^{(2)},c}$$

schreiben.

Siehe ferner Linnik [7], [9].

Es bezeichne $\mathfrak{Q}_s$ die in 19.2. eingeführte Menge aller s-freien Zahlen ($s \geqq 2$). Die Untersuchung der Summe $\mathfrak{P} + \mathfrak{Q}_s$ geht in dem Spezialfall $s = 2$ im wesentlichen auf Estermann [4], Page [2], Walfisz [2] zurück; vgl. auch Ricci [1]. Für beliebiges $s \geqq 2$ gilt nach Mirsky [9]

Satz 17. *Es ist $\mathfrak{P} + \mathfrak{Q}_s \sim \mathfrak{Z}$, und für die Kompositionenanzahl gilt*

$$k(n; \mathfrak{P}, \mathfrak{Q}_s) = \operatorname{li} n \cdot \prod_{\substack{p \nmid n \\ p \in \mathfrak{P}^{(0)}}} \left(1 - \frac{1}{p^{s-1}(p-1)}\right) + O\left(\frac{n}{\log^\alpha n}\right) \tag{10}$$

$$(\alpha > 0 \text{ beliebig}).$$

Da wegen der Konvergenz von $\sum_{p \in \mathfrak{P}^{(0)}} p^{-s}$ das in (10) auftretende Produkt für alle n gleichmäßig beschränkt ist mit positiv wählbaren Schranken, der (reelle) Integrallogarithmus aber bekanntlich asymptotisch gleich $x \log^{-1} x$ ist, erkennt man, indem $\alpha > 1$ gewählt wird, sofort $\mathfrak{P} + \mathfrak{Q}_s \sim \mathfrak{Z}$. — Rao [1] gibt eine Verallgemeinerung von Satz 17 auf $\mathfrak{P}^{(k)} + \mathfrak{Q}_s$ unter der Voraussetzung $k \leqq s$, $\mathfrak{P}^{(k)} = \{0, 1^k, 2^k, \ldots, p^k, \ldots\}$, $p \in \mathfrak{P}$. Siehe auch Erdös [6], Pillai [5].

Eine zu (10) analoge Formel gibt MIRSKY [9] für die Anzahlfunktion von $\mathfrak{Q}_{sl} =_{\mathrm{Df}} (\mathfrak{P} + \{l\}) \cap \mathfrak{Q}_s$, $l \neq 0$, an:

$$Q_{sl}(x) = \operatorname{li} x \prod_{\substack{p \nmid l \\ p \in \mathfrak{P}^{(0)}}} \left(1 - \frac{1}{p^{s-1}(p-1)}\right) + O\left(\frac{x}{\log^\alpha x}\right) \quad (\alpha > 0 \textit{ beliebig}),$$

und $Q_{sl}(x)$ ist offensichtlich zugleich die Lösungsanzahl von

$$q_s - p = l \quad (q_s \in \mathfrak{Q}_s, p \in \mathfrak{P}, p \leqq x - l).$$

Im folgenden bezeichne $\mathfrak{Z}^{(h)}$ die Menge aller h-ten Potenzen. ROMANOV [1] bewies $\delta(\mathfrak{P} + \mathfrak{Z}^{(h)}) > 0$. In Verallgemeinerung dieses Resultates beweist HORNFECK [1]:

Satz 18. *$f(x) = \sum_{\nu=0}^{h} a_\nu x^\nu$ sei ein ganzwertiges Polynom mit $a_h > 0$. Es bedeute $f(\mathfrak{B})$ die Menge aller positiven Funktionswerte unter den $f(b)$, $b \in \mathfrak{B}$. Ist nun $\mathfrak{A}$ eine Menge paarweise teilerfremder Elemente mit charakteristischer $\frac{x}{\log x}$-Dichte und hat $\mathfrak{B}$ charakteristische x-Dichte, so gilt*

$$\delta^*(\mathfrak{A} + f(\mathfrak{B})) > 0.$$

Mit $f(x) = x^h$ und $\mathfrak{A} = \mathfrak{P}$ erhält man als Spezialfall offenbar den eben erwähnten Satz von ROMANOV [1], den DAVENPORT-HEILBRONN [1] verschärfen:

Satz 19.

$$\delta_*(\mathfrak{P} + \mathfrak{Z}^{(h)}) = 1.$$

Ist $\mathfrak{P}_{1,4}$ die Menge aller Primzahlen $p \equiv 1$ (4), so ist auch

$$\delta_*\big((\mathfrak{P}_{1,4} + \mathfrak{Z}^{(2h+1)}) \cup (2 \times \mathfrak{P}_{1,4} + \mathfrak{Z}^{(2h+1)})\big) = 1.$$

Siehe hierzu auch SELMER [2], V. D. CORPUT [4].

Da sich alle Primzahlen $p \equiv 1$ (4) und ihr Doppeltes (eindeutig) als Summe zweier Quadrate darstellen lassen, ergibt sich noch die

Folgerung.

$$\delta_*(2\,\mathfrak{Z}^{(2)} + \mathfrak{Z}^{(2h+1)}) = 1.$$

In Verallgemeinerung eines Ergebnisses von ESTERMANN [6] gilt

Satz 20. (HALBERSTAM [2])

$$2\,\mathfrak{P} + \mathfrak{Z}^{(h)} \sim \mathfrak{Z}.$$

Für die Kompositionsanzahl gilt

$k(n; \mathfrak{P}, \mathfrak{P}, \mathfrak{Z}^{(h)})$

$$= \frac{h}{h+1}\, a(n) \sum_{q=1}^{\infty} \left(\frac{\mu(q)}{\varphi(q)}\right)^2 \frac{1}{q} \sum_{\substack{1 \leqq \nu \leqq q \\ (\nu, q) = 1}} e^{-\frac{2\pi i \nu n}{q}} \sum_{\varrho=1}^{q} e^{\frac{2\pi i \nu \varrho^h}{q}} + O\left(\frac{n^{1+\frac{1}{h}}}{\log^\alpha n}\right)$$

$(\alpha > 0$ *beliebig*),

worin $\mu(x)$ *die* MÖBIUS*sche*, $\varphi(x)$ *die* EULER*sche Funktion und*

$$a(n) = \frac{n^{1+\frac{1}{h}}}{\log^2 n} + O\left(\frac{n^{1+\frac{1}{h}} \log\log n}{\log^3 n}\right)$$

ist.

In Verallgemeinerung von Ergebnissen von S. CHOWLA [3], WALFISZ [1], [2] untersucht HALBERSTAM [2] noch die zu $s\,\mathfrak{P} + r\,\mathfrak{Z}^{(2)}$ gehörige Kompositionsfunktion und gewinnt

$$s + \frac{r}{2} > 2 \curvearrowright k(n; \mathfrak{Z}^{(2)}, \ldots, \mathfrak{P}, \ldots) =$$

$$= \frac{a(n)}{2^r} \sum_{q=1}^{\infty} \left(\frac{\mu(q)}{\varphi(q)}\right)^s \frac{1}{q^r} \sum_{\substack{1 \leq \nu \leq q \\ (\nu, q) = 1}} e^{-\frac{2\pi i \nu n}{q}} \sum_{\varrho=1}^{n} e^{\frac{2\pi i \nu \varrho^2}{q}} + O\left(\frac{n^{s+\frac{r}{2}-1}}{\log^\alpha n}\right),$$

$\alpha > 0$ *beliebig,*

mit

$$a(n) = \frac{\pi^{\frac{r}{2}}}{\Gamma\left(s + \frac{r}{2}\right)} \frac{n^{s+\frac{r}{2}-1}}{\log^s n} + O\left(\frac{n^{s+\frac{r}{2}-1} \log\log n}{\log^{s+1} n}\right).$$

ZULAUF [3] gewinnt in Verallgemeinerung hiervon eine asymptotische Formel für die Kompositionsfunktion von $\sum_{i=1}^{s} \mathfrak{P}_{a_i, m_i} + \sum_{\nu=1}^{r} b_\nu \times \mathfrak{Z}^{(2)}$, $s + \frac{r}{2} > 2$, wobei $\mathfrak{P}_{a_i, m_i}$, $(a_i, m_i) = 1$, alle Primzahlen $p \equiv a_i\ (m_i)$ bezeichnet. — ROTH [3] beweist

$$\delta_*(3\,\mathfrak{P}^{(3)} + \mathfrak{Z}^{(3)}) = 1, \quad 7\,\mathfrak{P}^{(3)} + \mathfrak{Z}^{(3)} \sim \mathfrak{Z}.$$

Hinsichtlich weiterer spezieller Summen s. u. a. HALBERSTAM [1], [2], [3].

Bezüglich der in 12.4. (Teil I) behandelten Fragestellung zeigt ERDÖS [31] für den Fall $\mathfrak{A} = \mathfrak{P}$, daß es Mengen $\mathfrak{B}$ mit

$$\mathfrak{P} + \mathfrak{B} \sim \mathfrak{Z},\ B(x) = O(\log^2 x)$$

gibt.

22. Die Menge der k-ten Potenzen.

22.1. Für die Menge $\mathfrak{Z}^{(k)} = \{0, 1^k, 2^k, \ldots, n^k, \ldots\}$ erkennt man zunächst mühelos die $\sqrt[k]{x}$-Dichten als charakteristisch:

Satz 1. *Es ist*

$$\delta^*\left(\mathfrak{Z}^{(k)}; \sqrt[k]{x}\right) = \delta_v\left(\mathfrak{Z}^{(k)}; \sqrt[k]{x}\right) = \delta_v\left(\mathfrak{Z}^{(k)}; \left[\sqrt[k]{x}\right]\right) = \delta\left(\mathfrak{Z}^{(k)}; \left[\sqrt[k]{x}\right]\right) = 1,$$

$$\delta\left(\mathfrak{Z}^{(k)}; \sqrt[k]{x}\right) = \frac{1}{\sqrt[k]{2^k - 1}}.$$

Weiter gilt

Satz 2. *Für alle $k \geqq 2$ ist $\delta_*(2\,\mathfrak{Z}^{(k)}) = 0$. Ist $k = 2$, $\mathfrak{A} = \{a_1, a_2, \ldots\}$ eine Menge mit $\delta^*(\mathfrak{A}) > 0$ und $\mathfrak{A}^{(2)} \subseteqq \mathfrak{Z}^{(2)}$ die Gesamtheit aller a_i^2, $a_i \in \mathfrak{A}$, so ist* (I. Chowla [3]) $\delta^*(3\,\mathfrak{A}^{(2)}) > 0$, *erst recht ist also* $\delta\,(3\,\mathfrak{Z}^{(2)}) > 0$. *Genauer gilt noch*

$$\delta_*\left(2\,\mathfrak{Z}^{(2)}; \frac{x}{\sqrt{\log x}}\right) = \delta_*\left(2\,\mathfrak{Z}^{(2)(0)}; \frac{x}{\sqrt{\log x}}\right) = \frac{1}{2}\sqrt{2 \prod_{p \equiv 3(4)} \frac{1}{1-p^{-2}}},$$

$$\delta_*(3\,\mathfrak{Z}^{(2)}) = \delta_*\left(3\,\mathfrak{Z}^{(2)(0)}\right) = \frac{5}{6}.$$

Vgl. hiermit auch Satz 7. — Hinsichtlich $\delta(4\,\mathfrak{Z}^{(2)}) = 1$ siehe Satz 4.

Zusatz. Nach I. Chowla gilt ferner noch

$$\delta^*(a \times \mathfrak{A}^{(2)} + b \times \mathfrak{A}^{(2)} + c \times \mathfrak{A}^{(2)}) > 0$$

für beliebige positive ganze a, b, c.

Bemerkung. $\mathfrak{C} = 2\,\mathfrak{Z}^{(2)}$ ist hiernach ein Beispiel dafür, daß die Summe zweier Mengen der Dichte Null die Dichte Eins haben kann, da bekanntlich nach Lagrange [1] (siehe Satz 4) $2\,\mathfrak{C} = \mathfrak{Z}$ ist, während nach obigem $\delta_*(\mathfrak{C}) = 0$ ist. Vgl. auch 12.4., Satz 19.

Beweis: Ist $k > 2$, so ist offensichtlich

$$\frac{(2\,Z^{(k)})\,(x)}{x} \leqq \frac{\left(Z^{(k)}(x)\right)^2}{x} \leqq \frac{1}{x^{1-\frac{2}{k}}}, \quad \textit{also}\ \delta_*(2\,\mathfrak{Z}^{(k)}) = 0.$$

Sei $k = 2$. Bekanntlich sind alle und auch nur die Zahlen, die einen Primteiler $p \equiv 3\ (4)$ in genau ungerader Potenz enthalten, nicht als Summe zweier Quadratzahlen darstellbar. Es sei $\{p_1', p_2', \ldots\} = \mathfrak{P}_{3,4}$ die Menge aller Primzahlen $p' \equiv 3(4)$. Weiter bedeute $\mathfrak{B}$ die Menge aller Zahlen, die mindestens ein p_ν' in genau erster Potenz enthalten. Dann ist also $\mathfrak{B} \subseteqq \overline{2\,\mathfrak{Z}^{(2)}}$. Aus 19.3., Satz 21 mit $\mathfrak{P}_{3,4}$ an Stelle von $\mathfrak{A}$ und mit $k = 1$ folgt sofort

$$\delta_*(\mathfrak{B}) = 1 - \prod_{\nu=1}^{\infty}\left(1 - \frac{1}{p_\nu'} + \frac{1}{p_\nu'^2}\right).$$

Da ferner aus

$$\sum_{\nu=1}^{\infty} \frac{1}{p_\nu'} = \int_{1-}^{\infty} \frac{1}{x}\, d\,\Pi_{3,4}(x) = \lim_{x \to \infty} \frac{\Pi_{3,4}(x)}{x} + \int_{1-}^{\infty} \frac{\Pi_{3,4}(x)}{x^2}\,dx$$

$$= \int_{1-}^{\infty} \frac{\Pi_{3,4}(x)}{x^2}\,dx$$

vermittels 21.1. (3) leicht die Divergenz von $\Sigma\, p_\nu'^{-1}$ folgt, ist $\delta_*(\mathfrak{B}) = 1$, was unmittelbar $\delta_*(2\,\mathfrak{Z}^{(2)}) = 0$ nach sich zieht. — Wendet man schließlich

7.2. (11) auf $3\,\mathfrak{A}^{(2)}$ an, so ergibt sich

$$(3\,A^{(2)})\,(x) \geqq \frac{\left(A^{(2)}\left(\frac{x}{3}\right)\right)^6}{3\,!\,\sum\limits_{\nu=1}^{x} p^2\,(\nu;\,3,\,\mathfrak{A}^{(2)})}\,. \tag{1}$$

Aus $a_i^2 \leqq \frac{x}{3} < a_{i+1}^2$ folgt für genügend große x

$$(A^{(2)})\left(\frac{x}{3}\right) = i = A\left(\left[\sqrt{\frac{x}{3}}\right]\right) \geqq \left(\delta^*\,(\mathfrak{A}) - \varepsilon\right)\left(\sqrt{\frac{x}{3}} - 1\right) \geqq c\,\sqrt{x}$$

$$\left(0 < \varepsilon < \delta^*\,(\mathfrak{A})\right),$$

worin $c = c\,(\mathfrak{A})$ eine positive Konstante ist. (1) liefert daher

$$(3\,A^{(2)})\,(x) \geqq \frac{c_1\,x^3}{\sum\limits_{\nu=1}^{x} p^2\,(\nu;\,3,\,\mathfrak{A}^{(2)})} \geqq \frac{c_1\,x^3}{\sum\limits_{\nu=1}^{x} p^2\,(\nu;\,3,\,\mathfrak{Z}^{(2)})} \qquad \left(c_1 = \frac{1}{6}\,c^6\right),$$

und eine entsprechende Abschätzung gilt ebenfalls auch für $(a \times A^{(2)} + b \times A^{(2)} + c \times A^{(2)})\,(x)$, wie sich durch entsprechende Modifikation von (1) leicht bestätigen läßt. Zum Abschluß des Beweises genügt es offenbar,

$$\sum_{\nu=1}^{x} p^2\,(\nu;\,3,\,\mathfrak{Z}^{(2)}) = O\,(x^2)$$

nachzuweisen, worauf hier nicht eingegangen sei. Die Behauptung bezüglich $2\,\mathfrak{Z}^{(2)}$ bzw. $2\,\mathfrak{Z}^{(2)(0)}$ ist sofort dem Zusatz zu 21.5., Satz 13 zu entnehmen. Die restlichen Behauptungen folgen daraus (siehe etwa LANDAU [4, Bd. 1]), daß alle Zahlen der Form $4^\lambda\,(8\,\mu - 1)$, $\lambda \geqq 0$, $\mu \geqq 1$, und nur diese die Eigenschaft besitzen, daß sie sich nur als Summe von mindestens vier positiven Quadratzahlen darstellen lassen, alle übrigen natürlichen Zahlen dem bekannten Satz von LAGRANGE [1] (siehe auch Satz 4) zufolge also höchstens drei positive Quadratzahlen benötigen. Die Abzählung der Zahlen $4^\lambda\,(8\,\mu - 1) \leqq x$ bietet keine nennenswerten Schwierigkeiten.

Für jede Teilmenge von $\mathfrak{Z}^{(k)}$, $k \geqq 2$, läßt sich noch leicht die Pseudorationalität nachweisen. Aus der direkten Summenzerlegung der Restklassenringe folgt zunächst sofort, daß die Anzahl $a\,(m)$ aller (primen und nicht primen) k-ten Potenzreste mod m eine multiplikative Funktion ist: $a\,(m\,n) = a\,(m)\,a\,(n)$ für $(m,\,n) = 1$. Aus dem DIRICHLETschen Primzahlsatz (oder aus 21.1., Satz 2) folgt weiter die Existenz unendlich vieler Primzahlen $q \equiv 1\,(k)$, d. h. $k \,|\, q - 1$, so daß $x^k \equiv 1\,(q)$ genau k Restklassen als Lösung hat, die Gruppe der k-ten primen Potenzreste mod q hat daher die Ordnung $\frac{\varphi\,(q)}{k} \leqq \frac{q-1}{2}$, also $a\,(q) \leqq \frac{q-1}{2} + 1$. Ist $q_1, q_2, \ldots$ die Folge aller dieser Primzahlen q, und setzt man $m_n =$

$q_1 q_2 \cdots q_n$, so folgt aus $a(m_n) \leqq \prod_{\nu=1}^{n} \frac{1+q_\nu}{2}$ sofort $\frac{a(m_n)}{m_n} \leqq \prod_{\nu=1}^{n} \frac{1}{2}\left(1+\frac{1}{q_\nu}\right) \leqq \left(\frac{3}{4}\right)^n$, so daß man in den k-ten Potenzresten mod q rationale Obermengen von $\mathfrak{Z}^{(k)}$ beliebig kleiner Dichte erhält (siehe hierzu auch R. BUCK [1]).

Wie man für kleine Zahlen (etwa $n = 2, 3$) unmittelbar erkennt, ist $p_v(n, \mathfrak{Z}^{(k)}) = 0$, $k \geqq 2$, möglich. Nach SPRAGUE [1] ist jedoch *für alle hinreichend großen n stets $p_v(n, \mathfrak{Z}^{(k)}) > 0$.*

Vgl. auch RICHERT [2], SPRAGUE [2].

WRIGHT [1, III] leitet eine zur HARDY-RAMANUJANschen Formel in 7.7., S. 58 (Teil I) verwandte Darstellung für $p(n; \mathfrak{Z}^{(k)})$ her.

Siehe hierzu auch SCHOENFELD [1]; siehe ferner BRIGHAM [1].

22.2. Eine umfangreiche Literatur knüpft an das klassische *WARING-Problem* und seine Verallgemeinerungen an. Bekanntlich versteht man unter dem WARING-Problem die Bestimmung der Basisordnungen von $\mathfrak{Z}^{(k)}$, $k \geqq 2$. Die Verallgemeinerungen bestehen einmal darin, daß an Stelle des Wertevorrates von $f(x) = x^k$, $x \in \mathfrak{Z}$, der nichtnegative Anteil $\mathfrak{W}(f(x))$ des Wertevorrats eines ganzwertigen Polynoms $f(x) = \sum_{i=1}^{k} a_i \binom{x}{i}$, $a_k > 0$, (siehe auch 22.3.) tritt (KAMKE-WARING-Problem), zum anderen darin, daß die Bedingung $x \in \mathfrak{Z}$ ersetzt wird durch $x \in \mathfrak{A}$ für unendliche Mengen $\mathfrak{A}$. Hier hat der Fall, daß $\mathfrak{A}$ die volle Primzahlmenge $\mathfrak{P}$ ist, besonderes Interesse erlangt (GOLDBACH-WARING-Problem; siehe hierzu auch 21.4.); für $f(x) = x$, also $k = 1$, geht die Fragestellung offensichtlich in das GOLDBACH-Problem (siehe 21.4.) über. An die KAMKE-WARINGsche Problemstellung schließt sich naturgemäß die Untersuchung spezieller Polynome an, wie z. B. die Darstellbarkeit durch Polygonalzahlen oder allgemeiner durch figurierte Zahlen. Eine weitere Verallgemeinerung geht dahin, daß die Zugehörigkeit von $\mathfrak{W}(f(x))$ zum Bereich Σ aufgegeben wird und etwa für $\mathfrak{W}(f(x))$ der Ring der ganzrationalen Zahlen, der Körper der rationalen Zahlen, algebraische Zahlkörper bzw. Ringe, die Quaternionenalgebra u. a. zugrunde gelegt werden. — An die Frage nach den Basisordnungen knüpft die Bestimmung der Kompositionsfunktionen $k(n, \mathfrak{W}(f(x)))$, $k(n; s, \mathfrak{W}(f(x)))$ usw. an. An Stelle der letzteren Kompositionenanzahl, die sich auf eine Summe von endlich vielen gleichen Mengen bezieht, sind in zahlreichen Untersuchungen Spezialfälle behandelt worden, in denen nicht mehr alle Summanden zum selben $f(x)$ gehören und auch nicht in allen Summanden simultan $x \in \mathfrak{A}$ zu gelten braucht[1].

[1] Beachtet man, daß mit $f(x) = x$ für jedes $\mathfrak{A} \in \Sigma$ offenbar $\mathfrak{A} = \mathfrak{W}(x)_{x \in \mathfrak{A}}$ gilt, so ist von mindestens einem Summanden Grad $f(x) \geqq 2$ zu fordern, um im WARINGschen Problemkreis zu bleiben.

Einige Spezialfälle siehe in 21.6. Ersetzt man in der WARINGschen Problemstellung die Darstellbarkeitsbedingung $n = x_1^k + x_2^k + \cdots + x_s^k$ durch $n = x_1^k \pm x_2^k \pm \cdots \pm x_s^k$, so erhält man das sogenannte *vereinfachte* WARING-*Problem (the easier* WARING-*Problem)*. Es zerfällt in zwei Fragestellungen: einmal kann man die Vorzeichenverteilung fest vorschreiben, zum anderen kann sie für verschiedene n verschieden sein (siehe auch den letzten Absatz von 21.4.).

Hinsichtlich eines näheren Studiums des WARINGschen Problemkreises nebst der zugehörigen Literatur muß des Umfanges wegen auf die bereits vorliegenden Spezialberichte verwiesen werden. Siehe etwa DICKSON [3], [5], KEMPNER [2] (alle drei Arbeiten enthalten zugleich ausführliche Verzeichnisse der älteren Literatur), LANDAU [8]. Ferner sei auf die in Buchform erschienenen neueren Darstellungen von HUA [3], VINOGRADOV [7] verwiesen, in denen das GOLDBACH- sowie das WARING-Problem behandelt werden. Siehe auch den kurzen Überblick über das GOLDBACH-WARING-Problem in 21.4. sowie die dort angegebene Literatur. Es seien im folgenden lediglich noch einige, sich auf das klassische WARING-Problem beziehende Resultate erwähnt.

Es bezeichne $g(k)$ die (SCHNIRELMANNsche) Basisordnung von $\mathfrak{Z}^{(k)}$, $g^*(k)$, die asymptotische Basisordnung, ferner sei

$$3^k = 2^k q + r, \ 0 \leqq r < 2^k, \ \textit{also} \ q = \left[\left(\frac{3}{2}\right)^k\right], \ I(k) = q + 2^k - 2.$$

Satz 3. (HILBERT [2]) *$\mathfrak{Z}^{(k)}$ ist für jedes ganze $k > 0$ eine Basis endlicher Ordnung. Überdies* (SCHNIRELMANN [1], [3]) *ist $\mathfrak{Z}^{(k)}$ eine beständige Basis.*

Zusatz. *Die Bedingung, daß eine Teilmenge $\mathfrak{A}^{(k)}$ von $\mathfrak{Z}^{(k)}$ mit $\{0, 1\} \subset \mathfrak{A}^{(k)}$ dicht in $\mathfrak{Z}^{(k)}$ liegt, ist gleichwertig mit der folgenden: Es sei $\mathfrak{A}$ eine beliebige Menge mit $0 \in \mathfrak{A}$, $\delta(\mathfrak{A}) > 0$, und $\mathfrak{A}^{(k)}$ sei die Gesamtheit aller a_i^k mit $a_i \in \mathfrak{A}$.*

Diese Gleichwertigkeit ergibt sich sofort aus der leicht ersichtlichen Relation $\delta(\mathfrak{A}) = \delta\left(\mathfrak{A}^{(k)}, \left[\sqrt[k]{x}\right]\right)$. — Elementare Beweise von Satz 3 gehen auf SCHNIRELMANN (siehe oben) und LINNIK [4] zurück. SCHNIRELMANN weist dabei die Voraussetzungen von 14.1., Satz 7 als erfüllt nach, LINNIK stützt sich auf anderem Weg auf 14.1., Satz 3. Siehe auch die Darstellung bei CHINČIN [6]. RIEGER [1] modifiziert die LINNIKsche Beweisführung dahingehend, daß auch die Beständigkeit für die Basis $\mathfrak{Z}^{(k)}$ erhalten wird.

RIEGER [2] bzw. [3] untersucht die Basisordnung $g(k)$ an Hand der HILBERTschen bzw. LINNIKschen Methode.

Als Anwendung des Zusatzes sei hervorgehoben, daß die Menge $\mathfrak{Q}_k^{(h)} \cup \{0\}$ der h-ten Potenzen aller k-freien Zahlen eine Basis endlicher Ordnung ist, da $\delta_*(\mathfrak{Q}_k) = \zeta^{-1}(k) > 0$ und $1 \in \mathfrak{Q}_k$ ist. Nach ESTERMANN [9] gilt die asymptotische Basiseigenschaft im Fall $h = 2$ sogar schon für

$\mathfrak{Q}_k^{(2)}$, und die asymptotische Basisordnung ist höchstens acht, für $\mathfrak{Q}_2^{(2)}$ genau gleich acht.

Es ist $2^k q - 1 \leqq 3^k - 1$, so daß $2^k q - 1 = 2^k x + 1^k y$, $x \geqq 0$, $y \geqq 0$, die einzig zulässigen Darstellungen für $2^k q - 1$ sind, und $x + y$ ist offenbar dann minimal, wenn x maximal, also $x = q - 1$ gewählt wird. $2^k q - 1$ erfordert also (EULER) $x + y = I(k)$ Summanden, so daß $g(k) \geqq I(k)$ ist. Man vermutet $g(k) = I(k)$ für alle ganzen $k \geqq 1$ (sog. *idealer* WARING*scher Satz*). In dieser Richtung besteht

Satz 4. *Es sei* $k \neq 4$, $\neq 5$, $\geqq 1$. *Dann gilt*:

$$r \leqq 2^k - q \curvearrowright g(k) = I(k). \tag{2}$$

(*Dieses Resultat setzt sich aus den folgenden Einzelergebnissen zusammen*:

$$k \geqq 7, \begin{cases} r \leqq 2^k - q - 3 \text{ (DICKSON [4])}, \\ r = 2^k - q - 2 \text{ (NIVEN [2])}, \\ r = 2^k - q - 1 \textit{ ist unmöglich } \text{(DICKSON [4])}, \\ r = 2^k - q \textit{ ist unmöglich } \text{(RUBUGUNDAY [1])}. \end{cases}$$

$k = 6$ (PILLAI [8]),

$k = 3$ (WIEFERICH [1] *und* KEMPNER [1]);

$k = 2$ (LAGRANGE [1])).

Ist $r > 2^k - q$, *also* $k \geqq 7$, *und setzt man* $f = \left[\left(\frac{4}{3}\right)^k\right]$, *so gilt* (DICKSON [4])

$$g(k) = \begin{cases} I(k) + f \textit{ für } 2^k = fq + f + q, \\ I(k) + f - 1, \textit{ wenn } 2^k < fq + f + q \textit{ ist}. \end{cases} \tag{3}$$

Schließlich ist $I(4) = 19 \leq g(4) \leq 35$ (CHANDLER [1]), $I(5) = 37 \leq g(5) \leq 54$ (DICKSON [2]). Für $k = 3$ sind übrigens 23 und 239 die einzigen Zahlen, die genau $g(3) = 9$ Summanden erfordern (DICKSON [6]). Bislang ist kein k bekannt, für welches $r > 2^k - q$ ausfällt, was mit obiger Vermutung in Einklang steht. Abgesehen von den Fällen $k = 4$ und $k = 5$ ist durch (2) und (3) das klassische WARING-Problem vollständig gelöst. Der Beweis — das sogenannte DICKSONsche Aufstiegverfahren — geht von Abschätzungen der asymptotischen Basisordnung $g^*(k)$ und von Abschätzungen der Stelle aus, von der an alle natürlichen Zahlen zu $g^*(k)$ $\mathfrak{Z}^{(k)}$ gehören; und bis zu dieser Stelle wird dann intervallweise aufgestiegen.

Gegenüber $g(k) = I(k) \sim 2^k$ ist das Wachstum von $g^*(k)$ wesentlich schwächer. Die Untersuchungen von $g^*(k)$ gehen im wesentlichen auf HARDY-LITTLEWOOD [1] sowie auf VINOGRADOV (s. u. a. [1], [3], [7]) zurück (siehe auch die einschlägigen Lehrbücher; siehe auch HUA [3]). Es gilt

Satz 5 (VINOGRADOV [7]). *$k + 1 \leqq g^*(k) < 3\,k \log k + 11\,k$, also $g^*(k) = O(k \log k)$.*

Vgl. hiermit auch 21.4., Satz 6. In Satz 5 vermutet man $g^*(k) = O(k)$. — Die Verallgemeinerung des WARING-Problems auf beliebige reelle, nicht ganze Exponenten $k > 0$ führt SEGAL [1] durch und zeigt, daß $\mathfrak{Z}^{(k)} = \{0, 1, [2^k], [3^k], \ldots, [n^k], \ldots\}$ ebenfalls Basis endlicher Ordnung ist. Das nämliche zeigt SEGAL in diesem Zusammenhang für die Menge $\{0, 1, [2^m \log 2], \ldots, [n^m \log n], \ldots\}$, worin m ganz sei. Siehe hierzu auch 14.1., Satz 11 und die im Anschluß an den Beweis dort erwähnten Beispiele.

Satz 6 (KAMKE [1], [2]). *Es sei $f(x) = \sum_{i=1}^{k} a_i \binom{x}{i}$, $x \in \mathfrak{Z}$, ein ganzwertiges Polynom mit verschwindendem Absolutglied und $(a_1, a_2, \ldots, a_k) = d$. Dann ist $\mathfrak{W}(f(x))$ asymptotische Basis endlicher Ordnung von $d \times \mathfrak{Z}$, und die zugehörigen asymptotischen Basisordnungen $g^*(f(x))$ sind bezüglich aller Polynome gleichen Grades gleichmäßig beschränkt. Für jedes ganze a ist ferner $\mathfrak{W}(f(x) + a)$ asymptotische Basis der Ordnung $g^*(f(x)) = g^*$ für die Restklasse $g^* a$* (mod d).

Der oben in Anschluß an Satz 4 erwähnte elementare Beweis von LINNIK [4] wird gleich so geführt, daß Satz 6 bewiesen wird. — Der letzte Teil des Satzes ist eine unmittelbare Folge des ersten, da $0 \in \mathfrak{W}(f(x))$, also

$$g^* \mathfrak{W}(f(x) + a) \subseteqq (d \times \mathfrak{Z}) + \{g^* a\}$$

ist. Bezeichnet A den Hauptnenner der Koeffizienten a_i von $f(x)$, und schreibt man $A\, f(x) = \sum_{i=1}^{k} b_i\, x^i$, b_i ganz, so entnimmt man der Zerlegung

$$\sum_{\nu=1}^{s} A\, f(x_\nu) = b_1 (x_1 + x_2 + \cdots + x_s) + b_2 (x_1^2 + x_2^2 + \cdots + x_s^2) + \cdots + b_k (x_1^k + x_2^k + \cdots + x_s^k),$$

daß der Beweis des ersten Teiles auf die Untersuchung eines Simultansystems

$$x_1^i + x_2^i + \cdots + x_s^i = N_i \quad (i = 1, 2, \ldots, k) \tag{4}$$

führt. Vgl. den letzten Teil von 21.4.

Siehe auch die Monographie von NEČAEV [1] über das KAMKE-WARING-Problem.

In Analogie zum letzten Absatz in 22.1. beweist KRUBECK [1] noch, daß es zu jedem beliebigen Polynom $f(x)$ ein $s > 0$ gibt, so daß sich alle $n \geqq 0$ in der Gestalt

$$n = \Big(\sum_{\nu=1}^{r} 1\Big) + f(x_1) + f(x_2) + \cdots \qquad (0 \leqq r \leqq s)$$

mit paarweise verschiedenen $f(x_i)$ darstellen lassen.

22.3. Eine weitere Verallgemeinerung des WARINGschen Problems besteht in der Untersuchung der Menge der durch eine gegebene homogene (ganzwertige) Form F darstellbaren Zahlen (die Frage nach der Natur der dargestellten Zahlen, d. h. die Lösbarkeitsbedingungen von $F(x, y, \ldots) = n$, gehört in die Theorie der DIOPHANTischen Gleichungen). Es sei folgendes Resultat bezüglich binärer Formen hervorgehoben (vgl. hiermit auch Satz 2 bez. $\mathfrak{Z}^{(2)}$).

Satz 7. *Es sei $F_n(x, y)$ eine homogene Form mit Grad $F_n(x, y) = n \geqq 3$ und mit nicht verschwindender Diskriminante. $\mathfrak{F}_n$ sei die Gesamtheit aller in der Gestalt $f = |F_n(x, y)|$ darstellbaren Zahlen f. Dann ist die asymptotische $\sqrt[n]{x^3}$-Dichte charakteristisch* (ERDÖS-MAHLER [1]).

Ist $n = 2$ und die Formendeterminante Δ positiv (die quadratische Form also definit), so existiert die natürliche $\frac{x}{\sqrt{\log x}}$-Dichte und ist charakteristisch; genauer ist (PALL [1])

$$F_2(x) = \frac{c\,x}{\sqrt{\log x}} + O\left(\frac{x}{\log x}\right) \quad (c > 0;\ x \to \infty). \tag{5}$$

Ist $\Delta \geqq 3$ und $\mathfrak{F}_2' \subseteqq \mathfrak{F}_2$ die Teilmenge der zu Δ teilerfremden Zahlen, so gilt (5) *(eventuell mit einer anderenKonstanten $c > 0$) ebenfalls* (R. JAMES [1]).

22.4. Die FERMAT-Indizes von $\mathfrak{Z}^{(n)}$; FERMATsche Vermutung. Neben die Bestimmung der Basisordnungen von $\mathfrak{Z}^{(n)} = \{0, 1^n, 2^n, \ldots\}$ (WARING-Problem) tritt als weiteres Problem die Bestimmung der FERMAT-Indizes (siehe 5., Definitionen 1 und 2) von $\mathfrak{Z}^{(n)}$.

Satz 8. *Für jedes $n \geqq 2$ sind die* FERMAT-*Indizes $f(\mathfrak{Z}^{(n)})$ und $f^*(\mathfrak{Z}^{(n)})$ einander gleich.*

Beweis: Für alle ganzen $\lambda > 0$ gilt:

$$a_1^n + \cdots + a_f^n = b^n \curvearrowright (\lambda a_1)^n + \cdots + (\lambda a_f)^n = (\lambda b)^n.$$

Satz 9. *Für $n = 2$, also für die Menge der Quadratzahlen, ist $f = 2$, und alle Lösungen von $x^2 + y^2 = z^2$ erhält man durch*

$$x = \lambda(u^2 - v^2),\ y = 2\lambda u v,\ z = \lambda(u^2 + v^2),$$

u, v, λ ganz und nicht negativ. Andere Darstellungen erhält man durch unimodulare Transformationen von (u, v).

Beweis: Es ist offensichtlich

$$(u^2 - v^2)^2 + (2 u v)^2 = (u^2 + v^2)^2, \text{ also } f = 2.$$

Die Umkehrung ergibt sich sofort durch Homogenisierung der bekannten Parameterdarstellung des Einheitskreises:

$$\xi = \cos\varphi = \frac{1 - t^2}{1 + t^2}, \quad \eta = \sin\varphi = \frac{2t}{1 + t^2}, \qquad \left(t = \operatorname{tg}\frac{\varphi}{2}\right)$$

unter Beachtung von $t = \frac{\eta}{1 + \xi}$.

Im Fall $n > 2$ liegen bislang nur Abschätzungen von $f = f(\mathfrak{Z}^{(n)})$ vor. Trivial ist wegen $1 \in \mathfrak{Z}^{(n)}$

$$2 \leqq f(\mathfrak{Z}^{(n)}) \leqq 2^n$$

sowie $f(\mathfrak{Z}^{(n)}) \leq g^*(n)$, wenn $g^*(n)$ die asymptotische Basisordnung von $\mathfrak{Z}^{(n)}$ bedeutet. Siehe hierzu Satz 5.

Die sogenannte FERMATsche Vermutung besagt nun

$$f(\mathfrak{Z}^{(n)}) > 2 \text{ für alle } n \geqq 3. \tag{6}$$

In Anlehnung an EULER vermutet man $f(\mathfrak{Z}^{(n)}) = n$.

Aus

$$3^3 + 4^3 + 5^3 = 6^3 \text{ und } 30^4 + 120^4 + 272^4 + 315^4 = 353^4$$

folgt sofort $f(\mathfrak{Z}^{(3)}) \leqq 3$ sowie $f(\mathfrak{Z}^{(4)}) \leqq 4$.

Siehe auch BELL [4], RUSSEL-GWYTHER [1], WARD [1], [2]. — Bezüglich $n = 4$ besteht noch die Identität (siehe hierzu auch MAHLER [1])

$$(u^2 - v^2)^4 + (2uv + v^2)^4 + (u^2 + 2uv)^4 = 2(u^2 + uv + v^2)^4.$$

Bezüglich $n = 3$ siehe auch DUARTE [1], hinsichtlich $n = 4$ GRAVÉ [1].

Das erste wesentliche Ergebnis erzielte KUMMER, indem er (6) für alle sogenannten *regulären Primzahlen* bewies. Der Beweis erfordert tiefliegende Hilfsmittel aus der Theorie der algebraischen Zahlkörper. Zur genauen Formulierung des KUMMERschen Satzes und zwecks Beschreibung des Beweisganges sollen einige Betrachtungen vorausgeschickt werden. Zunächst zeigt sich sofort, daß man sich auf den Fall

$$x^p + y^p = z^p,\ (x, y, z) = 1,\ p > 2 \text{ Primzahl oder } p = 4, \tag{7}$$

beschränken kann. Hinsichtlich des Falles $p = 4$, der sich unter Ausnutzung von Satz 9 überdies schon in der schärferen Form $x^4 + y^4 \neq z^2$ erledigen läßt, vgl. man die gängigen Lehrbücher. Sei daher im folgenden stets $p > 2$ und Primzahl vorausgesetzt. Aus beweistechnischen Gründen unterteilt man die Aufgabe in die folgenden beiden Fälle:

1. Fall des FERMATschen Problems: $p \nmid x\,y\,z$,

2. Fall des FERMATschen Problems: $p \mid x\,y\,z$.

Läßt man auch negative Lösungen für (7) zu, so kann man symmetrisch schreiben

$$x^p + y^p + z^p = 0. \tag{8}$$

Zunächst sei an den Idealklassenbegriff erinnert. Bezeichnet $\mathfrak{K}$ einen algebraischen Körper endlichen Grades über dem Körper P der rationalen Zahlen, also $\mathfrak{K} = \mathsf{P}(\alpha)$, ferner $\mathfrak{K}_g$ den Ring aller ganzen Größen aus $\mathfrak{K}$, so gehören zwei Ideale $\mathfrak{a}$ und $\mathfrak{b}$ aus $\mathfrak{K}_g$ dann und nur dann zur selben Klasse, wenn sie nach Multiplikation mit zwei passenden Hauptidealen (μ) und (ϱ) einander gleich werden: $(\mu)\,\mathfrak{a} = (\varrho)\,\mathfrak{b}$. Man sagt, $\mathfrak{a}$ und $\mathfrak{b}$ sind einander äquivalent: $\mathfrak{a} \sim \mathfrak{b}$. Indem man eine Basis von $\mathfrak{b}$ mit $\frac{\varrho}{\mu}$ multipliziert, erhält man daher eine Basis von $\mathfrak{a}$. Man sieht mühelos, daß die Idealklassen eine ABELsche Gruppe bilden, deren Einselement die Hauptklasse H, d. h. die Klasse der Hauptideale ist. Diese Gruppe ist endlich: Vermittels des MINKOWSKIschen Linearformensatzes zeigt man nämlich, daß in jeder Klasse mindestens ein Ideal $\mathfrak{a}$ enthalten ist mit der Norm $N(\mathfrak{a}) \leqq \sqrt{|D|}$, wobei D die Körperdiskriminante ist, und, da jede Zahl nur in endlich vielen Idealen enthalten sein kann, folgt die Endlichkeit der Gruppenordnung h. Daher ist

$$A^h = H \text{ für jede Klasse } A. \tag{9}$$

Satz 10. *Ist p Primzahl und $p \nmid h$, so folgt aus $\mathfrak{a}^p \sim \mathfrak{b}^p$ stets $\mathfrak{a} \sim \mathfrak{b}$; speziell gilt also, wenn $\mathfrak{o} = (1)$ das Einheitsideal ist, $\mathfrak{a} \sim \mathfrak{o}$ falls $\mathfrak{a}^p \sim \mathfrak{o}$ ist.*

Beweis: Es ist $(p, h) = 1 = p\,u - h\,v$ für passende $u > 0$, $v > 0$. Nach (4) ist $\mathfrak{a}^h \sim \mathfrak{o}$, also

$$\mathfrak{a} \sim \mathfrak{a}\,\mathfrak{o}^v \sim \mathfrak{a}\,\mathfrak{a}^{hv} \sim \mathfrak{a}^{pu} \sim \mathfrak{b}^{pu} \sim \mathfrak{b}\,\mathfrak{b}^{hv} \sim \mathfrak{b}\,\mathfrak{o} \sim \mathfrak{b}.$$

Im folgenden sei $\mathfrak{K} = \mathsf{P}(\varrho)$ der Körper der p-ten Einheitswurzeln über dem Körper P der rationalen Zahlen, $\varrho, \varrho^2, \ldots, \varrho^{p-1}$ also die sämtlichen Lösungen von

$$\frac{x^p - 1}{x - 1} = x^{p-1} + x^{p-2} + \cdots + x + 1 = 0; \tag{10}$$

somit ist

$$x^{p-1} + \cdots + 1 = (x - \varrho)(x - \varrho^2) \cdots (x - \varrho^{p-1}),$$

bzw. für $x = 1$

$$p = (1-\varrho)^{p-1} \frac{1 - \varrho^2}{1 - \varrho} \cdots \frac{1 - \varrho^{p-1}}{1 - \varrho}. \tag{11}$$

Jeder Bruch $\frac{1 - \varrho^\nu}{1 - \varrho}$ ist Einheit in $\mathfrak{K}_\varrho$. Bestimmt man nämlich ν^* aus $\nu\,\nu^* \equiv 1\ (p)$, so ist

$$\frac{1 - \varrho}{1 - \varrho^\nu} = \frac{1 - \varrho^{\nu\nu^*}}{1 - \varrho^\nu} = 1 + \varrho^\nu + \varrho^{2\nu} + \cdots + (\varrho^\nu)^{\nu^* - 1},$$

also ganz. Daher gilt für p die Idealzerlegung

$$(p) = (1 - \varrho)^{p-1} = (\lambda)^{p-1} = \mathfrak{l}^{p-1} \quad (\lambda = 1 - \varrho, (\lambda) = \mathfrak{l}), \tag{12}$$

also $p \in \mathfrak{l}^s$, $1 \leqq s \leqq p - 1$. Aus der bekannten Irreduzibilität des Polynoms (10) folgt für die Norm

$$N(p) = p^{p-1} = N(\mathfrak{l}^{p-1}) = p^{f(p-1)},$$

also ist der Grad f von $\mathfrak{l}$ gleich 1, d. h. $\mathfrak{l}$ ist ein Primideal 1. Grades.

Satz 11. *Aus* $\alpha \equiv \beta\ (\mathfrak{l})$ *folgt* $\alpha^p \equiv \beta^p\ (\mathfrak{l}^p)$ *sowie* $\alpha^p \equiv c\ (\mathfrak{l}^p)$ *für passendes ganzrationales* c (α, β *in* $\mathfrak{K}_v$). *Sind* a, b *ganzrational, so folgt aus* $a \equiv b\ (p)$ *stets*

$$a^p \equiv b^p\ (p^2).$$

Beweis: Es ist

$$\alpha^p - \beta^p = \prod_{\nu=0}^{p-1} (\alpha - \varrho^\nu \beta).$$

Da nun $1 - \varrho \equiv \lambda \equiv 0\ (\mathfrak{l})$, also $\varrho \equiv 1\ (\mathfrak{l})$ ist, wird

$$\alpha - \varrho^\nu \beta \equiv \alpha - \beta \equiv 0\ (\mathfrak{l}),$$

also

$$\alpha^p - \beta^p = \prod_{\nu=0}^{p-1} (\alpha - \varrho^\nu \beta) \equiv 0\ (\mathfrak{l}^p).$$

Weiter ist wegen $N(\mathfrak{l}) = p$ sicher $\alpha \equiv c_1\ (\mathfrak{l})$ für ein passendes ganzrationales c_1, somit $c =_{\mathrm{Df}} c_1^p \equiv \alpha^p\ (\mathfrak{l}^p)$. — Schließlich ist $\mathfrak{l}^p = \mathfrak{l}^{p-1}\,\mathfrak{l} = (p)\,\mathfrak{l}$, ferner $p \in \mathfrak{l}$, daher $p^2 \in \mathfrak{l}^p$ und zugleich p^2 die kleinste ganze positive Zahl in $\mathfrak{l}^p$ (man bestätigt aber $a^p \equiv b^p\ (p^2)$ auch ohnehin ganz leicht).

Definition 1. *Eine Primzahl p heißt regulär, wenn $p \nmid h$ ist, wobei h die Idealklassenanzahl in $\mathsf{P}(\varrho)$, dem Körper der p-ten Einheitswurzeln bezeichnet.*

Definition 2. *Eine ganze algebraische Zahl α heißt primär (bei* Hilbert [1] *semiprimär), wenn $\mathfrak{l} \nmid \alpha$, $\alpha \equiv a\ (\mathfrak{l}^2)$ mit ganzem rationalen a ist.*

Satz 12. *Ist $\alpha \in \mathsf{P}(\varrho)$, α ganz, $\lambda \nmid \alpha$, so ist für passendes ganzrationales f die Zahl $\varrho^f \alpha$ primär.*

Beweis: Da λ keiner Gleichung niederen Grades als ϱ genügen kann, stellt $1, \lambda, \lambda^2, \ldots, \lambda^{p-1}$ ebenfalls eine Körperbasis dar, so daß

$$\alpha \equiv a + b\,\lambda\ (\mathfrak{l}^2);\ a, b \text{ ganzrational};\ \mathfrak{l} \nmid a, \text{ d. h. } p \nmid a$$

wird. Für jedes ganzrationale $f > 0$ gilt

$$\varrho^f \equiv (1 - \lambda)^f \equiv 1 - f\,\lambda\ (\mathfrak{l}^2),$$

$$\varrho^f \alpha \equiv (1 - \lambda f)(a + b\,\lambda) \equiv a + \lambda\,(b - a f)\ (\mathfrak{l}^2),$$

so daß wegen $p \in \mathfrak{l}^2$ lediglich $a f - b \equiv 0\ (p)$, $(a, p) = 1$ zu lösen ist.

Wir kommen nun zu einem der Hauptergebnisse von Kummer [1]; siehe auch [2], [3], [4].

Satz 13. *Für alle regulären Primzahlen ist $x^p + y^p + z^p = 0$, $x\,y\,z \neq 0$, in ganzen Zahlen des Körpers $\mathsf{P}(\varrho)$ unlösbar.*

Hinsichtlich der elementaren Behandlung einiger spezieller p s. u. a. auch Duarte [2], Fell [1].

Im folgenden soll der wesentliche Gedankengang des Beweises beschrieben werden. Den „ersten Fall" behandeln wir einiger kleiner Vereinfachungen wegen nur für ganzrationale x, y, z; das Wesentliche des allgemeinen Beweises tritt auch hierbei bereits zutage.

1. Fall: $(x, y, z) = 1$, $p \nmid x\,y\,z$; x, y, z ganzrational.

1. $p = 3$. Es ist unter Annahme der Lösbarkeit:

$$x \equiv \pm 1\ (3), \quad y \equiv \pm 1\ (3), \quad z \equiv \pm 1\ (3)$$

also nach Satz 11:

$$x^3 \equiv \pm 1\ (9), \quad y^3 \equiv \pm 1 (9), \quad z^3 \equiv \pm 1\ (9);$$

daher

$$0 \equiv x^3 + y^3 + z^3 \equiv \pm 1 \pm 1 \pm 1\ (9),$$

was unmöglich ist.

2. $p > 3$. Aus

$$-z^p = x^p + y^p = (x + y)\,(x + \varrho\, y) \cdots (x + \varrho^{p-1}\, y)$$

folgt die Idealzerlegung

$$(z)^p = \prod_{\nu=0}^{p-1} (x + \varrho^\nu\, y). \tag{13}$$

Für einen gemeinsamen Primidealteiler $\mathfrak{q}$ irgend zweier Faktoren

$$(x + \varrho^\nu\, y),\ (x + \varrho^\mu\, y),\ \nu < \mu,$$

folgt

$$\mathfrak{q} \mid (\varrho^\nu\, y - \varrho^\mu\, y) = \left(\lambda\, y\, \varrho^\nu\, \frac{1 - \varrho^{\mu-\nu}}{1 - \varrho}\right) = (\lambda\, y)\ ^1;$$

da auch $\mathfrak{q} \mid (z)$ folgt, wegen $p \nmid z$ aber $\mathfrak{l} \nmid (z)$ ist, wäre $\mathfrak{q} \mid y$, also auch

$$\mathfrak{q} \mid (\varrho^\nu_1\, y),\ \mathfrak{q} \mid (x + \varrho^\nu\, y - \varrho^\nu\, y),\ \mathfrak{q} \mid (x),$$

was wegen $(x, y) = 1$ nicht möglich ist. Daher gilt in (13) für jedes ν

$$(x + \varrho^\nu\, y) = \mathfrak{a}_\nu^p,\ \textit{also}\ \ \mathfrak{a}_\nu^p \in H,\ \textit{d. h.}\ \ \mathfrak{a}_\nu^p \sim \mathfrak{o},$$

nach Satz 10 mithin[2] $\mathfrak{o} \sim \mathfrak{a}_\nu = (\alpha_\nu)$; daher

$$(x + \varrho^\nu\, y) = (\alpha_\nu)^p,\ \ x + \varrho^\nu\, y = \varepsilon_\nu\, \alpha_\nu^p, \tag{14}$$

worin die ε_ν Einheiten sind. Für jede Einheit ε läßt sich aber $\varepsilon = \varrho^k\, \eta$ (η reelle Einheit) zeigen. Da nämlich ϱ und ϱ^{p-1} konjugiert komplex

---

[1] Da ϱ und $\dfrac{1 - \varrho^{\mu-\nu}}{1 - \varrho}$ Einheiten sind.

[2] Hier wird $p \nmid h$ verwendet.

zueinander sind, folgt aus der Polynomdarstellung $\varepsilon = \varepsilon(\varrho)$ sofort

$$\left|\frac{\varepsilon(\varrho)}{\varepsilon(\varrho^{p-1})}\right| = 1 = \left|\frac{\varepsilon(\varrho^{\mu})}{\varepsilon(\varrho^{\mu(p-1)})}\right|, \quad \mu = 1, 2, \ldots, p-1. \tag{15}$$

Die Einheit $\varepsilon(\varrho) \cdot (\varepsilon(\varrho^{p-1}))^{-1}$ ist somit zusammen mit ihren Konjugierten vom Betrage 1, also Einheitswurzel[1]:

$$\frac{\varepsilon(\varrho)}{\varepsilon(\varrho^{p-1})} = \pm\varrho^{\mu} = \pm\varrho^{p+\mu} = \pm\varrho^{2k}\,{}^{2}. \tag{16}$$

Da weiter $N(\mathfrak{l}) = p$ ist, gibt es in jeder Restklasse mod $\mathfrak{l}$ ganze rationale Zahlen. Ferner fällt $\mathfrak{l}$ wegen

$$\mathfrak{l} = (1-\varrho) = (1-\varrho^{p-1})(-\varrho) = (1-\bar{\varrho})$$

mit seinem konjugiert komplexen Ideal zusammen. Daher ist für passendes ganzrationales a

$$\varepsilon(\varrho)\,\varrho^{-k} - a \equiv 0 \equiv \varepsilon(\bar{\varrho})\,\bar{\varrho}^{-k} - a \equiv \bar{\varepsilon}\,\varrho^{k} - a \pmod{\mathfrak{l}}$$

$$\varepsilon\,\varrho^{-k} \equiv \bar{\varepsilon}\,\varrho^{k}\,(\mathfrak{l}),\ \frac{\varepsilon}{\bar{\varepsilon}} \equiv \varrho^{2k}\,(\mathfrak{l}),$$

so daß in (16) das Pluszeichen gilt, da sonst nach Subtraktion

$$2\varrho^{2k} \equiv 0\,(\mathfrak{l}),\ d.\ h.\ \ \mathfrak{l} \mid (2)$$

folgen würde. Somit ergibt sich

$$\varepsilon\,\varrho^{-k} = \bar{\varepsilon}\,\varrho^{k} = \overline{\varepsilon\,\varrho^{-k}} = \eta,$$

d. h. η ist reell. (14) läßt sich daher schreiben in der Form

$$x + \varrho^{\nu} y = \varrho^{k_\nu}\,\eta_\nu\,\alpha_\nu^{p},$$

und für ein passendes ganzrationales b_ν ist $\alpha_\nu \equiv b_\nu(\mathfrak{l})$, also nach Satz 11

$$\alpha_\nu^{p} \equiv c_\nu\,(\mathfrak{l}^{p}) \quad (c_\nu = b_\nu^{p}),$$

$$\alpha_\nu^{p} \equiv c_\nu\,(p) \ \bigl(wegen\ \mathfrak{l}^{p} = (p)\,\mathfrak{l} \subset (p)\bigr).$$

Daher

$$x + \varrho^{\nu} y \equiv \varrho^{k_\nu}\,\eta_\nu\,c_\nu\,(p) \quad (\eta_\nu, c_\nu\ reell),$$

$$\eta_\nu\,c_\nu \equiv \varrho^{-k_\nu}(x + \varrho^{\nu} y) \equiv \bar{\varrho}^{-k_\nu}(x + \bar{\varrho}^{\nu} y) \equiv \varrho^{k_\nu}(x + \varrho^{-\nu} y)\,(p),$$

---

[1] Denn auch die n-ten Potenzen von (15) haben für jedes ganze $n > 0$ die gleiche Eigenschaft; die zugehörigen Polynome, denen diese Größen als Wurzeln genügen, haben aber, wie leicht zu sehen, gleichmäßig beschränkte Koeffizienten, so daß es nur endlich viele verschiedene Polynome gibt. Es können also nicht alle Potenzen einer solchen Einheit paarweise verschieden sein. Ferner sind bekanntlich $\pm\varrho^{k}$ die einzigen Einheitswurzeln in $P(\varrho)$.

[2] Da einer der beiden Exponenten $\mu, \mu + p$ gerade ist.

also

$$x\varrho^{k_\nu} + y\varrho^{k_\nu-\nu} - x\varrho^{-k_\nu} - y\varrho^{\nu-k_\nu} \equiv 0\,(p). \tag{17}$$

Wir zeigen jetzt

$$k_\nu - \nu \equiv -k_\nu\,(p).$$

Zunächst ist keiner der beiden Exponenten in (17) kongruent Null; denn:

$$k_\nu \equiv 0\,(p) \frown 0 \equiv y\varrho^{-\nu} - y\varrho^{\nu} \equiv \varrho^{-\nu} y\,(1-\varrho^{2\nu}) \equiv \varrho^{-\nu} y\,\lambda \frac{1-\varrho^{2\nu}}{1-\varrho}\,(p)$$
$$\frown (p) = \mathfrak{l}^{p-1}\,\mathfrak{l} \mid (y) \frown p \mid y.$$

Aus $k_\nu - \nu \equiv 0\,(p)$ folgt analog $p \mid x$. Wäre nun $k_\nu - \nu \not\equiv -k_\nu\,(p)$, so wären keine zwei Exponenten in (17) kongruent mod p, also wegen der Basiseigenschaft der Potenzen von ϱ in $\mathsf{P}(\varrho)$ wiederum $p \mid x, p \mid y$. Daher geht (17) bei Multiplikation mit ϱ^{-k_ν} über in

$$0 \equiv x + y\varrho^{-2k_\nu} - x\varrho^{-2k_\nu} - y \equiv (x-y)\,(1-\varrho^{-2k_\nu})$$
$$\equiv (x-y)\,\lambda\,\frac{1-\varrho^{-2k_\nu}}{1-\varrho}\,(p),$$

so daß wegen $(p) \nmid \mathfrak{l}$ sich $p \mid (x-y)$ ergäbe. Wenn man z mit x im Beweis vertauscht, gewinnt man analog $p \mid (z-y)$, d. h.

$$x \equiv y \equiv z\,(p)$$

also

$$0 \equiv x^p + y^p + z^p \equiv 3\,x^p\,(p),$$

daher wegen $p > 3$ wieder $p \mid x$.

2. Fall: Etwa $p \mid z$; es sei $p^n \mid z,\ p^{n+1} \nmid z$.
Hier gilt, daß sogar schon

$$\alpha^p + \beta^p + \varepsilon\,\lambda^{pn}\,\gamma^p = 0 \quad (\varepsilon \textit{ Einheit},\ n \geqq 1,\ \lambda \nmid \alpha\beta\gamma) \tag{18}$$

in primären Zahlen α, β, γ (was nach Satz 12 keine Einschränkung ist) von $\mathsf{P}(\varrho)$ unlösbar ist. In

$$\prod_{\nu=0}^{p-1} (\alpha + \varrho^\nu \beta) = \mathfrak{l}^{np}\,(\gamma)^p$$

ist wegen $\varrho \equiv 1\,(\mathfrak{l})$ und zufolge der Primäreigenschaft von α, β

$$\alpha + \varrho^\nu \beta \equiv \alpha + \beta \equiv a + b \equiv 0\,(\mathfrak{l})^1, \quad a + b \equiv 0\,(p);\ \ a, b \textit{ ganzrational},$$
$$\nu = 0, 1, \ldots, p-1,$$

[1] Da ja für mindestens ein ν aus der Primidealeigenschaft von $\mathfrak{l}$ sofort $\alpha + \beta\varrho^\nu \equiv 0(\mathfrak{l})$ folgt.

sowie wegen $p \in \mathfrak{l}^2$

$$\alpha + \beta = a + b \equiv 0\ (\mathfrak{l}^2); \tag{19}$$

also muß $n > 1$ sein. Wir wollen zeigen, daß (18) auf die Gestalt

$$\alpha^{*p} + \beta^{*p} = \varepsilon' \lambda^{p(n-1)} \gamma^{*p}$$

gebracht werden kann, was dann bei Fortsetzung des Verfahrens einen Widerspruch zu $n > 1$ bedeutet. Man setze $(\alpha, \beta) = \mathfrak{a}$, wobei $(\mathfrak{a}, \mathfrak{l}) = \mathfrak{o}$ und $\mathfrak{a} \mid (\alpha + \varrho^\nu \beta)$ für $\nu = 0, 1, \ldots, p-1$ ist. Wir behaupten

$$\begin{gathered}(\alpha + \beta) = \mathfrak{a}\, \mathfrak{b}_0\, \mathfrak{l}^{p(n-1)+1},\ (\mathfrak{b}_0, \mathfrak{l}) = \mathfrak{o},\\ (\alpha + \varrho^\nu \beta) = \mathfrak{a}\, \mathfrak{b}_\nu\, \mathfrak{l},\ (\mathfrak{b}_\nu, \mathfrak{l}) = (\mathfrak{b}_\mu, \mathfrak{b}_\nu) = \mathfrak{o} \quad (0 \leqq \mu < \nu \leqq p-1).\end{gathered} \tag{20}$$

Für einen zu $\mathfrak{l}$ primen gemeinsamen Teiler $\mathfrak{t}$ von $\alpha + \varrho^\nu \beta$ und $\alpha + \varrho^\mu \beta$ folgt nämlich

$$\mathfrak{l}\,\mathfrak{t} \mid \beta\, \varrho^\mu (1 - \varrho^{\nu - \mu}) = (\beta \lambda),\ d.\ h.\ \mathfrak{t} \mid (\beta),$$

also auch $\mathfrak{t} \mid (\alpha)$, mithin $\mathfrak{t} \mid \mathfrak{a}$, so daß $\mathfrak{l}\mathfrak{a}$ der *g. g. T.* ist; jetzt folgt unter Beachtung von (18) und (19) leicht die Darstellung (20). Multiplikation der Gleichungen (20) ergibt für jedes $\mathfrak{b}_\nu$ die Gestalt $\mathfrak{j}_\nu^p$. Aus (20) folgt $\mathfrak{j}_\nu^p \sim \mathfrak{j}_1^p$ $(\nu = 0, 1, \ldots, p-1)$, und nach Satz 10 ist $\mathfrak{j}_\nu \sim \mathfrak{j}_1$, d. h. $(\alpha_\nu)\, \mathfrak{j}_\nu = (\beta_\nu)\, \mathfrak{j}_1$ $(\nu = 0, 1, \ldots, p-1)$ für geeignete α_ν, β_ν, wobei $(\alpha_\nu, \mathfrak{l}) = \mathfrak{o} = (\beta_\nu, \mathfrak{l})$ wegen $(\mathfrak{j}_\nu, \mathfrak{l}) = \mathfrak{o}$ angenommen werden darf. Aus (20) ergibt sich daher

$$\begin{gathered}(\alpha + \beta)\,(\alpha_0)^p = \mathfrak{l}^{p(n-1)}\,(\alpha + \varrho\beta)\,(\beta_0)^p,\\ (\alpha + \beta)\,\alpha_0^p = \varepsilon_0\, \lambda^{p(n-1)}\,(\alpha + \varrho\beta)\,\beta_0^p,\ \varepsilon_0\ \textit{Einheit},\\ (\alpha + \varrho^\nu \beta)\,(\alpha_\nu)^p = (\alpha + \varrho\beta)\,(\beta_\nu)^p,\\ (\alpha + \varrho^\nu\beta)\,\alpha_\nu^p = \varepsilon_\nu\,(\alpha + \varrho\beta)\,\beta_\nu^p,\ \varepsilon_\nu\ \textit{Einheiten},\end{gathered}$$

also, da $1 + \varrho$ ebenfalls Einheit ist,

$$\begin{gathered}\alpha_0^p\, \alpha_2^p\, (\alpha + \varrho\beta)\,(1 + \varrho) - \alpha_0^p\, \beta_2^p\, \varepsilon_2\, (\alpha + \varrho\beta) = \alpha_0^p\, \alpha_2^p\, (\alpha + \varrho\beta)\,(1 + \varrho) -\\ - \alpha_0^p\, \alpha_2^p\, (\alpha + \varrho^2\beta) = \alpha_0^p\, \alpha_2^p\, \varrho\, (\alpha + \beta) = \varepsilon_0\, \alpha_2^p\, \varrho\, \beta_0^p\, (\alpha + \varrho\beta)\, \lambda^{p(n-1)},\\ (\alpha_0\, \alpha_2)^p + (\alpha_0 \beta_2)^p \frac{\varepsilon_2}{-1-\varrho} = \frac{\varepsilon_0\, \varrho}{1 + \varrho}\,(\alpha_2\, \beta_0\, \lambda^{n-1})^p,\end{gathered}$$

und somit eine Relation der Form

$$\begin{gathered}\alpha^{*p} + \varepsilon\beta^{*p} = \varepsilon'\, \lambda^{p(n-1)}\, \gamma^{*p} \quad (\varepsilon, \varepsilon'\ \textit{Einheiten}),\\ \equiv 0\ (\mathfrak{l}^p) \quad \big((\mathfrak{l}, \alpha^*) = (\mathfrak{l}, \beta^*) = (\mathfrak{l}, \gamma^*) = \mathfrak{o}\big).\end{gathered} \tag{21}$$

Da nun α^{*p}, β^{*p} nach Satz 11 wieder ganzrationalen Zahlen a, b mod $\mathfrak{l}^p$ kongruent sind, ist auch

$$\varepsilon \equiv c\ (\mathfrak{l}^p)\ (c\ \textit{ganzrational}). \tag{22}$$

Die Hauptschwierigkeit des Beweises für den zweiten Fall liegt in dem

KUMMERschen Hilfssatz: *Ist p eine reguläre Primzahl und ε eine Einheit aus* $\mathsf{P}(\varrho)$, *für die* (22) *erfüllt ist, so ist $\varepsilon = \eta^p$ wobei η ebenfalls Einheit in* $\mathsf{P}(\varrho)$ *ist.*

Aus diesem Hilfssatz folgt dann sofort die Behauptung. Der Beweis des Hilfssatzes erfordert ein genaues Studium der sogenannten KUMMERschen Körper $\mathfrak{K}(\mu)$ ($\mathfrak{K} = \mathsf{P}(\varrho)$, $\varrho = p$-te Einheitswurzel), worin $\mu \notin \mathfrak{K}$ ist, aber einer Gleichung der Form

$$x^p - \alpha = 0, \quad \alpha \in \mathfrak{K},$$

genügt. (Bez. des Beweises siehe HILBERT [1] oder LANDAU [8, Bd. 3].)

KUMMER gibt auch bereits ein einfaches Kriterium zur Ermittlung regulärer Primzahlen an:

Satz 14. *Die Primzahl p ist dann und nur dann regulär, wenn sie in den Zählern der ersten $\frac{p-3}{2}$ BERNOULLIschen Zahlen nicht aufgeht.*

Die Untersuchung der ersten 47 BERNOULLIschen Zahlen zeigt, daß mit Ausnahme von 37, 59, 67 alle Primzahlen bis einschließlich 97 regulär sind (KUMMER [2]). VANDIVER [5] ermittelt alle regulären Primzahlen unterhalb 306. Unter Verwendung von Rechenautomaten haben D. H. LEHMER-E. LEHMER-VANDIVER [1] und VANDIVER [13] (siehe auch VANDIVER [12]) alle regulären Primzahlen unterhalb 2520 ermittelt; ihre Anzahl ist 223; die Anzahl der irregulären Primzahlen beträgt 144. Nach JENSEN [1] (Darstellung auch bei VANDIVER-WAHLIN [1]) gibt es unendlich viele irreguläre Primzahlen $p \equiv 3$ (4); in vereinfachter Beweisführung zeigt CARLITZ [7], daß es schlechthin unendlich viele irreguläre Primzahlen gibt; hinsichtlich der regulären Primzahlen wird das nämliche vermutet.

MORISHIMA [4] gibt als Verschärfung des KUMMERschen Resultates an, daß im ersten Fall für die Lösbarkeit notwendig die letzten sechs der ersten $(p-3)/2$ BERNOULLIschen Zahlen durch p teilbar sein müssen, und insgesamt müssen mindestens sieben Stück diese Eigenschaft besitzen. Vgl. hierzu u. a. auch DÉNES [4], HERBRAND [1], GRÜN [2], KRASNER [1], MIRIMANOFF [1], VANDIVER [3], [4].

In beliebigen algebraischen Zahlkörpern gilt trivialerweise die FERMATsche Vermutung nicht ohne weiteres. Auch in quadratischen Zahlkörpern kann Lösbarkeit vorliegen. So ist z. B. in $\mathsf{P}(\sqrt{-7})$ (AIGNER [1])

$$(1+\sqrt{-7})^4 + (1-\sqrt{-7})^4 = 2^4;$$

oder in $\mathsf{P}(\sqrt{-31})$ (FUETER [1])

$$(9+\sqrt{-31})^3 + (9-\sqrt{-31})^3 + 6^3 = 0.$$

Ist schließlich t ein positiver ganzzahliger Parameter, und sind n und k durch

$$n = 36\,t^3 + 36\,t^2 + 12\,t + 1,$$

$$k = 6\,t + 2$$

erklärt, so stellt in den reellquadratischen Zahlkörpern $\mathsf{P}(\sqrt{n})$

$$(1+\sqrt{n})^3 + (1-\sqrt{n})^3 = k^3$$

eine ganzalgebraische Lösung der FERMAT-Gleichung dar (WIRSING).

Siehe ferner AIGNER [3], [4].

Hingegen verschärft TSCHAKALOFF [1] ein Ergebnis von PLEMELJ [1], indem er die Unlösbarkeit von

$$\alpha^5 + \beta^5 = \eta\,\gamma^5 \quad (\eta \textit{ Einheit}), \tag{23}$$

in $\mathsf{P}(\sqrt{5})$ beweist. PLEMELJ [1] hatte in (23) nur $\eta = 1$.

In der Quaternionenalgebra über dem Ring der gewöhnlichen ganzen Zahlen ist für die Exponenten $n = 3$ oder $n \equiv \pm 1 \pmod 6$ nach BIRMAN [1] die FERMAT-Gleichung stets lösbar.

MAILLET [1] bewies im 1. Fall die Unmöglichkeit von

$$x^{p^k} + y^{p^k} = z^{p^k} \tag{24}$$

für primes p und hinreichend große k, wofür INKERI [1] einen vereinfachten Beweis gibt. Wesentliche notwendige Bedingungen für die ganzzahlige Lösbarkeit von (24) ergeben sich aus der Betrachtung der Kongruenz

$$\zeta^{p-1} \equiv 1\ (p^{k+1}). \tag{25}$$

MORIYA [1] und mit einfacheren Hilfsmitteln INKERI [1] beweisen bez. (24), daß für $p \nmid x$, $q \mid x$, q prim (analog für y, z), (25) die Lösung $\zeta = q$ besitzt, was für $k = 1$ bereits FURTWÄNGLER [1] gezeigt hat.

ROSSER [2] beweist, daß (25) im „ersten Fall" alle Primzahlen $q \leq 43$ als Lösungen besitzen muß, falls (24) für $k = 1$ möglich ist, eine Bedingung, die die Resultate von WIEFERICH [2] ($q = 2$), MIRIMANOFF [2] ($q = 3$), VANDIVER [1] ($q = 5$), FROBENIUS [1] ($q = 11, 17$), POLLACZEK [1] (fast alle primen $q \leq 31$), MORISHIMA [1], [3] ($q \leq 31$) und ROSSER [1] ($q \leq 41$) umfaßt. (Vgl. auch die mit (25) verwandten Kriterien von MACDONELL [1].) — Offensichtlich ist stets $2 \mid x\,y\,z$, so daß (25) die Lösung $\zeta = 2$ besitzt. Bereits hieraus folgt, daß die ersten beiden für (25) und damit auch für (24) in Frage kommenden Primzahlen $p = 1093$ (MEISSNER [1]) und — bis 16000 — noch $p = 3511$ (BEEGER [1], [3]) sind. (Vgl. auch HAUSSNER [1], HAENTSCHEL [1]). Aus dem ROSSERschen Ergebnis folgern D. H. LEHMER-E. LEHMER [1], daß im „ersten Fall" $p \geq 253\,747\,889$ sein muß.

(25) hat überdies auch die Teiler q von $x - y$ als Lösung, wenn $(x^2 - y^2, p) = 1$ ist, was für $k = 1$ ebenfalls von FURTWÄNGLER [1] bewiesen war. Siehe hierzu nebst Verallgemeinerungen INKERI [1], MORIYA [1].

Aus der offensichtlich stets möglichen Faktorzerlegung

$$c^p = a^p + b^p = (a+b)\,\frac{a^p + b^p}{a+b} \quad (p > 2 \textit{ Primzahl}, (a, b, c) = 1) \tag{26}$$

ergeben sich, indem man $c = p^\lambda c_0 \, (\lambda \geqq 0,\, p^{\lambda+1} \nmid c)$ setzt (und etwa $a + b = u$ substituiert) leicht die Formeln

$$\left.\begin{aligned} a + b &= s^p \\ \frac{a^p + b^p}{a + b} &= t^p \\ (s, t) &= 1 \end{aligned}\right\} \textit{falls } \lambda = 0 \textit{ ist,} \tag{27'}$$

bzw.

$$\left.\begin{aligned} a + b &= p\, s^p \\ \frac{a^p + b^p}{a + b} &= p^{\lambda p - 1}\, t^p \\ (s, t) &= 1 \end{aligned}\right\} \textit{falls } \lambda \geqq 1; \tag{27''}$$

entsprechende Formeln gelten bez. $c - a$ bzw. $c - b$ usw.

Nach Sophie Germain [1] (s. Bachmann [3]; Landau [8, Bd. 3]) haben

$$\frac{a^p + b^p}{a + b}, \quad \frac{c^p - a^p}{c - a}, \quad \frac{c^p - b^p}{c - b}$$

nur Primfaktoren $\equiv 1 \pmod{p^2}$. Weitere elementare Relationen s. u. a. bei Bachmann [3]. Siehe ferner Bussi [1], Fleck [1] (und hierzu die Berichtigungen bei Inkeri [1]), Mileikowski [1], Niewiadomski [1].

Im wesentlichen unter Anwendung vorstehender Formeln erhält man auf elementarem Weg, daß aus $p \nmid a$ (analog für b, c)

$$a^p \equiv a \pmod{p^3} \quad (a^p + b^p = c^p) \tag{28}$$

folgt; in Verbindung mit (25) gilt (Vandiver; siehe etwa Landau [8, Bd. 3]) (28) sogar stets. Dies liefert sofort

$$p \mid a \curvearrowright p^3 \mid a. \tag{29}$$

Ist $p \mid a$, so folgt aus (26) vermittels (27'') und (29) sofort

$$c - b \equiv 0 \pmod{p^{3p-1}},$$

und hieraus (Obláth [1]) die Abschätzung

$$c > p^{3p-1}.$$

Inkeri [4] beweist (in Verschärfung von [1]) im „ersten Fall" (es sei $a < b < c$) die Notwendigkeit von

$$a > \frac{1}{2}\sqrt{\frac{2p}{\log 2}}\left(\frac{2p^3 + p}{\log \frac{2p}{\log 2}}\right)^p > \left(\frac{2p^3 + p}{\log 3p}\right)^p. \tag{30}$$

Für den zweiten Fall werden die Schranken

$$a > p^{3p-4}, \quad c > \frac{1}{2} p^{3p-1}$$

hergeleitet. Als numerische Schranken gewinnt INKERI [4] hieraus und aus (30)

$$a > 10^{6\cdot 10^9} \textit{ im ersten Fall,}$$

$$a > 10^{5359} \textit{ im zweiten Fall.}$$

DUPARC-WIJNGAARDEN [1], [2] erzielen im ersten Fall ebenfalls $a > 10^{6\cdot 10^9}$, $a^p > 10^{1,5\cdot 10^{18}}$. Siehe auch OBLÁTH [1].

Siehe ferner GLENN [1], G. JAMES [1].

In Verallgemeinerung des KUMMERschen Satzes bezüglich der regulären Primzahlen beweist im „ersten Fall" MORISHIMA [4] (Verschärfung von MORISHIMA [2] und D. H. LEHMER [1]) die Notwendigkeit von $p^{13} \mid h$ [1] (h Idealklassenanzahl).

Im „zweiten Fall" gilt nach BERNSTEIN [1] notwendig $p^2 \mid h$; VANDIVER [6] beweist $p \geq 619$. Mit Hilfe von Rechenautomaten haben D. H. LEHMER-E. LEHMER-VANDIVER [1] und VANDIVER [13] dieses Resultat auf $p \geq 2521$ verbessert.

Siehe auch DÉNES [1], [2], GUT [1], HASSE [1], HOLZER [1], INKERI [1], [2], VANDIVER [12].

Weitere notwendige Bedingungen erhält man im ersten Fall durch Betrachtung von $\sum \frac{1}{\nu}$ und $\sum \frac{1}{\nu^2}$. VANDIVER [1], [2], [7] zeigt

$$\sum_{\nu=\left[\frac{p}{6}\right]+1}^{\left[\frac{p}{4}\right]} \frac{1}{\nu^2} \equiv 0 \equiv \sum_{\nu=1}^{\left[\frac{p}{3}\right]} \frac{1}{\nu^2} (p) \quad \textit{sowie} \sum_{\nu=1}^{\left[\frac{p}{5}\right]} \frac{1}{\nu} \equiv 0\,(p).$$

SCHWINDT [1] beweist $\sum_{\nu=1}^{\left[\frac{p}{6}\right]} \frac{1}{\nu^2} \equiv 0(p)$.

Weitere Kriterien s. noch bei MORISHIMA [4], VANDIVER [11].

DICKSON [1] untersucht die Kongruenz

$$a^p + b^p + c^p \equiv 0\,(q) \quad (p,\, q \textit{ prim})$$

und zeigt, daß sie für $q > (p-1)^2 (p-2)^2 + 2\,(3p-1)$ stets nichttrivial lösbar ist. In vereinfachter Beweisführung zeigt I. SCHUR [1] dasselbe für $q > e\,p! + 1$. — Siehe auch HURWITZ [1].

Siehe auch: FLESCHENHAAR [1], POMEY [1].

Auf elementarem Weg beweist MASSOUTIÉ [1] und etwas einfacher POMEY [2] die Unlösbarkeit der FERMAT-Gleichung, wenn $p \equiv -1 \pmod 6$ nebst $a\,b\,c \not\equiv 0 \pmod 3$ gelten soll. PIERRE [1] gibt als notwendige Bedingung für die Lösbarkeit $a\,b\,c \equiv 0 \pmod 4$ bei $(a, b, c) = 1$ an. Siehe

---

[1] Genauer wird bewiesen, daß für die Lösbarkeit in reellen ganzen Größen aus $\mathsf{P}(\varrho)$, d. h. in ganzen Größen aus $\mathsf{P}(\varrho + \varrho^{-1})$

$$p^{13} \mid h_1$$

notwendig ist, wobei h_1 den sogenannten ersten Klassenzahlfaktor von h bedeutet.

diesbezüglich auch KRASNER [2]. — Nach NIEDERMEIER [1] ist

$$x^{2\lambda} + y^{2\lambda} = z^{2\lambda}, \ \lambda \not\equiv 1\ (8) \ \textit{und ungerade},$$

unlösbar. Siehe auch, GREY [1], NIEDERMEIER [2].

Siehe ferner BINI [1], DÉNES [3], [5], GOTTSCHALK [1], GRÜN [1], KRASNER [3], E. LEHMER [1], NATUCCI [1], POLLACZEK [2], SEGAL [2], TURÁN [2], VANDIVER [9].

Weitere Lösungsversuche gehen dahin, das FERMAT-Problem in äquivalente Probleme zu überführen. So ist nach KAPFERER [1] die FERMAT-Vermutung bezüglich des Exponenten p ($p > 2$ und lediglich ganz) gleichwertig mit der Unlösbarkeit der DIOPHANTischen Gleichung

$$z^3 - y^2 = 27 \cdot 4^{p-1} x^{2p}$$

in paarweise teilerfremden ganzrationalen x, y, z. PÉREZ-CACHO [1] beweist Äquivalenz sowohl mit der rationalzahligen Lösbarkeit von

$$(x\,y)^{\frac{p+1}{2}} = x + y \quad (x\,y \neq 0,\ p \ \textit{lediglich ungerade})$$

als auch mit der Irreduzibilität in $\mathsf{P}[x]$ von $x^2 + a^{\frac{p+1}{2}} x + a$, a rational, wobei p auch hier beliebig ungerade sein kann.

Entwickelt man nach WACHS [2]

$$f(z) = \frac{a}{1 - a z} + \frac{b}{1 - b z} + \frac{c}{1 - c z} \quad (a, b, c \ \textit{ganz})$$

nach Potenzen von z, so wird der Koeffizient s_{n-1} von z^{n-1} gerade gleich $a^n + b^n + c^n$, so daß das Nichtverschwinden aller Koeffizienten für $n > 2$ zu beweisen wäre. Auch ist nach WACHS [2] die Irrationalität von

$$\frac{\int\limits_0^\infty t^{-2} \left(1 - e^{-t^n (z+1)}\right) dt}{\int\limits_0^\infty t^{n-2} e^{-t^n}\, dt}, \quad 0 < z < 1, \ z^n \ \textit{rational},$$

gleichwertig mit der Unlösbarkeit von $a^n + b^n = c^n$.

Siehe auch KAPFERER [2], PIERRE [2], WACHS [1].

Hinsichtlich eines eingehenden Studiums sei auf den Bericht von BACHMANN [3], sowie auf CHINČIN [2], auf den HILBERTschen Zahlbericht [1], auf LANDAU [8, Bd. 3], auf ORE [1] und auf VANDIVER [8], [10], [11] verwiesen.

23. Weitere spezielle Ergebnisse.

23.1. Additionsketten. Ist $\mathfrak{A}$ eine beliebige Menge mit der Eigenschaft $\mathfrak{A} + \mathfrak{A} \subseteqq \mathfrak{A}$, so ergibt sich nach (eventueller) Hinzufügung der Null zu $\mathfrak{A}$ sofort $\mathfrak{A} + \mathfrak{A} = \mathfrak{A}$, so daß $\mathfrak{A}$ (mit den Bezeichnungen aus 2.) Relativnullen besitzt und zugleich identisch mit der eignen umfassendsten Relativnull ist; d. h. $\mathfrak{A} = \mathfrak{O}_{\mathfrak{A},u}$ ist notwendig und hinreichend für $\mathfrak{A} + \mathfrak{A} = \mathfrak{A}$. Ferner ist offenbar jede Zahl aus $\mathfrak{A}$, die größer als Max $(o_1, o_2, \ldots, o_{k-1}, o)$ ist, als Summe zweier von Null verschiedener Zahlen aus $\mathfrak{A}$ darstellbar. Um diese Eigenschaft für alle $a_i \in \mathfrak{A} = \{a_0 = 0, a_1, \ldots\}$, $i \geqq 2$, zu sichern, genügt es offensichtlich, daß sowohl o als auch alle Elemente $o_\lambda \geqq a_2$ der erzeugenden Relativnull mod o diese Eigenschaft haben.

Eine gewisse Umkehrung des Vorhergehenden stellt die Forderung $\mathfrak{A} \subseteqq \mathfrak{A} + \mathfrak{A}$ dar. Es folgt $0 \in \mathfrak{A}$; dann ist aber $\mathfrak{A} \subseteqq 2\,\mathfrak{A}$ trivialerweise erfüllt. Sinnvoller ist erst die Aufgabe $\{a_1, a_2, \ldots\} \subseteqq 2\,\{a_0, a_1, a_2, \ldots\}$, $a_0 > 0$. Der folgende Spezialfall endlicher Mengen $\mathfrak{A}$ ist etwas näher behandelt worden. Es sei $\mathfrak{A}_n = \{a_0 = 1, a_1, \ldots, a_k = n\}$, $n \geqq 2$ beliebig ganz, und $\{a_1, a_2, \ldots, a_k = n\} \subseteqq 2\,\mathfrak{A}_n$. Nach Scholz [2] heißt eine solche Menge $\mathfrak{A}_n$ eine *k-gliedrige Additionskette für n*. Ist Γ_n die Gesamtheit aller Additionsketten für n, so setze man

$$l(n) = \operatorname*{Min}_{\mathfrak{A} \in \Gamma_n} A(n) - 1.$$

Leicht ersichtlich ist

$$l(2^n) = n.$$

Nach A. Brauer [2] gilt ferner

$$l(a\,b) \leqq l(a) + l(b),$$

$$2^m < n \leqq 2^{m+1} \curvearrowright m < l(n) \leqq 2\,m,$$

$$\lim_{n=2,3,\ldots} \frac{l(n)}{\log n} = \frac{1}{\log 2}.$$

Ferner werden auch die noch spezielleren Additionsketten betrachtet, die der Bedingung $a_\varkappa = a_{\varkappa-1} + a_\nu$ für alle $\varkappa = 2, 3, \ldots, k$ mit jeweils geeignetem $a_\nu \in \mathfrak{A}_n$ genügen.

Siehe ferner Utz [1].

23.2. Arithmetische Folgen in Mengen. Die anschließend erörterte Fragestellung ist inhaltlich verwandt mit dem folgenden kombinatorischen Satz von v. d. Waerden [1], [2] (siehe auch Chinčin [6]).

Zu je zwei natürlichen Zahlen k und l existiert eine natürliche Zahl $N(k, l)$ so, daß für beliebiges ganzes $a \geqq 0$ in jeder Aufspaltung des Intervalls

$$[a+1, a+N(k, l)] = \bigcup_{i=1}^{k} \mathfrak{T}_i, \quad \mathfrak{T}_i \cap \mathfrak{T}_j = 0 \ (i \neq j)$$

wenigstens ein $\mathfrak{T}_i$ mindestens l aufeinanderfolgende Glieder einer arithmetischen Folge (erster Ordnung) enthält.

Da der Wert von a ohne Bedeutung ist, sei im folgenden $a = 0$. — Der obige Satz legt nun die folgende Aufgabe nahe:

Es sei Γ_l die Gesamtheit aller $\mathfrak{A} \in \Sigma$, die nicht l aufeinanderfolgende Glieder einer arithmetischen Folge enthalten. Gesucht ist

$$r_l(n) = \operatorname*{Max}_{\mathfrak{A} \in \Gamma_l} A(n) \quad (n = 1, 2, \ldots).$$

Trivial ist $r_2(n) = 1$. Ferner ist unmittelbar ersichtlich

$$r_l(m\,n) \leqq m\, r_l(n). \tag{1}$$

Satz 1 (Behrend [3]). *Für jedes ganze $l \geqq 2$ existiert*

$$\varrho_l = \lim_{n \to \infty} \frac{r_l(n)}{n}.$$

Beweis: Es sei zunächst

$$\varliminf_{n=1,2,\ldots} \frac{r_l(n)}{n} = \varrho_l \tag{2}$$

angenommen, also $\frac{r_l(n)}{n} \leqq \varrho_l + \varepsilon$ $(\varepsilon > 0)$ für ein geeignetes n. Für jedes ganze $x \geqq n$ folgt dann vermittels (1)

$$\frac{r_l(x)}{x} \leqq \frac{r_l\left(\left\langle \frac{x}{n} \right\rangle n\right)}{x} \leqq \frac{x\, r_l(n)}{x\, n} + o(1) \leqq \varrho_l + \varepsilon + o(1) \quad (x \to \infty);$$

daher ist

$$\varlimsup_{x=1,2,\ldots} \frac{r_l(x)}{x} \leqq \varrho_l + \varepsilon \tag{3}$$

für jedes $\varepsilon > 0$, so daß aus (2) und (3) sofort der Satz folgt.

Nach Behrend [3] gilt ferner

$$\frac{r_l(n)}{n} > \varrho_l \text{ für alle } n \geqq 1.$$

Weiter beweist Behrend [3]:

Satz 2. *Aus $\underline{\delta}^*(\mathfrak{S}) > \varrho_l$ folgt, daß $\mathfrak{S}$ mindestens l aufeinanderfolgende Glieder einer arithmetischen Folge enthält; falls $\varrho_l > 0$ ist, gibt* *es Mengen* $\mathfrak{S}$ *mit* $\bar{\delta}^*(\mathfrak{S}) = \varrho_l - \varepsilon$ $(0 < \varepsilon < \varrho_l$ *beliebig), die diese Eigenschaft nicht haben.*

Der erste Teil dieses Satzes ist offenbar eine unmittelbare Folge von Satz 1.

Die Folge $\varrho_2, \varrho_3, \ldots$ wächst monoton, so daß $\lim\limits_{l\to\infty} \varrho_l = \varrho$ existiert, und nach BEHREND [3] gilt weiter: *Entweder ist* $\varrho = 0$ *oder* $\varrho = 1$.

Siehe ferner SALEM-SPENCER [3].

$r_3(n)$ ist noch näher untersucht worden:

Satz 3. *Es ist* $\varrho_3 = 0$ (ROTH [4]). *Ferner gilt* (BEHREND [6], ROTH [5])

$$n^{1-\frac{c}{\sqrt{\log n}}} < r_3(n) = O\left(\frac{n}{\log\log n}\right) \qquad (c = const > 0).$$

Folgerung. Ist $\mathfrak{S}$ irgendeine Menge, die keine drei Glieder einer arithmetischen Folge enthält, so folgt wegen $S(x) \leqq r_3(x)$ aus Satz 3 sofort $\delta_*(\mathfrak{S}) = 0$

Siehe auch ERDÖS-TURÁN [2], MOSER [1], [2], SALEM-SPENCER [1].

23.3. Einige additive Eigenschaften arithmetischer Folgen. Es bezeichne $d(n)$ die Anzahl der Darstellungen von n als Summe aufeinanderfolgender ganzer Zahlen:

$$n = \sum_{\lambda=1}^{y} (x + \lambda) \qquad (n \geqq 1,\ x \geqq 0,\ y \geqq 1). \tag{4}$$

Aufsummierung rechter Hand liefert sofort $y \mid 2n$ als notwendige Bedingung.

Satz 4 (AGRONOMOV [1]). *Setzt man* $n = 2^\alpha u$, $u \equiv 1\ (2)$, *so ist*

$$d(n) = \tau(u) \qquad (\tau(x) = \textit{Teileranzahl}).$$

Beweis: Es ist $n = xy + \binom{y+1}{2}$, also

$$2n = 2^{\alpha+1} u = y(y + 2x + 1) > y^2,$$

und hierin sind die beiden Faktoren nicht zugleich gerade oder ungerade. Da $y < \sqrt{2n}$, also $y + 2x + 1 > \sqrt{2n}$ ist, ergibt sich

$$d(n) = \sum_{\substack{y \mid u \\ y < \sqrt{2n}}} 1 + \sum_{\substack{z \mid u \\ z > \sqrt{2n}}} 1 = \sum_{d \mid u} 1 = \tau(u) \qquad (z = y + 2x + 1).$$

Ist beispielsweise $n = p \geqq 3$ eine Primzahl, so existiert außer der trivialen Darstellung (d. h. $y = 1$) nur noch eine weitere $\left(\text{nämlich } p = \frac{p-1}{2} + \frac{p+1}{2}\right)$. Ist $n = 2^\lambda$, also $d(n) = \tau(1) = 1$, so gibt es gar keine nichttrivialen Darstellungen (4).

LE VEQUE [2] beweist in Analogie zu der bekannten Formel

$$\frac{1}{n}\sum_{\nu=1}^{n}\tau(\nu) = 2C - 1 + \log n + O\left(\frac{1}{\sqrt{n}}\right) \tag{5}$$

den

Satz 5. $\frac{1}{n}\sum_{\nu=1}^{n} d(\nu) = C - \frac{1}{2} + \frac{1}{2}\log 2n + O\left(\frac{1}{\sqrt{n}}\right)$

($n \to \infty$, C = EULERsche *Konstante*).

RICHERT [5] verschärft das Restglied in (5) zu $O\left(x^{\frac{15}{46}}\log^{\frac{30}{23}} x\right)$.

Zugleich verallgemeinert LE VEQUE [2] die Sätze 4 und 5, indem an Stelle von (4) Darstellungen aufeinanderfolgender Glieder einer beliebigen arithmetischen Folge (erster Ordnung) zugrunde gelegt werden:

$$n = \sum_{\lambda=1}^{y}(x + s\lambda);$$

ferner wird auch der Fall $x < 0$ betrachtet.

Faßt man in (4) alle n, die zum selben y gehören, jedoch keine Darstellung mit $y + 1$ an Stelle von y besitzen, zu einer Menge $\mathfrak{K}_y$ zusammen, so beweist DICKMANN [1]

$$\delta_*(\mathfrak{K}_{2y+1}; \log x) = \frac{1}{\log 2}; \quad \delta_*\left(\mathfrak{K}_{2y}; \frac{x}{\log x}\right) = \frac{1}{y},$$

woraus noch sofort

$$\lim_{x\to\infty}\frac{K_{2y+1}(x)}{K_{2y}(x)} = 0$$

folgt.

AIGNER [2] nennt eine arithmetische Folge $a_r = a + (\nu - 1)d$ ($\nu = 1, 2, \ldots$) *zweiteilig*, wenn k und n so existieren, daß $a_1 + a_2 + \cdots a_k = a_{k+1} + \cdots + a_n$ ist; entsprechend wird die *Mehrteiligkeit definiert.* Es gilt:

Für komplexe zweiteilige Folgen ist $\frac{a}{d}$ reell. Mehrteilige Folgen gibt es nicht. Für $d = 2a$ oder $n = 2k$ gibt es auch keine zweiteiligen Folgen. Zu gegebenen n und k mit $n \neq 2k$ gibt es stets zweiteilige Folgen, desgleichen zu gegebenen a und d, wenn $2a > d$ ist.

Hinsichtlich weiterer Eigenschaften zweiteiliger Folgen sei auf die Originalarbeit verwiesen.

Sind in der arithmetischen Folge $a + \lambda c$ die Größen a und c lediglich reell, so untersucht MILLER [1] noch $\sum_{\lambda=1}^{n}[a + \lambda c]$.

23.4. Sind $x \geqq 0$, $y_1 \geqq 0$, $y_2 \geqq 0, \ldots, y_r \geqq 0$ sämtlich ganz, so ist die Gesamtheit aller Polynomialkoeffizienten $\frac{x!}{y_1!\,y_2!\ldots y_r!}$, $y_1 + y_2 +$

$\cdots + y_r = x$, offenbar identisch mit der Menge aller natürlichen Zahlen. Sei daher $\mathfrak{K}_r$, $r \geqq 1$, die Menge aller derjenigen $\frac{x!}{y_1!\, y_2! \ldots y_r!}$ für die $0 \leqq y_\varrho \leqq x$, $y_\varrho \neq x - 1$ $(\varrho = 1, 2, \ldots, r)$ ist. Dann gilt (NIVEN [3])

$$\delta_*\left(\bigcup_{r=1}^{\infty} \mathfrak{K}_r\right) = 0.$$

WATSON [4] untersucht

$$\mathfrak{F}_\alpha = \underset{x \in \mathfrak{Z}}{\in} [(x, [\alpha x]) = 1], \quad \alpha \textit{ reell},$$

und zeigt

$$\alpha \textit{ irrational} \curvearrowright \delta_* (\mathfrak{F}_\alpha) = \frac{1}{\zeta(2)} = \frac{6}{\pi^2},$$

$$\left(\alpha = \frac{a}{q} \wedge (a, q) = 1 \wedge q > 0\right) \curvearrowright \delta_* (\mathfrak{F}_\alpha) = \frac{1}{q} \sum_{u=1}^{q-1} \frac{\varphi(u)}{u},$$

worin $\varphi(u)$ die EULERsche Funktion bedeutet.

Nach KNÖDEL [4], [5] heißt eine natürliche Zahl n eine *C_k-Zahl*, wenn sie die Kongruenz

$$a^{n-k} \equiv 1 \pmod{n} \textit{ für alle } a \textit{ mit } (a, n) = 1$$

erfüllt. Die C_1-Zahlen (auch Pseudoprimzahlen genannt) umfassen offenbar alle Primzahlen. Für die Menge $\mathfrak{C}_k$ aller C_k-Zahlen gilt nach KNÖDEL $\delta_* (\mathfrak{C}_k) = 0$; genauer ist

$$C_k(x) = O\left(x\, e^{-\left(\frac{1}{\sqrt{2}} - \varepsilon\right)\sqrt{\log\log\log x}} + k^6\right), \quad k \geqq 1.$$

Literaturverzeichnis.

Die in eckige Klammern eingeschlossenen Nummern stellen die Zahlen dar, unter denen innerhalb des Textes auf die entsprechende Arbeit verwiesen ist. Die Bezeichnung der Zeitschriften entspricht im wesentlichen der in den Referatenorganen (Jahrbuch der Fortschritte der Math., Mathematical Reviews, Zentralblatt für Math.) üblichen Notation. Unabhängig hiervon sind noch die folgenden Abkürzungen verwendet:

Crelle J. = Crelles Journal für die reine u. angewandte Math.;
DMV = Jahresbericht der Deutschen Math.-Vereinigung;
Mh. = Monatshefte für Mathematik, Wien;
MZ. = Mathematische Zeitschrift;
J. = Journal;
M.S. = Mathematical Society (innerhalb von Zeitschriftennotationen);
Diss. = Dissertation.

Agronomow, N.: [1] Über die Darstellung einer Zahl als Summe aufeinanderfolgender Zahlen. Math. Unterr. **2** (1912) 70—72.

Aigner, A.: [1] Über die Möglichkeit von $x^4 + y^4 = z^4$ in quadratischen Körpern. D M V **43** (1934) 226—228. — [2] Die Zerlegung einer arithmetischen Reihe in summengleiche Stücke. Dtsch. Math. **6** (1941) 77—89. — [3] Weitere Ergebnisse über $x^3 + y^3 = z^3$ in quadratischen Zahlkörpern. Mh. **56** (1952) 240—252. — [4] Ein zweiter Fall der Unmöglichkeit von $x^3 + y^3 = z^3$ in quadratischen Zahlkörpern mit durch 3 teilbarer Klassenzahl. Mh. **56** (1952) 335—338.

Alder, H.: [1] The nonexistence of certain identies in the theory of partitions and compositions. Bull. Amer. M. S. **54** (1948) 712—722. — [2] Generalizations of the Rogers-Ramanujan identities. Pacific J. Math. **4** (1954) 161—168.

Apostol, T.: [1] Asymptotic series related to the partition function. Ann. of Math. II. Ser. **53** (1951) 327—331.

Archibald, R.: [1] Goldbachs theorem I, II. Scripta math. **3** (1935) 44—50, 153—161.

Artin, E., u. P. Scherk: [1] On the sum of two sets of integers. Ann. of Math. (2) **44** (1943) 138—142.

Atkin, A., u. P. Swinnerton-Dyer: [1] Some properties of partitions. Proc. London M. S. (3) **4** (1954) 84—106.

Atkinson, F.: [1] A summation formula for $p(n)$, the partition function. J. London M. S. **14** (1939) 175—184.

Auluck, F.: [1] An asymptotic formula for $p_k(n)$. J. Indian M. S. (N. S.) **6** (1942) 113—114. — [2] On some new types of partitions associated with generalized Ferrer's graphs. Proc. Cambr. Philos. Soc. **47** (1951) 679—686. — [3] On partitions of bipartite numbers. Proc. Cambr. Philos. Soc. **49** (1953) 72—83.

—, S. Chowla u. H. Gupta: [1] On the maximum value of the number of partitions of n into k parts. J. Indian M. S. (N. S.) **6** (1942) 105—112.

— u. C. Haselgrove: [1] On Ingham's Tauberian theorem for partitions. Proc. Cambr. Phil. Soc. **48** (1952) 566—570.

AULUCK, F., K. SINGWI u. B. AGARWALA: [1] On a new type of partition. Proc. Nat. Inst. Sci. India **16** (1950) 147—156.

AVAKUMOVIĆ, V.: [1] Über die Anzahl der Zahlen $\equiv -1(d)$, die keinen Primteiler derselben Form haben. Publ. math. Univ. Belgrade **6—7** (1938) 48—60. — [2] Neuer Beweis eines Satzes von HARDY und RAMANUJAN über das asymptotische Verhalten der Zerfällungskoeffizienten. Amer. J. Math. **62** (1940) 877—880.

AYOUB, R.: [1] On RADEMACHER's extension of the GOLDBACH-VINOGRADOV theorem. Trans. Amer. M. S. **74** (1953) 482—491.

BACHMANN, P.: [1] Analytische Zahlentheorie, Berlin-Leipzig 1894, XVIII + 494 S. — [2] Niedere Zahlentheorie. Teil 1, 402 S., Teil 2, 480 S. (1910). — [3] Das FERMAT-Problem in seiner bisherigen Entwicklung. Berlin, Verein wiss. Verl. VIII, (1919), 160 S.

BAILEY, W.: [1] On the simplification of some identies of the ROGERS-RAMANUJAN type. Proc. London M. S. (3) **1** (1951) 217—221. — [2] A note on two of RAMANUJAN's formulae. Quart. J. Math. Oxford Ser. (2) **3** (1952) 29—31. — [3] A further note on two of RAMANUJAN's formulae. Quart. J. Math. Oxford Ser. (2), **3** (1952) 158—160.

BANERJEE, D.: [1] On a theorem in the theory of partition. Bull. Calcutta M. S. **37** (1945) 113—114.

BARHAM, C., u. T. ESTERMANN: [1] On the representation of a number as the sum of four or more N-numbers. Proc. London M. S. (2) **38** (1934) 340—353.

BASU, N.: [1] A note on partitions. Bull. Calcutta M. S. **44** (1952) 27—30.

BEEGER, N.: [1] Sur la congruence $2^{p-1} \equiv 1(p^2)$ et le dernier théorème de FERMAT. Association Française, Liège (1924), 105—106. — [2] On the congruence $2^{p-1} \equiv 1(p^2)$ and FERMAT's last theorem. Messenger **55** (1925) 17—26. — [3] On the congruence $2^{p-1} \equiv 1(p^2)$ and FERMAT's last theorem. Nieuw. Arch. Wiskunde **20** (1939) 51—54.

BEHREND, F.: [1] Über numeri abundantes I, II. S. B. Akad. Berlin (1932) 322—328, (1933) 280—293. — [2] On sequences of numbers not divisible one by another. J. London M. S. **10** (1935) 42—44. — [3] On sequences of integers containing no arithmetic progression. Časopis Mat. Fis. Praha **67** (1938) 235—239. — [4] On obtaining an estimate of the frequency of the primes by means of the elementary properties of the integers. J. London M. S. **15** (1940) 257—259. — [5] On the frequency of the primes. J. Proc. Roy. Soc. New South Wales **75** (1942) 169—174. — [6] On sets of integers which contain no three terms in arithmetical progression. Proc. Nat. Acad. Sci. USA **32** (1946) 331—332.

BELL, E.: [1] Periodicities in the theory of partitions. Ann. of Math. **2**, 24 (1923) 1—22. — [2] A class of numbers connected with partitions. Amer. J. Math. **45** (1923) 73—82. — [3] Recurrences for certain functions of partitions. Amer. J. Math. **55** (1933) 667—670. — [4] Note on a conjecture of EULER. Bull. Amer. Math. Soc. **49** (1943) 393—394.

BERGMANN, S.: [1] Über eine Eigenschaft der additiven Zerfällungen der Zahlen. Mh. **29** (1918) 194—202.

BERNSTEIN, F.: [1] Über den zweiten Fall des letzten FERMATschen Lehrsatzes. Nachr. Ges. Wiss. Göttingen, math.-phys. Kl. FG 1 (1910) 507—516.

BESICOVITCH, A.: [1] On the sum of digits of real numbers represented in the dyadic System. Math. Ann. **110** (1934) 321—330. — [2] On the density of certain sequences of integers. Math. Ann. **110** (1934) 336—341.

— [3] On the density of the sum of two sequences of integers. J. London M. S. **10** (1935) 246—248.

Bini, U.: [1] La rinoluzione delle equazioni $x^n \pm y^n = M$ e l'ultimo teorema di Fermat. Archimede **4** (1952) 50—57.

Bioche, C.: [1] Sur les systèmes de trois entiers de somme n. C. R. Soc. math. France **1937**, 29—31.

Birman, A.: [1] Proof and examples that the equation of Fermat's last theorem is solvable in integral quaternions. Riveon Lematematika **4** (1950) 62—64.

Blij, F.: [1] Die Function $\tau(n)$ von S. Ramanujan. Math. Student **18** (1951) 83—99.

Borel, E.: [1] Les probabilités dénomerables et leurs applications arithmétiques. Rend. Circ. Mat. Palermo **27** (1909) 247—271.

Brauer, A.: [1] Über die Dichte der Summe zweier Mengen, deren eine von positiver Dichte ist. MZ. **44** (1938) 212—232. — [2] On addition chains. Bull. Amer. M. S. **45** (1939) 736—739. — [3] On a problem of partitions. Amer. J. Math. **64** (1942) 299—312. — [4] A problem of additive number theory and its application in electrical engineering. J. Elisha Mitchell Sci. Soc. **61** (1945) 55—66.

—, u. B. M. Seelbinder: [1] On a problem of partitions. II. Amer. J. Math. **76** (1954) 343—346.

Breusch, R.: [1] Another proof of the prime number theorem. Duke Math. J. **21** (1954) 49—53.

Brigham, N.: [1] A general asymptotic formula for partition functions. Proc. Amer. M. S. **1** (1950) 182—191. — [2] On a certain weighted partition function. Proc. Amer. M. S. **1** (1950) 192—204.

Broderick, T.: [1] On proving certain properties of the primes by means of the methods of pure number theory. Proc. Irish. Acad. A **46** (1940) 17—24.

Brown, O. u. H. Dorwart: [1] The Tarry-Escott problem. Amer. Math. Monthly **44** (1937) 613—626.

de Bruijn, N.: [1] On Mahler's partition problem. Proc. Akad. Wet. Amsterdam **51** (1948) 659—669. — [2] On bases for the set of integers. Publ. Math. Debrecen **1** (1950) 232—242. — [3] On the number of uncancelled elements in the sieve of Erathosthenes. Proc. Acad. Wet. Amsterdam **53** (1950) 803—812. — [4] On the number of positive integers $\leq x$ and free of prime factors $> y$. Nederl. Acad. Wetensch. Proc. Ser. A **54** (1951) 50—60.

Brun, V.: [1] Le crible d'Erathostène et le théorème de Goldbach. Videnskaps-selskapets Skrifter, Mat. naturw. Klasse Nr. **3** (1920) 36 S.

Buchštab, A.: [1] Über ein Problem der additiven Zahlentheorie. Rec. math. Moscou **40** (1933) 190—195. — [2] Neue Verbesserungen in der Methode des Eratosthenischen Siebes. Rec. Math. Moscou (2) **4** (1938) 375—387. — [3] Sur la décomposition des nombres pairs en somme de deux composantes dont chacune est formée d'un nombre borné de facteurs premiers. C. R. Acad. Sci. URSS n. s. **29** (1940) 544—548. — [4] On an additive representation of integers. Mat. Sbornik n. Ser. **10** (52) (1942) 87—91. — [5] On an relation for the function $\Pi(x)$ expressing the number of primes that do not exeed x. Mat. Sbornik N. S. **12** (54) (1943) 152—160. — [6] On an asymptotic estimate of the number of numbers of an arithmetic progression which are not divisible by „relatively" small prime numbers. Mat. Sbornik N. S. **28** (70) (1951) 165—184.

BUCK, E., u. R. BUCK: [1] A note on finitely additive measures. Amer. J. Math. **69** (1947) 413—420.

BUCK, R.: [1] The measure theoretic approach to density. Amer. J. Math. **68** (1946) 560—580.

BULAT, P.: [1] On asymptotic estimates of the average values of a fundamental function of the additive theory of numbers. Izvestiya Math. Mech. Inst. Univ. Tomsk **3** (1946) 104—110.

BUSSI, C.: [1] Osservazione sull'ultimo teorema di FERMAT. Boll. Un. mat. Ital. **2** (1943) 5, 42—43.

CARLITZ, J.: [1] A note on partitions in $GF[q, x]$. Proc. Amer. M. S. **4** (1953) 464—469. — [2] Note on some partition identities. Proc. Amer. M. S. **4** (1953) 530—534. — [3] Some theorems on generalized DEDEKIND sums. Pacific J. Math. **3** (1953) 513—522. — [4] The reciprocity theorem for DEDEKIND sums. Pacific J. Math. **3** (1953) 523—527. — [5] Note on some partition formulae. Quart. J. Math. (Oxford Ser.) (2) **4** (1953) 168—172. — [6] A note on generalized DEDEKIND sums. Duke Math. J. **21** (1954) 399—403. — [7] Note on irregular primes. Proc. Amer. M. S. **5** (1954) 329—331. — [8] DEDEKIND sums and LAMBERT series. Proc. Amer. M. S. **5** (1954) 580—584.

CAUCHY, A.: [1] Recherches sur les nombres. J. Ecole polytechn. **9** (1813) 99—116.

CHANDLER, E.: [1] WARING's theorem for fourth powers. Chicago, Private edition distributed by the University of Chicago Libraries 1933.

CHATROVSKI, L.: [1] Sur les bases minimales de suite des nombres naturels. Bull. Akad. Sci. URSS. Sér. math. **4** (1939) 335—340. — [2] A new generalization of DAVENPORT's-PILLAI's theorem on the addition of residue classes. Doklady Acad. Sci. URSS (N. S.) **45** (1944) 315—317. — [3] Sur le théorème de ERDÖS-RAIKOV. Izvestiya Akad. Nauk. SSSR. **9** (1945) 301—310.

CHAUNDY, T.: [1] The unrestricted plane partition. Quart. J. **3** (1932) 76—80. — [2] Plane partitions. Proc. London M. S. (2) **35** (1933) 14—22.

CHEO, L.: [1] On the density of sets of GAUSSian integers. Amer. Math. Monthly **58** (1951) 618—620. — [2] A remark on the $\alpha + \beta$-theorem. Proc. Amer. M. S. **3** (1952) 175—177.

CHINČIN (KHINCHINE), A.: [1] Über dyadische Brüche. MZ. **18** (1923) 109—116. — [2] Der große FERMATsche Satz. Moskau-Leningrad, Staatsverlag **76** (1927), Bericht. — [3] Zur additiven Zahlentheorie. Rec. math. Moscou, **39**, III (1932) 27—34. — [4] Über ein metrisches Problem der additiven Zahlentheorie. Rec. math. Moscou **40** (1933) 180—189. — [5] Sur la sommation des suites d'entiers positifs. Rec. math. Moscou (2) **6** (1939) 161—166. — [6] Drei Perlen der Zahlentheorie. Akademieverlag Berlin 1951, 62 S.

CHOWLA, I.: [1] A theorem on the addition of residue classes. Application to the number $\Gamma(k)$ in WARING's problem. Proc. Indian Acad. **2** (1935) 242—243. — [2] The representation of a positive integer as a sum of squares of primes. Proc. Indian Acad. **1** (1935) 451—453. — [3] A theorem in the additive theory of numbers. Proc. Indian Acad. Sci. A **8** (1938) 160—164.

CHOWLA, S.: [1] On abundant numbers. J. Indian M. S. (2) **1** (1934) 41—44. — [2] Congruence properties of partitions. J. London M. S. **9** (1934) 247. — [3] The representation of a number as a sum of four squares and a prime. Acta arith. **1** (1935) 115—122. — [4] Solution of a problem of ERDÖS and TURÁN in additive number theory. Proc. Nat. Acad. Sci.

India Sect. A **14** (1944) 1—2; Proc. Lahore Philos. Soc. **6** (1944) 13—14. — [5] Outline of a new method for proving results of elliptic function theory (such as identies of the RAMANUJAN-RADEMACHER-ZUCKERMANN type). Proc. Lahore Philos. Soc. **7** (1945), 3 S.

CHOWLA, S. u. A. MIAN: [1] On the B_2 sequences of SIDON. Proc. Nat. Acad. Sci. India Sect. A. **14** (1944) 3—4.

—, u. D. SINGH: [1] A perfect difference set of order 18. Math. Student **12** (1945) 85.

—, u. J. TODD: [1] The density of reducible integers. Canadian J. Math. **1** (1949) 297—299.

CHUNG, K. L.: [1] Two remarks on VIGGO-BRUN's method. Sci. Rep. nat. Tsing Hua Univ. A **4** (1940) 249—255. — [2] A generalization of an inequality in the elementary theory of numbers. Crelles J. **183** (1941) 193—196.

COHEN, E.: [1] A finite analogue of the GOLDBACH problem. Proc. Amer. M. S. **5** (1954) 478—483.

v. D. CORPUT, J.: [1] Sur l'hypothèse de GOLDBACH pour presque tous les nombres pairs. Acta arith. Warszawa **2** (1937) 266—290. — [2] Sur deux, trois ou quatre nombres premiers I, II, III, IV, V. Proc. Acad. Wet. Amsterdam **40** (1937) 846—891; **41** (1938) 25—36, 97—107, 217—226, 344—349. — [3] Sur l'hypothèse de GOLDBACH. Proc. Acad. Wet. Amsterdam **41** (1938) 76—80. — [4] Contribution à la théorie additive des nombres. I, II, III, IV, V, VI. Proc. Acad. Wet. Amsterdam **41** (1938) 227—237, 350—361, 442—453, 556—567; **42** (1939) 2—12; 336 bis 345. — [5] Über Summen von Primzahlen und Primzahlquadraten. Math. Ann. **116** (1938) 1—50. — [6] Propriétés additives. I. Acta arith. Warszawa **3** (1939) 180—234. — [7] On sets of integers I, II, III. Proc. Akad. Wet. Amsterdam **50** (1947) 252—261, 340—350, 429—435. — [8] Démonstration élémentaire du théorème sur la distribution des nombres premiers. Script. Math. Centr. Amsterdam **1948**, Nr. 1, 32 S. (hektogr.). — [9] Über eine Vermutung von DE POLIGNAC. Simon Stevin, wis. natuurk. Tijdschr. **27** (1950) 99—105. — [10] On sums of integers. Math. Centrum, Amsterdam, Scriptum no. **7** (1954) 31 S.

—, u. J. KEMPERMANN: [1] The second pearl of the theory of numbers I. Proc. Akad. Wet. Amsterdam **52** (1949) 696—704; II. **52** (1949) 801—809; III. **52** (1949) 927—937.

CSORBA, G.: [1] Über die Partitionen der ganzen Zahlen. Math. Ann. **35** (1914) 545—568.

ČUDAKOV, N.: [1] On the density of the set of even numbers which are not representable as a sum of two odd primes. Bull. Acad. Sci. URSS, Moscou, Cl. Sci. math. naturw. Sér. math. 1938, 25—40. — [2] On the function $\zeta(s)$ and $\pi(x)$. C. R. Acad. Sci. URSS. **2** (1938) 21, 421—422. — [3] Sur les zéros des L-fonctions de DIRICHLET. Doklady Acad. Sci. URSS (N. S.) **49** (1945) 89—91. — [4] On GOLDBACH-VINOGRADOV's theorem. Ann. Math. Princeton II. s. **48** (1947) 515—545 — [5] On the limits of variation of the function $\psi(x, k, l)$. Izvestiya Akad. Nauk. SSSR. Ser. Mat. **12** (1948) 31—46. — [6] On the difference between two neighbouring prime numbers. Rec. Math. Moscou (2) **1** (1936) 799—814.

CUGIANI, M.: [1] Sull'arithmetica additiva dei numeri liberi da Potenze. Revista Mat. Univ. Parma **2** (1951) 403—416. — [2] Un problema di arithmetica. Periodico Mat., IV. Ser. **29** (1951) 212—219. — [3] Sulla rappresentazione degli interi come somme di una potenza e di un numero libero da potenze. Ann. Mat. Pura Appl. (4) **33** (1952) 135—143. — [4]

Sugli intervalli fra i valori dell' argomento pei quali un polinomio risulta libero da potenze. Rivista Mat. Univ. Parma **4** (1953) 95—103. — [5] Sui valori di un polinomio che risultano liberi da potenze. Ann. Mat. Pura Appl. (4) **35** (1953) 291—298. — [6] Sulle „catene" di numeri primi consecutivi a differenza limitata Ann. Mat. pura appl., IV. Ser. **36** (1954) 121—132.

ČUTANOVSKIJ, J.: [1] Einige Abschätzungen, die mit der neuen Methode SELBERGS in der elementaren Zahlentheorie zusammenhängen. Doklady Acad. Nauk. SSSR. II. S. **63** (1948) 491—494.

DAVENPORT, H.: [1] Über numeri abundantes. S. B. Akad. Berlin, 1933, 830—837 — [2] On the addition of residue classes. J. London M. S. **10** (1935) 30—32. — [3] A Historical Note. J. London Math. Soc. **22** (1947) 100—101.

—, u. P. ERDÖS: [1] On sequences of positive integers. Acta arith. Warszawa **2** (1937) 147—151. — [2] On sequences of positive integers. J. Indian M. S. (N. S.) **15** (1951) 19—24.

—, u. H. HEILBRONN: [1] Note on a result in the additive theory of numbers. Proc. London M. S. (2) **43** (1937) 142—151.

DELANGE, H.: [1] Sur le théorème TAUBERian de IKEHARA. C. R. Acad. Sci. Paris **232** (1951) 465—467. — [2] Quelques formules asymptotiques de la théorie des nombres. C. R. Acad. Sci. Paris **232** (1951) 1392—1393. — [3] Sur le nombre des diviseurs premiers de n. C. R. Acad. Sci. Paris **237** (1953) 542—544.

DÉNES, P.: [1] Über den ersten Fall des letzten FERMATschen Satzes. Mh. **54** (1950) 161—174. — [2] Über die Unlösbarkeit der DIOPHANTischen Gleichung $x^{np} + y^{np} = p^m z^{np}$ in ganzen x, y, z, m, n, wenn p eine reguläre Primzahl ist und $p > 3$. Mh. **54** (1950) 175—182. — [3] An extension of LEGENDRE's criterion in connection with the first case of FERMAT's last theorem. Publ. Math. Debrecen **2** (1951) 115—120. — [4] Beweis einer VANDIVERschen Vermutung bez. des 2. Falles des letzten FERMATschen Satzes. Acta Sci. Math. Szeged **14** (1952) 197—202. — [5] Über die DIOPHANTische Gleichung $x^l + y^l = c z^l$. Acta Math. **88** (1952) 241—251.

DICKMANN, H.: [1] On maximiantalet konsecutiva summander till et helt tal. 8. Skand. Mat. Kongr. Stockholm 1934, 385—388.

DICKSON, L.: [1] Lower limit for the number of sets of solutions of $x^p + y^p + z^p \equiv 0(q)$. Crelle J. **135** (1909) 181—188. — [2] Proof of a WARING theorem on fifth powers. Bull. Amer. M. S. **37** (1931) 549—553. — [3] Recent progress on WARING's theorem and its generalization. Bull. Amer. M. S. **39** (1933) 701—727. — [4] Solution of WARING's problem. Amer. J. Math. **58** (1936) 530—535. — [5] The WARING problem and its generalization. Bull. Amer. M. S. **42** (1936) 833—842. — [6] All integers except 23 and 239 are sums of eight cubes. Bull. Amer. M. S. **45** (1939) 588—591. — [7] History of the theory of numbers. 3 Bde. Washington 1919, 1920, 1923.

DIRAC, G.: [1] Note on a problem in additive number theory. J. London M. S. **26** (1951) 312—313.

DIRICHLET, P.: [1] Vorlesungen über Zahlentheorie. Braunschweig 1897, 657 S.

DOETSCH, G.: [1] Handbuch der LAPLACE-Transformation. Lehrb. u. Monogr., Math. Reihe 14 (1950), 581 S.

DRAZIN, M.: [1] A result concerning sequences of integers. Math. Gaz. **36** (1952) 251—253.

DUARTE, F.: [1] Sur les équations DIOPHANTiennes $x^2 + y^2 + z^2 = t^2$, $x^3 + y^3 + z^3 = t^3$. Enseignement **33** (1934) 78—87. — [2] Sur l'équation $\xi^3 + \eta^3 + \zeta^3 = 0$. Am. Soc. Sci. Bruxelles, Sér. I, **65** (1951) 87—92.

DUPARC, H., u. A. V. WIJNGAARDEN: [1] A remark on FERMAT's last theorem. Nieuw. Arch. Wiskunde (3) **1** (1953) 123—128. — [2] Note on a previous paper on FERMAT's last theorem. Nieuw. Arch. Wiskunde (3) 2 (1954) 40—41.

DYSON, F.: [1] A theorem on the densities of sets of integers. J. London M. S. **20** (1945) 8—14.

EICHLER, M.: [1] Quadratische Formen u. orthogonale Gruppen. Grundl. d. Math. Wiss. **63** (1952), 220 S.

ERDÖS, P.: [1] On the density of abundant numbers. J. London M. S. **9** (1934) 278—282. — [2] On primitive abundant numbers. J. London M. S. **10** (1935) 49—58. — [3] On the density of some sequences of numbers. J. London M. S. **10** (1935) 120—125. — [4] Note on sequences of integers no one of which is divisible by any other. J. London M. S. **10** (1935) 126—128. — [5] Note on consecutive abundant numbers. J. London M. S. **10** (1935) 128—131. — [6] The representation of an integer as the sum of the square of a prime and of a squarefree integer. J. London M. S. **10** (1935) 243—245. — [7] On the arithmetical density of the sum of two sequences one of which forms a basis for the integers. Acta arith. Warszawa **1** (1936) 197—200. — [8] A generalization of a theorem of BESICOVITCH. J. London M. S. **11** (1936) 92—98. — [9] On a problem of CHOWLA and some related problems. Proc. Cambr. philos. Soc. **32** (1936) 530—540. — [10] On the sum and difference of squares of primes I, II. J. London M. S. **12** (1937) 133—136, 168—171. — [11] On the density of some sequences of numbers II, III. J. London M. S. **12** (1937) 7—11, **13** (1938) 119—127. — [12] On additive properties of squares of primes I. Proc. Acad. Wet. Amsterdam **41** (1938) 37—41. — [13] On the asymptotic density of the sum of two sequences one of which forms a basis for the integers II. Trav. Inst. math. Tbilissi **3** (1938) 217—224. — [14] On sequences of integers no one of which divides the product of two others and on some related problems. Mitt. Forsch. Inst. Math. Mech. Kujbyschew, Univ. Tomsk $\mathbf{2}_1$ (1938) 74—82. — [15] On the easier WARING problem for powers of primes I, II. Proc. Cambr. philos. Soc. **33** (1937) 6—12; **35** (1939) 149—165. — [16] On the smoothness of the asymptotic distribution of additive arithmetical functions. Amer. J. Math. **61** (1939) 722—725. — [17] On the integers of the form $x^k + y^k$. J. London M. S. **14** (1939) 250—254. — [18] On the asymptotic density of the sum of two sequences. Ann. Math. Princeton (2) **43** (1942) 65—68. — [19] On an elementary proof of some asymptotic formulas in the theory of partitions. Ann. of Math. (2) **43** (1942) 437—450. — [20] On a problem of SIDON in additive number theory and on some related problems. Addendum. J. London M. S. **19** (1944) 208. — [21] On some asymptotic formulas in the theory of partitions. Bull. Amer. M. S. **52** (1946) 185—188. — [22] Some remarks about additive and multiplicative functions. Bull. Amer. M. S. **52** (1946) 527—537. — [23] Some remarks and corrections to one of my papers. Bull. Amer. M. S. **53** (1947) 761—763. — [24] Some asymptotic formulas in number theory. J. Indian M. S. (N. S.) **12** (1948) 75—78. — [25] On the integers having exactly k prime factors. Ann. Math. Princeton II, **49** (1948) 53—66. — [26] On the density of some sequences of integers. Bull. Amer. M. S. **54** (1948) 685—692. — [27] On a TAUBERian theorem connected with the new proof of the prime number theorem. J. Indian M. S. n. S. **13** (1949) 131—144. — [28] Supplementary note. J. Indian M. S. n. S. **13** (1949) 145—147. — [29] A new method in elementary number theory. Proc. Nat. Acad. USA **35** (1949) 374—384. — [30] On integers of the form $2^k + p$ and some related problems. Summa Brasil. Math. **2** (1950) 113—123. — [31] Some results on additive number theory. Proc. Amer. M. S. **5** (1954) 847—853. — [32] The difference of consecutive primes. Duke Math. J. **6** (1940) 438—441. — [33] Problems and results on the differences of consecutive primes. Publ. Math. Debrecen **1** (1949) 33—37. — [34] On a problem of Sidon in additive number theory. Acta Sci. Math. Szeged **15** (1954) 255—259.

Erdös, P., u. J. Gál: [1] On the representation of $1, 2, \ldots, N$ by differences. Proc. Acad. Wet., Amsterdam **51** (1948) 1155—1158 (= Indagationes math. **10** (1948) 379—382).

—, u. M. Kac: [1] The Gaussian law of errors in the theory of additive number theoretic functions. Amer. J. Math. **62** (1940) 738—742.

—, u. J. Lehner: [1] The distribution of the number of summands in the partition of a positive integer. Duke Math. J. **8** (1941) 335—345.

—, u. K. Mahler: [1] On the number of integers which can be represented by a binary form. J. London M. S. **13** (1938) 134—139.

—, u. I. Niven: [1] The $\alpha + \beta$-hypothesis and related problems. Amer. Math. Monthly **53** (1946) 314—317.

—, u. A. Renyi: [1] Some problems and results on consecutive primes. Simon Stevin **27** (1950) 115—125.

—, u. G. Szekeres: [1] Über die Anzahl der Abelschen Gruppen gegebener Ordnung und über ein verwandtes zahlentheoretisches Problem. Acta Szeged **7** (1934) 95—102.

—, u. P. Turán: [1] Ein zahlentheoretischer Satz. Mill. Univ. Tomsk **1** (1935) 101—103. — [2] On some sequences of integers. J. London M. S. **11** (1936) 261—264. — [3] On a problem of Sidon in additive number theory, and some related problems. J. London M. S. **16** (1941) 212—215.

—, u. A. Wintner: [1] Additive arithmetical functions and statistical independence. Amer. J. Math. **61** (1939) 713—721.

Errera, A.: [1] Sur le théorème de M. M. Khintchine (Chinčin) et Mann. Akad. Belgique Bull. Cl. Sci. V. s. **32** (1947) 300—306. — [2] Sur la démonstration de M. M. Artin et Scherk du théorème de M. Mann. Mathematica Timisoara **23** (1948) 70—75.

Estermann, Th.: [1] Vereinfachter Beweis eines Satzes von Kloostermann. Hambg. Abh. **7** (1929) 82—98. — [2] Einige Sätze über quadratfreie Zahlen. Math. Ann. **105** (1931) 654—662. — [3] On the representations of a number as the sum of two numbers not divisible by k-th powers. J. London M. S. **6** (1931) 37—40. — [4] On the representation of a number as the sum of a prime and a quadratfrei number. J. London M. S. **6** (1931) 219—221. — [5] Eine Darstellung und neue Anwendungen der Viggo Brunschen Siebmethode. Crelle J. **168** (1932) 106—116. — [6] Proof that every large integer is the sum of two primes and a square. Proc. London M. S. (2) **42** (1937) 501—516. — [7] A new result in the additive prime number theory. Quart J. **8** (1937) 32—38. — [8] On Goldbach's problem: Proof that almost all even positive integers are sums of two primes. Proc. London M. S. (2) **44** (1938) 307—314. — [9] On sums of squares of square-free numbers. Proc. London M. S. II, Ser. **53** (1951) 125—137. — [10] Introduction to modern prime number theory. Cambr. Tracts. Nr. **41** (1952), 75 S.

EVANS, T., u. H. MANN: [1] On simple difference sets. Sankhya **11** (1951) 357—364.

EVELYN, C., u. E. LINFOOT: [1] On a problem in the additive theory of numbers I. MZ. **30** (1929) 433—448; [2] II. Crelle J. **164** (1931) 131 bis 140; [3] III. MZ. **34** (1932) 637—644; [4] IV. Ann. of Math. (**2**) (1931). 261—270; [5] V. Quart. J. **3** (1932) 152—160; [6] VI. Quart. J. **4** (1933). 309—314.

FELL, J.: [1] Elementare Beweise des großen FERMATschen Satzes für einige besondere Fälle. Dtsch. Math. **7** (1943) 184—186.

FELLER, W., u. E. TORNIER: [1] Mengentheoretische Untersuchungen von Eigenschaften der Zahlenreihe. Math. Ann. **107** (1932) 188—232.

FLECK, A.: [1] Miszellen zum großen FERMATschen Problem. S. B. Berlin. math. Ges. **8** (1909) 133—148.

FLESCHENHAAR, A.: [1] Die Gleichung $x^p + y^p + z^p \equiv 0(p^2)$. Zeitschr. f. math. u. naturw. Unterricht **40** (1909) 265—275.

FOGELS, E.: [1] On an elementary proof of the prime number theorem. Latrijas PSR Zinātnu Akad. Fiz. Mat. Inst. Raksti. **2** (1950) 14—45. — [2] Ein Analogon des Satzes von BRUN-TITCHMARSH. Akad. Nauk Latvijskoj SSR, Trudy Inst. Fiz. Mat. **2** (1950) 46—58.

FÖLDES, J.: [1] On the GOLDBACH Hypothesis concerning the prime numbers of an arithmetical progression. C. R. du Premier Congrès des Math. Hongrois, 27 Août — 2 Sept. 1950, 473—492. Akad. Kiadó Budapest 1952.

FORD, W.: [1] Two theorems on the partition of numbers. Amer. Math. Monthly **38** (1931) 183—184.

FRANKLIN, F.: [1] Sur le développement du produit infinie $(1-x)(1-x^2)(1-x^3)\ldots$. C. R. **92** (1881) 448—450.

FREJMAN, G.: [1] Über die Dichtigkeit von Folgen. Izvestiya Akad. Nauk SSSR, Ser. mat. **16** (1952) 385—388.

FROBENIUS, G.: [1] Über den FERMATschen Satz III. Berlin. Ber. (1914) 653—681.

FUETER, R.: [1] Die DIOPHANTische Gleichung $\xi^3 + \eta^3 + \zeta^3 = 0$. Heidelbg. Akad. S. B. **13** (1913) 255.

FURTWÄNGLER, PH.: [1] Letzter FERMATscher Satz und EISENSTEINsches Reziprozitätsprinzip. Wien. Ber. **121** (1912) 589—592.

GEGENBAUER, L.: [1] Asymptotische Sätze der Zahlentheorie. Denkschr. d. kaiserl. Akad. d. Wissensch. Wien, math. naturw. Kl. **49** (1885) Abt. 1, 37—80.

GERMAIN, SOPHIE: [1] Œuvres philosophiques. Paris (1879) 298—302.

GIGLI, D.: [1] Sulle somme di n addendi diversi presi fra i numeri $1, 2, \ldots, m$. Palermo Rend. **16** (1902) 280—285.

GILLIS, J.: [1] Sequences of positive integers. J. London M. S. **21** (1946) 93—98.

GLAISHER, J.: [1] On the number of partitions of a number into a given number of parts. Quart. J. **40** (1908) 57—143. — [2] Formulae for partitions into given elements derived from SYLVESTER's theorem. Quart. J. **40** (1909) 275—348. — [3] Formulae for the number of partitions of a number into the elements $1, 2, \ldots, n$ up to $n = 9$. Quart. J. **41** (1909) 94—112.

GLEISSBERG, W.: [1] Über einen Satz von Herrn I. SCHUR. MZ. **28** (1928) 372—382.

GLENN, J.: [1] On FERMAT's last theorem. Amer. Math. Monthly **41** (1934) 419—424.

GLODEN, A.: [1] Mehrgradige Gleichungen. Groningen 1944, 104 S.

—, u. G. PALAMÀ: [1] Bibliographie des Multigrades avec quelques notices biographiques. Luxembourg 1948, IV + 64 S.

GLÖSEL, K.: [1] Über die Zerfällung der ganzen Zahlen. Mh. Math. u. Phys. **7** (1896) 133—141, 290.

GOLUBEN, W.: [1] On the representation of numbers as sums of figurate numbers. Amer. Math. Monthly **48** (1941) 543—544.

GOTTSCHALK, E.: [1] Zum FERMATschen Problem. Math. Ann. **115** (1938) 157—158.

GRAVÉ, D.: [1] Sur un théorème d'EULER. Kiev Bull. Ac. Soc. **1** (1922/23) 1—3.

GREY, L.: [1] A note on FERMAT's last theorem. Math. Mag. **27** (1954) 274—277.

GROSSMANN, H.: [1] Applications of an operator to algebra and the number theory with comments on the TARRY-ESCOTT-problem. Nat. Math. Mag. **19** (1945) 385—390.

GRÜN, O.: [1] Zur FERMATschen Vermutung. Crelle J. **170** (1934) 231—234. — [2] Eine Kongruenz für BERNOULLIsche Zahlen DMV **50** (1940) 111—112.

GUPTA, H.: [1] Decompositions into squares of primes. Proc. Indian Acad. **1** (1935) 789—794. — [2] Decomposition into cubes of primes. J. London M. S. **10** (1935) 275; Math. Student **3** (1935) 71; [3] II. Proc. Indian Acad. Sci. A **4** (1936) 216—221. — [4] A table of partitions. Proc. London M. S. (2) **39** (1935) 142—149; [5] II. (2) **42** (1937) 546—549; [6] VI, Madras, Indian M. S. (1939) 81. — [7] On a conjecture of RAMANUJAN. Proc. Indian Acad. Sci. A **4** (1936) 625—629. — [8] On partitions of n. J. London M. S. **11** (1936) 278—280. — [9] Decompositions into cubes of primes. Tôhoku math. J. **43** (1937) 11—16. — [10] WARING's problem for powers of primes II. J. Indian M. S. (N. S.) **4** (1940) 71—79. — [11] On a table of values of $L(n)$. Proc. Indian Acad. Sci. Sect. A **12** (1940) 407—409. — [12] A formula in partitions. J. Indian M. S. (N. S.) **6** (1942) 115—117. — [13] An inequality in partitions. J. Univ. Bombay **11** (1942) 16—18. — [14] On an asymptotic formula in partitions. Proc. Indian Acad. Sci. Sect. A **16** (1942) 101—102. — [15] On the maximum values of $p_k(n)$ and $\Pi_k(n)$. J. Indian M. S. (N. S.) **7** (1943) 72—75. — [16] A note on the parity of $p(n)$. J. Indian M. S. (N. S.) **10** (1946) 32—33. — [17] An asymptotic formula in partitions. J. Indian M. S. (N. S.) **10** (1946) 73—76. — [18] A generalization of the partition function. Proc. Nat. Inst. Sci. India **17** (1951) 231—238.

GUSTIN, W.: [1] An operatorial characterization of certain partition polynomials. Proc. Amer. M. S. **3** (1925) 31—35.

GUT, M.: [1] EULERsche Zahlen u. großer FERMATscher Satz. Comm. Math. Helvetici **24** (1950) 73—99.

HABERZETLE, M.: [1] On some partition functions. Amer. J. Math. **63** (1941) 589—599.

HADAMARD, J.: [1] Sur la distribution des zéros de la fonction $\zeta(s)$ et ses conséquences arithmétiques. Bull. Soc. math. France **24** (1896) 199—220.

HAENTZSCHEL, E.: [1] Über die Kongruenz $12^{1092} \equiv 1\ (1093^2)$. DMV. **34** (1925) 184.

HALBERSTAM, H.: [1] Representation of integers as sums of a square, a positive cube, and a fourth power of a prime. J. London M. S. (2) **52**

(1950) 158—168. — [2] On the representation of large numbers as sums of squares, higher powers, and primes. Proc. London M. S. (2) **53** (1951) 363—380. — [3] Representation of integers as sums of a square of a prime, a cube of a prime, and a cube. Proc. London M. S. (2) **52** (1951) 455—466.

HALBERSTAM, A., u. K. ROTH: [1] On the gaps between consecutive k-free integers. J. London M. S. **26** (1951) 268—273.

HARDY, G.: [1] „RAMANUJAN" Twelve lectures on subjects suggested by his life and work. Cambr. Univ. Press (1940), VII + 236 S. — [2] Divergent series. Oxford, at the Clarendon press 1949, 396 S.

—, u. J. LITTLEWOOD: [1] Some problems of partitio numerorum I, II, III, IV, V, VI, VIII. Nachr. Wiss. Göttingen, math.-phys. Kl. FG 1, 1920, 33—54; MZ. **9** (1921) 14—27; Acta math. **44** (1922) 1—70; MZ. **12** (1922) 161—188; Proc. London M. S. (2) **22** (1923) 46—56; MZ. **23** (1925) 1—37; Proc. London M. S. **28** (1928) 518—542.

—, u. S. RAMANUJAN: [1] Asymptotic formulae in combinatory analysis. Proc. London. M. S. (2) **17** (1918) 75—115.

—, u. E. WRIGHT: [1] An introduction to the theory of numbers. Oxford, Clarendon Press 1938, 403 S. und 1954, 419 S.

HÄRTTER, E., Diss. Univ. Mainz 1955.

HASSE, H.: [1] Über den algebraischen Funktionenkörper der FERMATschen Gleichung. Acta Scientarium Mathematicarium **13** (1950) 195—207. — [2] Zahlentheorie, Berlin 1949, XII + 468 S.

HAUSDORFF, F.: [1] Grundzüge der Mengenlehre. 1. Aufl. (1914). — [2] Dimension und äußeres Maß. Math. Ann. **79** (1918) 157—179.

HAUSSNER, R.: [1] Über die Kongruenzen $2^{p-1} \equiv 1 \ (p^2)$ für die Primzahlen $p = 1093$ und 3511. Arch. für Math. og Naturvidensk. **39**, Nr. 5 (1926) 75.

HECKE, E.: [1] Analytische Arithmetik der positiven quadratischen Formen. Danske Vid. Selsk., math. fysiske Medd. **17**, Nr. 12, København 1940, 134 S. — [2] Herleitung des EULER-Produktes der ζ-Funktion u. einiger L-Reihen aus ihrer Funktionalgleichung. Math. Ann. **119** (1944) 266—287.

HEILBRONN, H.: [1] On an inequality in the theory of numbers. Proc. Cambr. philos. Soc. **33** (1937) 207—209.

—, E. LANDAU u. P. SCHERK: [1] Alle großen ganzen Zahlen lassen sich als Summe von höchstens 71 Primzahlen darstellen. Časopis Mat. Fys., Praha **65** (1936) 117—141.

HELLUND, E.: [1] On the unrestricted partitions of a positive integer. Amer. Math. Monthly **42** (1935) 91—93.

HERBRAND, J.: [1] Sur les classes des corps circulaires. J. de Math. **9** (1932) 11, 417—441.

HILBERT, D.: [1] Die Theorie der algebraischen Zahlkörper. DMV **4** (1897) 175—546. — [2] Beweis für die Darstellbarkeit der ganzen Zahlen durch eine feste Anzahl n-ter Potenzen (WARINGsches Problem). Math.-Ann. **67** (1909) 281—300.

HOHEISEL, G.: [1] Primzahlprobleme in der Analysis. S. B. Akad. Berlin **1930**, 580—588.

HOLZER, L.: [1] TAKAGIsche Klassenkörpertheorie, HASSEsche Reziprozitätsformel und FERMATsche Vermutung. Crelle J. **173** (1935) 114—124.

HORNFECK, B.: [1] Zur Struktur gewisser Primzahlsätze. Diss. Freie Univ. Berlin 1954; Crelle J. (im Druck). — [2] Zur Dichte der Menge der vollkommenen Zahlen. Arch. Math. **6** (1955) 442—443. — [3] Basen mit paarweise teilerfremden Elementen. Arch. Math. (im Druck). — [4] Dichtentheoretische Sätze der Primzahltheorie. Mh. **60** (1956) (im Druck). — [5] Verallgemeinerte Primzahlsätze. Mh. **60** (1956) (im Druck).

HUA, L. K.: [1] On representation of numbers as the sums of the powers of primes. MZ. **44** (1938) 335—346. — [2] On the number of partitions of a number into unequal parts. Trans. Amer. M. S. **51** (1942) 194—201. — [3] Additive Primzahltheorie. Akad. Nauk SSSR, Trudy mat. Inst. Steklov **22** (1947) 179 S. — [4] An improvement of VINOGRADOV's mean-value theorem and several applications. Quart. J. Math. (Oxford Ser.) **20** (1949) 48—61.

HURWITZ, A.: [1] Über die Kongruenz $a x^e + b y^e + c z^e \equiv 0 (p)$. Crelle J. **136** (1909) 272—292.

HUSIMI, H.: [1] Partitio numerorum as occuring in a problem of nuclear physics. Proc. phys.-math. Soc. Japan (3) **20** (1938) 912—925.

IKEHARA, S.: [1] An extension of LANDAU's theorem in the analytical theory of numbers. J. Math. Physics., Massachusetts **10** (1931) 1—12.

INGHAM, A.: [1] A TAUBERian theorem for partitions. Amer. of Math. (2) **42** (1941) 1075—1090. — [2] On the difference between consecutive prime numbers. Quart. J. (Oxford ser.) **8** (1937) 255—266.

INKERI, K.: [1] Untersuchungen über die FERMATsche Vermutung. Ann. Acad. Sci. Fennicae, Ser. A. I. Math.-Phys. Nr. **33** (1946), 60 S. — [2] Some extensions of criteria concerning singular integers in cyclotomic fields. Ann. Acad. Sci. Fennicae, Ser. A I, Math.-Phys. Nr. **49** (1948), 15 S. — [3] On the second case of FERMAT's last theorem. Ann. Acad. Sci. Fennicae, Ser. A I, Math.-Phys. Nr. **60** (1949), 32 S. — [4] Abschätzungen für eventuelle Lösungen der Gleichung im FERMATschen Problem. Ann. Univ. Turku, Ser. A **16**, Nr. 1 (1953), 9 S.

ISEKI, K.: [1] Ein Theorem der Zahlentheorie. Tôhoku math. J. **48** (1941) 60—63. — [2] A remark on the GOLDBACH-VINOGRADOV theorem. Proc. Japan Acad. **25** (1949) 185—187. — [3] A proof of a transformation formula in the theory of partitions. J. Math. Soc. Japan **4** (1952) 14—26.

JAMES, G.: [1] A higher upper limit to the parameters in FERMAT's equation. Amer. Math. Monthly **45** (1938) 439—444.

JAMES, R.: [1] The distribution of integers represented by quadratic forms. Amer. J. Math. **60** (1938) 737—744. — [2] A problem in additive number theory. Trans. Amer. M. S. **43** (1938) 296—302. — [3] On the sieve method of VIGGO BRUN. Bull. Amer. M. S. **49** (1943) 422—432. — [4] Recent progress in the GOLDBACH problem. Bull. Amer. M. S. **55** (1949) 246 bis 260.

—, u. H. WEYL: [1] Elementary note on prime number problems of VINOGRADOV's type. Amer. J. Math. **64** (1942) 539—552.

JENSEN, K.: [1] Om talteoretiske Egenskaber ved de BERNOULLIske Tal. Nyt Tidsskr. for Math. **26** (1915) 73—83.

KAC, M.: [1] Note on the distribution of values of the arithmetic function $d(m)$. Bull. Amer. M. S. **47** (1941), 815—817. — [2] Probability methods in some problems of analysis and number theory. Bull. Amer. M. S. **55** (1949) 641—665.

KAMKE, E.: [1] Verallgemeinerungen des WARING-HILBERTschen Satzes. Math. Ann. **83** (1921) 85—112 (Diss.). — [2] Bemerkung zum allgemeinen WARING-Problem. MZ. **15** (1922) 188—194.

KANOLD, H.: [1] Über die Dichte gewisser Zahlenmengen. Crelle J. **193** (1954) 250—252. — [2] Über die Dichte der vollkommenen und befreundeten Zahlen. MZ. **61** (1954) 180—185. — [3] Über zahlentheoretische Funktionen. Crelle J. **195** (1955/56) 180—191). — [4] Über mehrfach vollkommene Zahlen. Crelle J. **194** (1955) 218–220.

KANTZ, G.: [1] Zerfällung einer Zahl in Summanden. Dtsch. Math. **5** (1941) 476—481.

KAPFERER, H.: [1] Über die DIOPHANTische Gleichung $z^3 - y^2 = 3^3\,2^\lambda\,x^{\lambda+2}$ und deren Abhängigkeit von der FERMATschen Vermutung. S. B. Heidelberg, Nr. **2** (1933) 32—37. — [2] Über ein Kriterium zur FERMATschen Vermutung. Comm. Helvetici **23** (1949) 64—75.

KASCH, F.: [1] Abschätzung der Dichte von Summenmengen I, II. MZ. **62** (1955) 368–387 (II. im Druck). — [2] Wesentliche Komponenten bei Gitterpunktmengen (im Druck).

KEMPERMANN, J., u. P. SCHERK: [1] Complexes in ABELian groups. Canad. J. Math. **6** (1954) 230—237. — [2] On sums of sets of integers. Canad. J. Math. **6** (1954) 238—252.

KEMPNER, A.: [1] Über das WARING-Problem u. einige Verallgemeinerungen. Diss. Göttingen 1911/12, 56 S. — [2] The development of partitio numerorum with particular reference to the work of Messrs. HARDY, LITTLEWOOD and RAMANUJAN. Amer. Math. Monthly **30** (1923) 354—369, 416—425.

KENDALL, D., u. R. RANKIN: [1] On the number of ABELian groups of a given order. Quart. J. Math. (Oxford Ser.) **18** (1947) 197—208.

KHINCHINE, A. siehe CHINČIN, A.

KLOOSTERMANN, H.: [1] On the representation of numbers in the form $a x^2 + b y^2 + c z^2 + dt^2$. Acta Math. **49** (1926) 407—464. — [2] Asymptotische Formeln für die FOURIER-Koeffizienten ganzer Modulformen. Hambg. Abh. **5** (1927) 337—352. — [3] The behavior of general theta-functions under the modular group and the characters of binary modular congruence groups I, II. Ann. of Math. (2) **47** (1946) 317—447. — [4] Partitions. Euclides Groningen **21** (1946) 67—77.

KLÖTER, H.: [1] Über wesentliche Komponenten in der additiven Zahlentheorie. Diss. Köln 1948, 26 S.

—, u. A. STÖHR: [1] Wesentliche Komponenten und asymptotische Dichte. Crelle J. **194** (1955) 210–217.

KNESER, M.: [1] Abschätzungen der asymptotischen Dichte von Summenmengen. MZ. **58** (1953) 459—484. — [2] Ein Satz über ABELsche Gruppen und Anwendungen auf die Geometrie der Zahlen. MZ. **61** (1955) 429—434.

KNICHAL, V.: [1] Dyadische Entwicklungen und HAUSDORFFsches Maß. Mém. Soc. Roy. Sci. Bohême, Classe des Sciences 1933, Nr. 14, 19 S.

KNÖDEL, W.: [1] Sätze über Primzahlen. Mh. **55** (1951) 62–75. — [2] Über Zerfällungen. Mh. **55** (1950) 20—27. — [3] Reduzible Zahlen. Mh. **54** (1950) 308—312. — [4] CARMICHAELsche Zahlen. Math. Nachr. **9** (1953) 343—350. — [5] Eine obere Schranke für die Anzahl der CARMICHAELschen Zahlen kleiner als x. Arch. Math. **4** (1953) 282—284.

KNOPP, K.: [1] Asymptotische Formeln der additiven Zahlentheorie. Schriften Königsbg. **2** (1925) 45—74. — [2] Mengentheoretische Behandlung einiger Probleme der DIOPHANTischen Approximation und der transfiniten Wahrscheinlichkeiten. Math. Ann. **95** (1925) 409—426.

—, u. I. SCHUR: [1] Elementarer Beweis einiger asymptotischer Formeln der additiven Zahlentheorie. MZ. **24** (1925) 559—574.

KRASNER, M.: [1] Sur le premier cas du théorème de FERMAT. C. R. Acad. Sci., Paris **199** (1934) 256—258. — [2] Sur le théorème de FERMAT. C. R. Acad. Sci., Paris **210** (1940) 92—94. — [3] A propos du critère de SOPHIE GERMAIN-FURTWÄNGLER pour le premier cas du théorème de FERMAT. Mathematica, Cluj **16** (1940) 109—114.

KREČMAR, W.: [1] Sur les propriétés de la divisibilité d'une fonction additive. Bull. Acad. Sc. URSS (**7**) (1933) 763—800.

KRUBECK, E.: [1] Über Zerfällungen in paarweise ungleiche Polynomwerte. MZ. **59** (1953) 255—257.

KRUYSWIJK, D.: [1] On some well known properties of the partition function $p(n)$ and EULER's infinite product. Nieuw. Arch. Wiskunde, II. Ser. **23** (1950) 97—107.

KUMMER, E.: [1] Allgemeiner Beweis des FERMATschen Satzes, daß.... Crelle J. **40** (1850) 130—138. — [2] Zwei besondere Untersuchungen über die Klassenanzahl und über die Einheiten der aus λ-ten Wurzeln der Einheit gebildeten komplexen Zahlen. Crelle J. **40** (1850). — [3] Über die Ergänzungssätze zu den allgemeinen Reziprozitätsgesetzen. Crelle J. **44** (1852) 93—146; **56** (1859) 270—279. — [4] Einige Sätze über die aus den Wurzeln $a^\lambda = 1$ gebildeten komplexen Zahlen. Math. Abh. Akad. Wiss. Berlin (1857) 41—74.

LAGRANGE, J.: [1] Démonstration d'un Théorème d'Arithmétique. Nouvelles Mémoires de l'Académie royale des Sciences et Belles-Lettres de Berlin 1770, 122—133; Œuvres de LAGRANGE **3**, 189—201.

LAHIRI, D.: [1] On a type of series involving the partition function with applications to certain congruence relations. Bull. Calcutta M. S. **38** (1946) 125—132. — [2] Some non-RAMANUJAN congruence properties of the partition function. Proc. Nat. Inst. Sci. India **14** (1948) 337—338. — [3] Further non-RAMANUJAN congruence properties of the partition function. Science and culture **14** (1949) 336—337.

LANDAU, E.: [1] Bemerkungen zu Herrn D. N. LEHMER's Abhandlung in Bd. 22 dieses Journals. Amer. J. Math. **26** (1904) 209—222. — [2] Über den Zusammenhang einiger neuerer Sätze der analytischen Zahlentheorie. S. B. Akad. Wiss. Wien, math.-naturw. Kl. IIa, **115**, Abt. 2a (1906) 589—632. — [3] Lösung des LEHMERschen Problems. Amer. J. Math. **31** (1909) 86—102. — [4] Handbuch der Lehre von der Verteilung der Primzahlen. Bd. 1 und 2 (1909). — [5] Über die Verteilung der Zahlen, welche aus r Primfaktoren zusammengesetzt sind. Nachr. Ges. Wiss. Göttingen, math.-phys. Kl. FG **1** (1911) 362—381. — [6] Über die Wurzeln der ζ-Funktion. MZ. **20** (1924) 98—104. — [7] Über die ζ-Funktion und die L-Funktionen. MZ. **20** (1924) 105—125. — [8] Vorlesungen über Zahlentheorie. Bd. 1—3 (1927). — [9] Die GOLDBACHsche Vermutung und der SCHNIRELMANNsche Satz. Nachr. Ges. Wiss. Göttingen, math.-phys. Kl. FG **1** (1930) 255—276. — [10] Über den WIENERschen neuen Weg zum Primzahlsatz. S. B. Preuss. Akad. Wiss., Phys.-math. Kl., Berlin 1932, 514—521. — [11] Verschärfung eines ROMANOFFschen Satzes. Acta arithm. **1** (1935) 43—61. — [12] Über einige neuere Fortschritte der additiven Zahlentheorie. Cambr. Tracts. No. 35 (1937), 94 S.

LARSEN, O.: [1] Auf wieviel Arten kann ein beliebiger Betrag in Kleingeld gewechselt werden? Mat. Tidskr. A. København **1947**, 45—62; [2] **1948**, 72—79.

LEHMER, D. H.: [1] A note on FERMAT's last theorem. Bull. Amer. M. S. **38** (1932) 723—724. — [2] On a conjecture of RAMANUJAN. J. London M. S.

11 (1936) 114—118. — [3] On the HARDY-RAMANUJAN series for the partition function. J. London M. S. **12** (1937) 171—176. — [4] An application of SCHLÄFLI's modular equation to a conjecture of RAMANUJAN. Bull. Amer. M. S. **44** (1938) 84—90. — [5] On the series for the partition function. Trans. Amer. M. S. **43** (1938) 271—295. — [6] On the remainders and convergence of the series for the partition function. Trans. Amer. M. S. **46** (1939) 362—370. — [7] Two nonexistence theorems on partitions. Bull. Amer. M. S. **52** (1946) 538—544. — [8] A triangular number formula for the partition function. Scripta Math. **17** (1951) 17—19.

LEHMER, D. H., u. E. LEHMER: [1] On the first case of FERMAT's last theorem. Bull. Amer. M. S. **47** (1941) 139—142.

—, —, u. H. VANDIVER: [1] An application of high-speed computing to FERMAT's last theorem. Proc. Nat. Acad. Sci. USA **40** (1954) 25—33.

LEHMER, D. N.: [1] Asymptotic evaluation of certain totient sums. Amer. J. Math. **22** (1900) 293—335.

LEHMER, E.: [1] On a resultant connected with FERMAT's last theorem. Bull. Amer. M. S. **41** (1935) 864—867.

LEHNER, J.: [1] A partition function connected with the modulus five. Duke Math. J. **8** (1941) 631—655. — [2] RAMANUJAN identies involving the partition function for the moduli 11^α. Amer. J. Math. **65** (1943) 492—520. — [3] Proof of RAMANUJAN's partition congruence for the modulus 11^3. Proc. Amer. M. S. **1** (1950) 172—181.

LEPSON, B.: [1] Certain best possible results in the theory of SCHNIRELMANN density. Proc. Amer. M. S. **1** (1950) 592—594.

LINDENBAUM, A.: [1] Sur les ensembles dans lequels toutes les équations···. Fundam. Math. Warszawa **20** (1933) 1—29.

LINNIK, J.: [1] Das große Sieb. Doklady Akad. Nauk SSSR. II. s. **30** (1941) 292—294. — [2] On ERDÖS's theorem on the addition of numerical sequences. Mat. Sbornik N. S. **10** (52) (1942) 67—78. — [3] On a sequence which does not form the binary basis. Doklady Acad. Sci. URSS (N. S.) **36** (1942) 163—165. — [4] Elementary solution of the problem of WARING by SCHNIRELMANN's method. Mat. Sbornik, N. S. **12** (54) (1943) 225—230. — [5] On the possibility of a unique method in certain problems of „additive" and „distributive" prime number theory. Doklady Acad. Nauk Sci. URSS (N. S.) **49** (1945) 3—7. — [6] A new proof of the GOLDBACH-VINOGRADOV theorem. Mat. Sbornik n. S. **19** (1946) 3—8. — [7] Primzahlen und Potenzen ein und derselben Zahl Trudy Mat. Inst. Steklov, v. **38** (1951) 152—169. Izdat. Akad. Nauk SSSR, Moscow. — [8] Einige, das binäre GOLDBACH-Problem betreffende bedingte Sätze. Izvestija Akad. Nauk SSSR. Ser. mat. **16** (1952) 503—520. — [9] Die Summe von Primzahlen und Potenzen ein und derselben Zahl. Mat. Sbornik n. Ser. **32** (74) (1953) 3—60.

LIVINGOOD, J.: [1] A partition function with the prime numbers $P > 3$. Amer. J. Math. **67** (1945) 194—198.

LORENTZ, G.: [1] Multiplicity of representation of integers by sums of elements of two given sets. J. London M. S. **28** (1953) 464—467. — [2] On a problem of additive number theory. Proc. Amer. M. S. **5** (1954) 838—841.

LUCKEY, P.: [1] Auf wieviel verschiedene Arten läßt sich ein Geldbetrag in kleiner Münze ohne und mit Benutzung des 4-Pfg.-Stücks auszahlen? Unterr. Bl. **39** (1933) 50—52.

MACBEATH, A.: [1] On measure of sum sets. Proc. Cambr. Phil. Soc. **49** (1953) 40—43.

MACDONNELL, J.: [1] New criteria associated with FERMAT's last theorem. Bull. Amer. M. S. **36** (1930) 553—558.

MACMAHON, P.: [1] Combinatory analysis. Bd. 1, Cambr. Univ. Press 1915; Bd. 2, 1916, XIX + 340 S. — [2] Divisors of numbers and their continuations in the theory of partitions. Proc. Lond. M. S. (2) **19** (1920) 75—113. — [3] Note on the number which enumerates the partitions of a number. Proc. Cambr. Phil. Soc. **20** (1921) 281—283. — [4] The theory of modular partitions. Proc. Cambr. Phil. Soc. **21** (1922) 197—204. — [5] The partitions of infinity with some arithmetic and algebraic consequences. Proc. Cambr. Phil. Soc. **21** (1923) 642—650. — [6] The enumeration of the partitions of multipartite numbers. Proc. Cambr. **22** (1925) 951—963. — [7] The parity of $p(n)$, the number of partitions of n, when $n \leq 1000$. J. London M. S. **1** (1926) 225—226.

MAHLER, K.: [1] Über die Darstellung einer Zahl als Summe von drei Biquadraten. Mathematica, Tijdschrift voor Studeerenden **3** (1934) 69—72. — [2] On a special functional equation. J. London M. S. **15** (1940) 115—123.

MAILLET, E.: [1] Sur l'équation indéterminée $a\,x^{\lambda^*} + b\,y^{\lambda^*} = c\,z^{\lambda^*}$. Assoc. Franç. St. Etienne **26** (1897) 156—168; Annali di Mat. (3) **12** (1905) 145—178.

MAJUMDAR, K.: [1] On the parity of the partition function $p(n)$. J. Indian M. S., n. S. **13** (1949) 23—24.

MANN, H.: [1] A proof of the fundamental theorem on the density of sums of sets of positive integers. Ann. of Math. (2) **43** (1942) 523—527. — [2] On the number of integers in the sum of two sets of positive integers. Pacific J. Math. **1** (1951) 249—253. — [3] On products of sets of groups elements. Canad. J. Math. **4** (1952) 64—66. — [4] An addition theorem for sets of elements of ABELian groups. Proc. Amer. M. S. **4** (1953) 423.

MARDŽANIŠVILI, K.: [1] Sur un problème additif de la théorie des nombres. Bull. Acad. Sci. URSS, Sér. math. **4** (1940) 193—214. — [2] Sur la démonstration du théorème de GOLDBACH-VINOGRADOV. C. R. Acad. Sci. URSS (2) **30** (1941) 687—689. — [3] On a asymptotic formula of the additive theory of prime numbers. Soobščeniya Akad. Nauk Gruzin. SSR. **8** (1947) 597—604. — [4] On some additive problems with prime numbers. Uspehi Matem. Nauk (N. S.) **4**, no. 1 (29) (1949) 183—185. — [5] Untersuchungen zur Anwendung trigonometrischer Summen auf additive Probleme. Uspehi Matem. Nauk **5**, Nr. 1 (35) (1950) 236—240. — [6] Über ein System von Gleichungen in Primzahlen. Doklady Akad. Nauk. SSSR, n. S. **70** (1950) 381—383. — [7] Über einige additive Probleme der Zahlentheorie. Acta Math. Acad. Sci. Hungar. **2** (1951) 223 bis 227. — [8] On the simultaneous representation of pairs of numbers by sums of prime numbers and their squares. Akad. Nauk Gruzin. SSR. Trudy Mat. Inst. Razmadze **18** (1951) 183—208. — [9] Application de la méthode de J. VINOGRADOV aux systèmes d'équations DIOPHANTiques avec des nombres premiers. Dodatch Rocznika polsk. Towarz. mat. **22** (1951) 33—36. — [10] On some nonlinear systems of equations in integers. Mat. Sbornik N. S. **33** (75) (1953) 639—675.

MASSOUTIÉ, L.: [1] Sur le dernier théorème de FERMAT. C. R. **193** (1931) 502—504.

MEINARDUS, G.: [1] Partitionenprobleme. Diplomarbeit Univ. Heidelberg 1951.— [2] Über das Partitionenproblem eines reellquadratischen Zahlenkörpers. Math. Ann. **126** (1953) 343—361. — [3] Asymptotische Aussagen über Partitionen. MZ. **59** (1954) 388—398. — [4] Über Partitionen mit Differenzenbedingungen. MZ. **61** (1954/1955) 289—302.

MEISSNER, M.: [1] Über die Teilbarkeit von $2^{p-1} - 2$ durch das Quadrat der Primzahl $p = 1093$. Berl. Ber. 1913., 663—667.

MILEIKOWSKY, E.: [1] Elementarer Beitrag zur FERMATschen Vermutung. Crelle J. **166** (1931) 116—117.

MILLER, J.: [1] The sum of the integral parts in an arithmetical progression. Math. Gaz. **36** (1952) 234—243.

MIN, S.: [1] On the order of $\zeta(\frac{1}{2} + i\,t)$. Trans. Amer. M. S. **65** (1949) 448 bis 472.

MIRIMANOFF, D.: [1] L'équation indéterminée $x^l + y^l + z^l = 0$ et le criterium de KUMMER. Crelle J. **128** (1904/05) 45—68. — [2] Sur le dernier théorème de FERMAT. C. R. **150** (1910) 204—206; Crelle J. **139** (1911) 309—324.

MIRSKY, L.: [1] Note on an asymptotic formula connected with r-free integers. Quart. J. Math. (Oxford Ser.) **18** (1947) 178—182. — [2] On the number of representations of an integer as the sum of three r-free integers. Proc. Cambr. Phil. Soc. **46** (1947) 433—441. — [3] A property of squarefree integers. J. Indian M. S., n. S. **13** (1948) 1—3. — [4] On a problem in the theory of numbers. Simon Stevin, wis. natuurk. Tijdschr. **26** (1948) 25—27. — [5] The additive properties of integers of a certain class. Duke math. J. **15** (1948) 513—533. — [6] On a theorem in the additive theory of numbers due to EVELYN and LINFOOT. Proc. Cambr. Phil. Soc. **44** (1948) 305—312. — [7] Generalization of a problem of PILLAI. Proc. R. Soc. Edinburgh A **62** (1948) 460—469. — [8] Arithmetical pattern problems relating to divisibility by r-th powers. Proc. London M. S. II. S. **50** (1949) 497—508. — [9] The number of representations as the sum of a prime and a k-free integer. Amer. Math. Monthly **56** (1949) 17—19. — [10] On the distribution of integers having a prescribed number of divisors. Simon Stevin wis. natuurk. Tijdschr. **26** (1949) 168—175. — [11] Generalization of some results of EVELYN-LINFOOT and PAGE. Nieuw. Arch. Wiskunde, II. S. **23** (1950) 111—116. — [12] A theorem on sets of coprime integers. Amer. Math. Monthly **57** (1950) 8—14.

MORIMOTO, S.: [1] Über einen Satz von KHINCHINE (CHINČIN) über eine Summenfolge. Tôhoku math. J. **43** (1937) 1—3.

MORISHIMA, T.: [1] Über den FERMATschen Quotienten. Japanese J. of Math. **8** (1931) 159—173. — [2] Über die FERMATsche Vermutung. VII, Proc. Acad. Tokyo **8** (1932) 63—66. — [3] XI, Japanese J. of Math. **11** (1935) 241—252. — [4] XIII, Trans. Amer. M. S. **72** (1952) 67—81.

MORIYA, M.: [1] Über die FERMATsche Vermutung. Crelle J. **169** (1933) 92—97.

MOSER, L.: [1] On sets of integers which contain no three in arithmetical progression; Part I. Univ. of North Carolina, Ph. D. Diss. 1950. — [2] On non-averaging sets of integers. Canadian J. Math. **5** (1953) 245—252.

MOTZKIN, TH.: [1] Ordered and cyclic partitions. Riveon Lematematica **1** (1947) 61—67.

NAGELL, T.: [1] Zur Arithmetik der Polynome. Abh. Hamburg **1** (1922) 179—194. — [2] Bemerkung zu einer Arbeit von T. ESTERMANN „Einige Sätze über quadratfreie Zahlen". Math. Ann. **106** (1932) 616. — [3] Introduction to number theory. New York 1951, 309 S.

NATUCCI, A.: [1] Osservazioni sul problema di FERMAT. Boll. Un. Mat. Ital. **3** (1951) 245—248.

NEČAEV, V.: [1] WARING's problem for polynomials. Trudy Mat. Inst. Steklov, v. 38, Izdat. Akad. Nauk. SSSR. Moscou 1951, 190—243.

NEMYCKIJ, V.: [1] Sur quelques classes d'ensembles linéaires avec applications aux séries trigonométriques. Mat. Sbornik **33** (1926) 5—32.

NEWMAN, D.: [1] The evaluation of the constant in the formula for the number of partition of n. Amer. J. Math. **73** (1951) 599—601.

NICOL, CH.: [1] On restricted partitions and a generalization of the EULER φ number and the MÖBIUS function. Proc. Nat. Acad. Sci. USA **39** (1953) 963—968.

—, u. H. VANDIVER: [1] On generating functions for restricted partitions of rational integers. Proc. Nat. Acad. Sci. USA **41** (1955) 37—42. — [2] A VON STERNECK arithmetical function and restricted partitions with respect to a modulus. Proc. Nat. Acad. Sci USA **40** (1954) 825—835.

NIEDERMEIER, F.: [1] Ein elementarer Beitrag zur FERMAT-Vermutung. Crelle J. **185** (1943) 111—112. — [2] Zwei Erweiterungen eines KUMMERschen Kriteriums für die FERMATsche Gleichung. Dtsch. Math. **7** (1944) 518—519.

NIEWIADOMSKI, R.: [1] Sur la grandeur absolue et relation mutuelle des nombres entiers qui peuvent résoudre l'équation $x^p + y^p = z^p$. Wiadóm. mat. Warszawa **44** (1938).

NIVEN, I.: [1] On a certain partition function. Amer. J. Math. **62** (1940) 353—364. — [2] An unsolved case of the WARING problem. Amer. J. Math. **66** (1944) 137—143. — [3] The asymptotic density of sequences. Bull. Amer. M. S. **57** (1951) 420—434.

OBLÁTH, R.: [1] Untere Schranken für Lösungen der FERMATschen Gleichung. Portugaliae Math. **11** (1952) 129—132. — [2] Sur le problème de GOLDBACH. Mathesis **61** (1952) 179—183.

ORE, Ö.: [1] FERMAT's last theorem. Norsk. Math. Tidsskrift **7** (1925) 1—10.

OSTMANN, H.: [1] Über die Dichte der Summe zweier Zahlenmengen. Dtsch. Math. **5** (1940) 177—212. — [2] Beweis einer Vermutung über die asymptotische Dichte und Verschärfung einer Abschätzung über die Dichte der Summe zweier Zahlenmengen. Dtsch. Math. **6** (1941) 213—247. — [3] Gegenbeispiel zu einer Frage über Basismengen in der additiven Zahlentheorie. Crelle J. **185** (1943) 63—64. — [4] Untersuchungen über den Summenbegriff in der additiven Zahlentheorie. Math. Ann. **120** (1948) 165—196. — [5] Über die Dichten additiv komponierter Zahlenmengen. Arch. Math. **1** (1948) 393—401. — [6] Verfeinerte Lösung der asymptotischen Dichtenaufgabe. Crelle J. **187** (1949) 183—188. — [7] Über die Anzahl der Elemente von Summenmengen. Crelle J. **187** (1950) 222—230. — [8] Über eine Rekursionsformel in der Theorie der Partitionen. Math. Nachr. **13** (1955) 157—160.

OZIGOVA, E.: [1] Modification of the method of the sieve of ERATOSTHENES given by A. SELBERG. Uspehi Matem. Nauk (N. S.) 8, no. 3 (55) (1953) 119—124.

PAGE, A.: [1] An asymptotic formula in the theory of numbers. J. London M. S. **7** (1932) 24—27. — [2] On the number of primes in an arithmetic progression. Proc. London M. S. (2) **39** (1935) 116—141.

PALAMÀ, G.: [1] Saggio di una nuova trattazione delle multigrade. Boll. Un. Mat. Ital. (3) **3** (1948) 263—278.

PALL, G.: [1] The distribution of integers represented by binary quadratic forms. Bull. Amer. M. S. **49** (1943) 447—449.

PENNINGTON, W.: [1] On MAHLER's partition problem. Ann of. Math. (2) **57** (1953) 531—546.

PEREZ-CACHO, L.: [1] FERMAT's last theorem and the MERSENNE numbers. Revista Acad. Ci. Madrid **40** (1946) 39—57.

PETERSSON, H.: [1] Theorie der automorphen Formen beliebiger reeller Dimension und ihre Darstellung durch eine neue Art POINCARÉscher Reihen. Math. Ann. **103** (1930) 396—436. — [2] Automorphe Formen als metrische Invarianten I. Math. Nachr. **1** (1948) 158—212. — [3] Konstruktion der Modulformen.... S. B. Akad. Heidelberg 1950, 415—495. — [4] Über Modulfunktionen und Partitionenprobleme. Abhandl. Dtsch. Akad. d. Wiss. Berlin **1954**, 59 S.

PHILLIPS, E.: [1] The zeta-function of RIEMANN: Further developments of VAN DER CORPUT's method. Quart. J. (Oxford ser.) **4** (1933) 209—225.

PIERRE, CH.: [1] Sur le théorème de FERMAT $a^n + b^n = c^n$. C. R. Acad. Sci., Paris **217** (1943) 37—39. — [2] Remarques arithmétiques en connexion avec le dernier théorème de FERMAT. C. R. Acad. Sci. Paris **218** (1944) 23—25.

PILLAI, S.: [1] On sets of square-free numbers. J. Indian M. S. (2) **2** (1936) 116—118. — [2] Generalization of a theorem of DAVENPORT on the addition of residue classes. Proc. Indian Acad. Sci. A **6** (1937) 179—180. — [3] On the addition of residue classes. Proc. Indian Acad. Sci. A **7** (1938) 1—4. — [4] On WARING's problem with powers of primes. Proc. Indian Acad. Sci. A **9** (1939) 29—34. — [5] On the number of representations of a number as the sum of the square of a prime and a square-free integer. Proc. Indian Acad. Sci. A **10** (1939) 390—391. — [6] On numbers which are not multiples of any other in the set. Proc. Indian Acad. Sci. A **10** (1939) 392—394. — [7] Generalization of a theorem of MANGOLDT. Proc. Indian Acad. Sci. Sect. A **11** (1940) 13—20. — [8] On WARING's problem $g(6) = 73$. Proc. Indian Acad. Sci. Sect. A **12** (1940) 30—40. — [9] On WARING's problem with powers of primes. Proc. Indian Acad. Sci. A **12** (1940) 202—204. — [10] On a congruence property of the divisor function. J. Indian M. S. (N. S.) **6** (1942) 118—119. — [11] On numbers of the form $2^a 3^b$, I. Proc. Indian Acad. Sci. Sect. A **15** (1942) 128—132. — [12] On WARING's problem with powers of primes. J. Indian M. S. (N. S.) **8**)1944) 18—20.

—, u. A. GEORGE: [1] On numbers of the form $2^a 3^b$, II. Proc. Indian Acad. Sci. Sect. A **15** (1942) 133—134.

PIPPING, N.: [1] Die GOLDBACHsche Vermutung und der GOLDBACH-VINOGRADOVsche Satz. Acta Acad. Aboensis, Math. Phys. **11** Nr. 4 (1938) 25 S. — [2] GOLDBACHsche Spaltungen der geraden x für $x = 60000$ bis 99998. Acta Acad. Aboensis, Math. Phys. **12**, Nr. 11 (1940) 18 S.

PITT, H.: [1] General TAUBERian Theorems. Proc. London M. S. (2) **44** (1938) 243—288.

PLEMELJ, J.: [1] Die Unlöslichkeit von $x^5 + y^5 + z^5 = 0$ im Körper $\mathfrak{K}(\sqrt{5})$ Monatsh. Math. u. Phys. **23** (1912) 305—308.

POLLACZEK, F.: [1] Über den großen FERMATschen Satz. Wien. Ber. **126** (1917) 45—59. — [2] Relations entre les dérivées logarithmiques de KUMMER et les logarithmes π-adiques. Bull. Sci. math. Fr. **70** (1946) 199—218.

POLYA, G.: [1] Zur arithmetischen Untersuchung der Polynome. MZ. **1** (1918) 143—148.

POLYA, G., u. G. SZEGÖ: [1] Aufgaben u. Lehrsätze aus der Analysis, 2. Bd., 1953.

POMEY, L.: [1] Sur le dernier théorème de FERMAT. Journ. de Math. (9) **4** (1925) 1—22. — [2] Nouvelles remarques relatives au dernier théorème de FERMAT. C. R. **193** (1931) 563—564.

PRACHAR, K.: [1] Über einen Satz der additiven Zahlentheorie. Mh. **56** (1952) 101—104. — [2] Über Primzahldifferenzen I, II. Mh. **56** (1952) 304—306; 307—312. — [3] Über ein Problem vom WARING-GOLDBACHschen Typ. I, II. Mh. **57** (1953) 66—74; 113—116. — [4] On integers having many representations as a sum of two primes. J. London M. S. **29** (1954) 347—350. — [5] Bemerkung zu einer Arbeit von ERDÖS und RÉNYI und Berichtigung. Mh. **58** (1954) 117.

RADEMACHER, H.: [1] Beiträge zur VIGGO BRUNschen Methode in der Zahlentheorie. Hamburger Abh. **3** (1923/24) 12—30. — [2] On the partition function. Proc. London M. S. (2) **43** (1937) 241—254. — [3] A convergent series for the partition function. Proc. nat. Acad. Sci. USA **23** (1937) 78—84. — [4] The FOURIER coefficients of the modular invariant $J(\tau)$. Amer. J. Math. **60** (1938) 501—512. — [5] FOURIER expansions of modular forms and problems of partition. Bull. Amer. M. S. **46** (1940) 59—73. — [6] The RAMANUJAN identities under modular substitutions. Trans. Amer. M. S. **51** (1942) 609—636. — [7] On the expansion of the partition function in a series. Ann. of Math. (2) **44** (1943) 416—422. — [8] Additive algebraic number theory. Proc. of the Intern. Congress of Math. 1950, I, 356—362. — [9] Generalization of the reziprocity formula for DEDEKIND sums. Duke Math. J. **21** (1954) 391—397.

—, u. A. WHITEMAN: [1] Theorems on DEDEKIND sums. Amer. J. Math. **63** (1941) 377—407.

—, u. H. ZUCKERMANN: [1] On the FOURIER coefficients of certain modular forms of positive dimensions. Ann. Math. Princeton (2) **39** (1938) 433—462. — [2] A new proof of two of RAMANUJAN's identities. Ann. Math. Princeton (2) **40** (1939) 473—489.

RAIKOV, D.: [1] Über Basen der natürlichen Zahlenreihe. Rec. math. Moscou (2) **2** (1937) 595—597. — [2] Generalization of the IKEHARA-LANDAU-Satz. Rec. math. Moscou (2) **3** (1938) 559—568. — [3] On multiplicative bases for the natural series. Rec. math. Moscou (2) **3** (1938) 569—576. — [4] On the distribution of numbers the prime factors of which belong to a given arithmetical progression. Rec. math. Moscou (2) **4** (1938) 563—570. — [5] On the addition of pointsets in the sense of SCHNIRELMANN. Rec. math. Moscou (2) **5** (1939) 425—440. — [6] Beweis des SCHNIRELMANNschen Satzes über die Dichte der arithmetischen Summe von Mengen. Uspehi mat. nauk. **1940** Nr. 7, 97—101.

RAMANATHAN, K.: [1] Identities and congruences of the RAMANUJAN type. Canadian J. Math. **2** (1950) 168—178.

RAMANUJAN, S.: [1] Congruence properties of partitions. Proc. Lond. M. S. (2) **18** (1920); MZ. **9** (1921) 147—153. — [2] Collected papers. Cambr. Univ. Press. 1927, XXXVI + 355 S.

RAMSAY, F.: [1] On a problem of formal logic. Proc. London M. S. (2) **30** (1930) 260—286.

RANDOLPH, J.: [1] Distances between points of the CANTOR set. Amer. Math. Monthly **47** (1940) 549—551. — [2] Some properties of sets of the CANTOR type. J. London M. S. **16** (1941) 38—42.

RANGA CHARIAR, V.: [1] On certain sequences of integers no one of which is divisible by any other. Patna Univ. J. **1** (1944) 22—29.

RANKIN, R.: [1] The difference between consecutive prime numbers. IV. Proc. Amer. M. S. **1** (1950) 143—150.

RAO, S.: [1] On the representation of a number as the sum of the k-th power of a prime and l-th power-free integer. Proc. Indian Acad. Sci. A **11** (1940) 429—436. — [2] Generalization of a theorem of PILLAI-SELBERG. Proc. Indian Acad. Sci. A **11** (1940) 502—504.

RÉDEI, L., u. A. RÉNYI: [1] On the representation of the numbers 1, 2, . . ., N by means of differences. Mat. Sbornik N. S. **24** (= 66) (1949) 385—389.

RÉNYI, A.: [1] Über die Darstellung der geraden Zahlen als Summe einer Primzahl und einer Fastprimzahl. Izvestiya Akad. Nauk SSSR, Ser. mat. **12** (1948) 57—78. — [2] Un nouveau théorème concernant les fonctions indépendantes et ses applications à la théorie des nombres. J. Math. Pures Appl. (9) **28** (1949) 137—149. — [3] On the large sieve of J. V. LINNIK. Compositio Math. **8** (1950) 68—75.

RÉNYI, K.: [1] The distribution of numbers not divisible by a k-th power of an integer greater that one in the set of values of a polynomial having rational roots. C. R. du premier Congrès des Math. Hongrois, 27 Août — 2. Sept. 1950, 493—506. Akad. Kiadó, Budapest 1952.

RICCI, G.: [1] Sull'aritmetica additiva degl'interi liberi da potenze. Tôhoku math. J. **41** (1935) 20—26. — [2] Sulla consettura di GOLDBACH e la constante di SCHNIRELMANN I, II. Ann. Scoula norm. sup. Pisa (2) **6** (1937) 71—90; 91—116. — [3] Recenti risultati nel campo dell'aritmetica. Il problema di GOLDBACH. Rend. Sem. mat. fis. Milano **13** (1941) 204—226. — [4] Problemi secolari e risposte recenti nel campo dell'aritmetica. Atti Convegno Mat. Roma **1942** (1945) 91—131. — [5] La differenza di numeri primi consecutivi. Univ. Politec. Torino, Rend. Sem. mat. **11** (1952) 149—200. — [6] Sul coefficiente di VIGGO BRUN. Ann. Scuola Norm. Super Pisa (3) **7** (1953) 133—151.

RICHERT, H.: [1] Über Zerfällungen in ungleiche Primzahlen. MZ. **52** (1949) 342—343. — [2] Über Zerlegungen in paarweise verschiedene Zahlen. Norsk. Mat. Tidsskr. **31** (1949) 120—122. — [3] Aus der additiven Primzahltheorie. Crelle J. **191** (1953) 179—198. — [4] Über die Anzahl ABELscher Gruppen gegebener Ordnung I, II. MZ. **56** (1952) 21—32; **58** (1953) 71—84. — [5] Verschärfung der Abschätzung beim DIRICHLETschen Teilerproblem. MZ. **58** (1953) 204—218. — [6] Über quadratfreie Zahlen mit genau r Primfaktoren in einer arithmetischen Progression. Crelle J. **192** (1953) 180—203. — [7] On the difference between consecutive squarefree numbers. J. London M. S. **29** (1954) 16—20.

RIEGER, G.: [1] Über eine Verallgemeinerung des WARINGschen Problems. MZ. **58** (1953) 281—283. — [2] Zur HILBERTschen Lösung des WARINGschen Problems: Abschätzung von $g(n)$. Arch. Math. **4** (1953) 275—281. — [3] Zur LINNIKschen Lösung des WARINGschen Problems: Abschätzung von $g(n)$. MZ. **60** (1954) 213—234.

RODOSSKIĬ, K.: [1] On the distribution of prime numbers in short arithmetic progressions. Izvestiya Akad. Nauk SSSR. Ser. Mat. **12** (1948) 123 bis 128.

ROGERS, L.: [1] On the expansion of some infinite products. Proc. London M. S. **24** (1893) 337—352.

—, u. S. RAMANUJAN: [1] Proof of certain identities in combinatory analysis. Proc. Cambr. Phil. Soc. **19** (1919) 211—216.

ROHRBACH, H.: [1] Ein Beitrag zur additiven Zahlentheorie. MZ. **42** (1936) 1—30. — [2] Beweis einer zahlentheoretischen Ungleichung. Crelle J. **177** (1937) 193—196. — [3] Einige neuere Untersuchungen über die

Dichte in der additiven Zahlentheorie. DMV **18** (1939) 199—236. — [4] Anwendung eines Satzes der additiven Zahlentheorie auf eine gruppen theoretische Frage. MZ. **42** (1937) 538—542.

Rohrbach, H., u. B. Volkmann: [1] Zur Konvergenz von Mengenfolgen. Math. Ann. **124** (1952) 298—302. — [2] Zur Theorie der asymptotischen Dichte. Crelle J. **192** (1953) 102—112. — [3] Verallgemeinerte asymptotische Dichten. Crelle J. **194** (1955) 195—209.

Romanov, N.: [1] Über zwei Sätze der additiven Zahlentheorie I. Rec. math. Moscou **40** (1933) 514—520. II. Math. Ann. **109** (1934) 668—678. — [2] Über die additiven Eigenschaften der allgemeinen Zahlenfolgen. Mitt. Forsch. Inst. Math. Mech. Kujbyschew, Univ. Tomsk **1** (1937) 190 bis 204. — [3] Bestimmung des quadratischen Mittelwertes der Fundamentalfunktion der additiven Zahlentheorie. Mitt. Forsch. Inst. Math. Mech. Kujbyschew, Univ. Tomsk **21** (1938) 13—37. — [4] Über die Bestimmung der höheren Mittelwerte der Fundamentalfunktion der additiven Zahlentheorie. Izvestiya Math. Mech. Inst. Univ. Tomsk **3** (1946) 128—144. — [5] Zur Frage der Verteilung der Primzahlen in Restklassen. Mat. Sbornik II. S. **23** (1948) 259—278.

Rosser, B.: [1] A new lower bound for the exponent in the first case of Fermat's last theorem. Bull. Amer. M. S. **46** (1940) 299—304. — [2] An additional criterium for the first case of Fermat's last theorem. Bull. Amer. M. S. **47** (1941) 109—110. — [3] Explicit bounds for some functions of prime numbers. Amer. J. Math. **63** (1941) 211—232.

Roth, K.: [1] A theorem involving squarefree numbers. J. London M. S. **22** (1947) 231—237. — [2] On the gaps between squarefree numbers. J. London M. S. **26** (1951) 263—268. — [3] On Waring's problem for cubes. Proc. London M. S. (2) **53** (1951) 268—279. — [4] Sur quelques ensembles d'entiers. C. R. Acad. Sci. Paris **234** (1952) 388—390. — [5] On certain sets of integers. J. London M. S. **28** (1953) 104—109.

Rubugunday, R.: [1] On $g(k)$ in Waring's problem. J. Indian M. S. (N. S.) **6** (1942) 192—198.

Rushforth, J.: [1] Congruence properties of the partition function and associated functions. Proc. Cambr. Philos. Soc. **48** (1952) 402—413.

Russel, A., u. C. Gwyther: [1] The partitions of cubes. Math. Gaz. London **21** (1937) 33—35.

Salem, R., u. D. Spencer: [1] On sets which contain no three terms in arithmetic progression. Proc. Nat. Acad. Sci. USA **28** (1942) 561—563. — [2] On the influence of gaps on density of integers; Duke Math. J. **9** (1942) 855—872. — [3] On sets which do not contain a given number of terms in arithmetical progression. Nieuw. Arch. Wisk. II. S. **23** (1950) 133—143.

Salié, H.: [1] Über die Kloostermannschen Summen. MZ. **34** (1932) 91—109. — [2] Zur Abschätzung der Fourier-Koeffizienten ganzer Modulformen. MZ. **36** (1933) 263—278.

Sandham, H.: [1] Five series of partition. J. London M. S. **27** (1952) 107—115. — [2] Two identities due to Ramanujan. Quart. J. Math. (Oxford Ser.) (2), **3** (1952) 179—182.

Šanin, N.: [1] Über die Teilmengen der natürlichen Zahlenreihe, die eine Dichte besitzen. Mat. Sbornik n. Ser. **31** (73) (1952) 367—380.

Šapiro-Pjateckij, I.: [1] Über eine asymptotische Formel für die Anzahl der Abelschen Gruppen, deren Ordnung n nicht übersteigt. Mat. Sbornik, n. Ser. **26** (68) (1950) 479—486. — [2] On a variant of the Waring-Goldbach problem. Mat. Sbornik n. S. **30** (72) (1952) 105—120.

SATHE, L.: [1] On a congruence property of the divisor function I. J. Indian M. S. (N. S.) **7** (1943) 143—145; [2] II. 146—151. — [3] On a congruence property of the divisor function. Amer. J. Math. **67** (1945) 397—406. — [4] On a problem of HARDY on the distribution of integers having a given number of prime factors I, II. J. Indian M. S. (N. S.) **17** (1953) 63—82, 83—141.

SCHERK, P.: [1] Eine Bemerkung über Mengen natürlicher Zahlen. Časopis Mat. Fysik, Praha **68** (1938) 31—32. — [2] Bemerkungen zu einer Note von BESICOVITCH. J. London M. S. **14** (1939) 185—192. — [3] Two estimates connected with the (α, β)-hypothesis. Ann. Math. Princeton (2) **42** (1941) 538—546.

SCHNIRELMANN, L.: [1] Über additive Eigenschaften von Zahlen. Ann. Inst. polytechn. Novočerkask **14** (1930) 3—28 und Math. Ann. **107** (1933) 649—690. — [2] On addition of sequences and sets. Rec. math. Moscou (2) **5** (1939) 211—215. — [3] Prime numbers. Moskau-Leningrad, Gostechizdat, 1940, 60 S.

SCHOLZ, A.: [1] DMV **45** (1935) 110 kurs., Aufg. 207. — [2] DMV **47** (1937), 41 kurs., Aufg. 253.

SCHÖNBERG, I.: [1] On asymptotic distributions of arithmetical functions. Trans. Amer. M. S. **39** (1936) 315—330.

SCHOENFELD, L.: [1] A transformation formula in the theory of partitions. Duke Math. J. **11** (1944) 873–887.

v. SCHRUTKA, L.: [1] Zur additiven Zahlentheorie. Wien. Ber. **126** (1917) 1081—1163.

SCHUR, I.: [1] Über die Kongruenz $x^m + y^m \equiv z^m\ (p)$. DMV **25** (1916) 114—117. — [2] Ein Beitrag zur additiven Zahlentheorie und zur Theorie der Kettenbrüche. Berl. Ber. **1917**, 302—321. — [3] Zur additiven Zahlentheorie. S. B. Akad. Berlin **1926**, 488—495. — [4] Über den Begriff der Dichte in der additiven Zahlentheorie. S. B. Preuß. Akad. Wiss. Phys. Math. Kl. **1936**, 269—297.

SCHWINDT, H.: [1] Eine Bemerkung zu einem Kriterium von H. S. VANDIVER. DMV **43** (1934) 229—231.

SCORZA, G.: [1] Osservazioni varie sulla teoria delle sostituzioni e sulle partizioni di numeri interi in numeri interi. Palermo Rend. **36** (1913) 163—170.

SÉGAL, D.: [1] On some problems of the additive theory of numbers. Ann. of Math. (2) **36** (1935) 507—520. — [2] A note on FERMAT's last theorem. Amer. Math. Monthly **45** (1938) 438—439. — [3] Trigonometric sums and some of their applications.... Uspehi Matem. Nauk (N. S.) **1**, no. 3—4 (13—14) (1946) 147—193.

SELBERG, A.: [1] Über einige arithmetische Identitäten. Avhl. Norske Vidensk. Akad. Oslo I, **1936**, Nr. 8, 23 S. — [2] On an elementary method in the theory of primes. Norske Vid. Selsk. Forh. Trondhjem **19**, no 18 (1947) 64—67. — [3] An elementary proof of DIRICHLET's theorem about primes in an arithmetic progression. Ann. Math. Princeton II. Ser. **50** (1949) 297—304. — [4] An elementary proof of the prime number theorem. Ann. Math. Princeton II. Ser. **50** (1949) 305—313. — [5] On elementary methods in prime number theory and their limitations. Den 11te Skand. Mat.-Kongress Trondheim 1949, 13—22. — [6] An elementary proof of the prime number theorem for arithmetic progression. Canadian J. Math. **2** (1950) 66—78. — [7] The general sieve-method and its place in prime number theory. Proc. of the International Congress of Math. Cambr. Mass. 1950, Bd. 1, 286—292, Amer. M. S. Providence R. J. (1952).

SELBERG, S.: [1] Zur Theorie der quadratfreien Zahlen. MZ. **44** (1938) 306—318. — [2] Ein elementarer Satz über den größten Primfaktor einer quadratfreien Zahl, die aus einer gegebenen Anzahl von Primfaktoren zusammengesetzt ist. Ann. Math. og. Naturvid. B **45** (1941) Nr. 4, 1—8. — [3] Über die Verteilung einiger Klassen quadratfreier Zahlen, die aus einer gegebenen Anzahl von Primfaktoren zusammengesetzt sind. Skr. Norske Vid. Akad. Oslo, I (1942) Nr. 5, 49 S. — [4] On the distribution of the positive integers of the form $p\,p_1^{\alpha_1}\cdots p_n^{\alpha_n}$. Norske Vid. Selsk. Forh. Trondhjem **16**, no 24 (1943) 87—90. — [5] The number of cancelled elements in the sieve of ERATOSTHENES. Norsk. Mat. Tidskr. **26** (1944) 79—84. — [6] Note on a metrical problem in the additive theory of numbers. Arch. Math. Naturvid. **7**, no 8 (1944) 111—118. — [7] An asymptotic formula for the distribution of the two factorial integers. 10. Skandinavischer Math. Kongr. København 1946, 59—64 (1947). — [8] Eine obere Schranke für die Anzahl der nichtgestrichenen Zahlen beim Sieb des ERATOSTHENES. Norsk. Vid. Selsk. Forhdl. **19**, Nr. 2 (1947) 3—6. — [9] Eine Übersicht über einige neuere Resultate in der additiven Zahlentheorie. Mat. Tidsskr. A, København (1949) 1—15. — [10] Note on distribution of the integers $ax^2 + by^2 + c^{z^2}$. Arch. Math. Naturvid. **50**, no. 2 (1949) 65—69. — [11] A theorem in analytic number theory. Norske Vid. Selsk. Forhdl. **23**, Nr. 1 (1951) 1—2.

SELMER, E.: [1] Eine neue asymptotische Formel für die Anzahl der GOLDBACHschen Spaltungen einer geraden Zahl und eine numerische Kontrolle. Arch. Math. Naturvid. **46**, no. 1 (1943) 1—18. — [2] Eine numerische Untersuchung über die Darstellung der natürlichen Zahlen als Summe einer Primzahl und einer Quadratzahl. Arch. Math. Naturvid. **46**, no. 2 (1943) 21—39.

—, u. G. NESHEIM: [1] Die GOLDBACHschen Zwillingsdarstellungen der durch 6 teilbaren Zahlen 196302—196596. Norske Vid. Selsk. Forh. Trondhjem **15**, no. 28 (1942) 107—110.

SHAH, S.: [1] An inequality for the arithmetical function $g(x)$. J. Indian M. S. **3** (1939) 316—318.

SHANKS, D.: [1] A short proof of an identity of EULER. Proc. Amer. M. S. **2** (1951) 747—749.

SHAPIRO, H.: [1] Some assertions equivalent to the prime number theorem for arithmetic progressions. Commun. Pure Appl. Math., New York **2** (1949) 293—308. — [2] Power-free integers represented by linear forms. Duke Math. J. **16** (1949) 601—607. — [3] On a theorem of SELBERG and generalization. Ann. Math. Princeton II. S. **51** (1950) 485—497. — [4] On primes in arithmetic progressions I, II. Ann. Math. Princeton II. S. **52** (1950) 217—230, 231—243.

—, u. J. WARGA: [1] On the representation of large integers as sums of primes I. Commun. pure appl. Math., New York **3** (1950) 153—176.

SHEPHERDSON, J.: [1] On the addition of elements of a sequence. J. London M. S. **22** (1947) 85—88.

SIDON, S.: [1] Ein Satz über trigonometrische Polynome und seine Anwendung in der Theorie der FOURIER-Reihen. Math. Ann. **106** (1932) 536—539.

SIEGEL, C. L.: [1] Über die Klassenanzahl quadratischer Zahlkörper. Acta arithmetica **1** (1935) 83—86.

SIERPIŃSKI, W.: [1] Sur une propriété des nombres premiers. Bull. Soc. Roy. Sci. Liége **21** (1952) 537—539.

SIMONS, W.: [1] Congruences involving the partition function $p(n)$. Bull. Amer. M. S. **50** (1944) 883—892.

SINGER, J.: [1] A theorem in finite projective geometry and some applications to number theory. Trans. Amer. M. S. **43** (1938) 377—385.

SKOLEM, T.: [1] Nogen additiv tallteoretiske betraktninger. Norsk. mat. Tidsskr. **17** (1935) 97—121. — [2] DIOPHANTische Gleichungen. Ergebnisse d. Math. (1938), IX+130 S. — [2] Einiges über die Aufspaltung natürlicher Zahlen in Summen von zwei Quadraten. Norsk. mat. Tidsskr. **21** (1939) 49—55.

SLATER, L.: [1] A new proof of ROGERS' transformations of infinity series. Proc. London M. S. (2) **53** (1951) 460—475. — [2] Further identities of the ROGERS-RAMANUJAN type. Proc. London M. S. (2) **54** (1952) 147 bis 167.

SPERNER, E.: [1] Ein Satz über Untermengen einer endlichen Menge. MZ. **27** (1928) 544—548.

SPRAGUE, R.: [1] Über Zerlegungen in n-te Potenzen mit lauter verschiedenen Grundzahlen. MZ. **51** (1948) 466—468. — [2] Über additive Zerlegungen in lauter verschiedene Glieder einer Teilfolge der natürlichen Zahlenreihe. MZ. **56** (1952) 258—260.

STALLEY, R.: [1] A modified SCHNIRELMANN density. Pacific J. Math. **5** (1955) 119—124.

STEINHAUS, H.: [1] Eine neue Eigenschaft der Menge von G. CANTOR. Wektor, Warszawa **7** (1917).

STERN, M.: [1] Eine Bemerkung über Divisorensummen. Acta Math. **6** (1885) 327—328.

v. STERNECK, R.: [1] Über die Anzahl der Zerlegungen einer ganzen Zahl in 6 Summanden. Arch. d. Math. u. Phys. (3) **3** (1902) 195—216. — [2] Ein Analogon zur additiven Zahlentheorie I. Wien. Ber. **111** (1902) 1567—1601; [3] II. **113** (1904) 326—340. — [4] Über ein Analogon zur additiven Zahlentheorie. DMV **12** (1903) 110—113. — [5] Geometrische Ableitung des Satzes von DE MORGAN-SYLVESTER und seines Analogons für 4 Summanden. Palermo Rend. **32** (1911) 88—94. — [6] Zum EULER-LEGENDREschen Satz der additiven Zahlentheorie. Wien. Ber. **126** (1917) 1345—1354.

STÖHR, A.: [1] Eine Basis h-ter Ordnung für die Menge aller natürlichen Zahlen. MZ. **42** (1937) 739—743. — [2] Bemerkungen zur additiven Zahlentheorie I. Mittlere Ordnung. Crelle J. **183** (1941) 168—174; [3] II. Eine Modifikation des Dichtebegriffes. Crelle J. **185** (1943) 6—62; III. Vereinfachter Beweis eines Satzes von A. BRAUER. Crelle J. **195** (1955/56) 172—174. — [4] Anzahlabschätzung einer bekannten Basis h-ter Ordnung. MZ. **47** (1942) 778—787. — [5] Gelöste und ungelöste Fragen über Basen der natürlichen Zahlenreihe I. Crelle J. **194** (1955) 40—65; [6] II. Crelle J. **194** (1955) 111—140.

—, u. E. WIRSING: [1] Beispiele von wesentlichen Komponenten, die keine Basen sind. Crelle J. (im Druck).

SZEKERES, G.: [1] An asymptotic formula in the theory of partitions I, II. Quart. J. Math. (Oxford Ser.) (2) **2** (1951) 85—108; **4** (1953) 96—111.

TANAKA, M.: [1] An elementary proof of the prime number theorem. Sugaku (Math.) **3** (1951) 136—143.

TANTURRI, A.: [1] Della partizioni dei numeri. Ambi, terni, quaterne, e cinquine di data somma. Torino Atti **52** (1916—1917) 902—918.

TATUZAWA, T.: [1] On the number of primes in an arithmetic progression. Jap. J. Math. **21** (1951) 93—111 (1952).

TATUZAWA, T. u. K. ISEKI: [1] On SELBERG's elementary proof of the prime-number theorem. Proc. Japan Acad. **27** (1951) 340—342.

TIETZE, H.: [1] Über die GLAISHERsche Verallgemeinerung eines EULERschen Satzes über Partitionen. Crelle J. **191** (1953) 64—68.

TITCHMARSH, E.: [1] On the order of $\zeta(\frac{1}{2} + i t)$. Quart. J. (Oxford ser.) **13** (1942) 11—17.

TODD, J.: [1] A theorem in arithmetic. Math. Gaz. London **21** (1937) 423—424. — [2] A table of partitions. Proc. London M. S. (2) **48** (1943) 229—242.

TRICOMI, F.: [1] Sul numero delle partizioni di un intero dato. Bulletino V. M. I, **7** (1928) 243—245.

TROST, E.: [1] Ein wichtiger Begriff der additiven Zahlentheorie. Elemente der Math. **1** (1946) 57—60. — [2] Primzahlen. Basel, 1953, 95 S.

TSCHAKALOFF, L.: [1] Unmöglichkeitsbeweis der Gleichung $\alpha^5 + \beta^5 = \eta\, \gamma^5$ im quadratischen Körper $K(\sqrt{5})$. Tôhoku math. J. **27** (1926) 189—198.

TURÁN, P.: [1] On the remainder term of the prime-number formula I, II. Acta Math. Acad. Sci. Hungar. **1** (1950) 48—63, 155—166. — [2] A note on FERMAT's conjecture. J. Indian M. S. (N. S.) **15** (1951) 47—50.

UTZ, W.: [1] A note on the SCHOLZ-BRAUER Problem in addition chains. Proc. Amer. M. S. **4** (1953) 462—463.

VAHLEN, TH.: [1] Beiträge zu einer additiven Zahlentheorie. Crelle J. **112** (1893) 1—36. — [2] Zur Partition der Zahlen. S. B. Akad. Berlin (1929) 394—400.

DE LA VALLÉE POUSSIN, CH.: [1] Recherches analytiques sur la théorie des nombres premiers. Ann. Soc. Sci. Bruxelles **20** B (1896) 183—256, 281—397.

VANDIVER, H.: [1] Extension of the criteria of WIEFERICH and MIRIMANOFF in connection with FERMAT's last theorem. Crelle J. **146** (1914) 314—317. — [2] A new type of criterial for the first case of FERMAT's last theorem. Ann. of Math. 2, **26** (1924) 88—94. — [3] Summary of results and proofs concerning FERMAT's last theorem IV, V. Proc. USA Acad. **15** (1929) 108 bis 109; **16** (1930) 298—304. — [4] On FERMAT's last theorem. Trans. Amer. M. S. **31** (1929) 613—642 (Berichtigung dazu: **33** (1931) 998). — [5] Note on the divisors of the numerators of BERNOULLI's numbers. Proc. Nat. Acad. Sci. USA **18** (1932) 594—597. — [6] On BERNOULLI's number and FERMAT's last theorem II. Duke Math. J. **5** (1939) 418—427. — [7] Note on EULER number criteria for the first case of FERMAT's last theorem. Amer. J. Math. **62** (1940) 79—82. — [8] FERMAT's last theorem. Its history and the nature of the known results concerning it. Amer. Math. Monthly **53** (1946) 555—578. — [9] New types of congruences involving BERNOULLI numbers and FERMAT's quotient. Proc. Nat. Acad. Sci. USA. **34** (1948) 103—110. — [10] A supplementary note to a 1946 article on FERMAT's last theorem. Amer. Math. Monthly **60** (1953) 164—167. — [11] New types of trinomial congruence criteria applying to FERMAT's last theorem. Proc. Nat. Acad. Sci. USA **40** (1954) 248—252. — [12] The relation of some data obtained from rapid computing machines to the theory of cyclotomic fields. Proc. Nat. Acad. Sci. USA **40** (1954) 474—480. — [13] Examination of methods of attack on the second case of FERMAT's last theorem. Proc. Nat. Acad. Sci. USA **40** (1954) 732—735.

—, u. G. WAHLIN: [1] Algebraic numbers II. Bull. Nat. Res. Council no. **62** (1928) 28—111 (Bull. series).

LE VEQUE, J.: [1] On the size of certain number-theoretic functions. Trans. Amer. M. S. **66** (1949) 440—463. — [2] On representations as a sum of consecutive integers. Canadian J. Math. **2** (1950) 399—405.

VINOGRADOV, I.: [1] On WARING's problem. Ann. of Math. (2) **36** (1935) 395—405. — [2] Some theorems concerning in the theory of primes. Rec. math. Moscou (2) **2** (1937) 179—195. — [3] Zwei Sätze aus der analytischen Zahlentheorie. Acad. Sci. URSS, Fil. Géorgienne, Trav. Inst. math. Tbilissi **5** (1937) 153—180. — [4] Eine neue Methode in der analytischen Zahlentheorie. Acad. Sci. URSS, Trav. Inst. math. Steklov **10** (1937) 122 S. — [5] Einige allgemeine Primzahlsätze. Acad. Sci. URSS. Fil. Géorgienne, Trav. Inst. math. Tbilissi **3** (1938) 1—67. — [6] Additive Probleme der Primzahltheorie. Akad. Nauk SSSR, Jubil. Sbornik **1** (1947) 65—79. — [7] Die Methode der trigonometrischen Summen in der Zahlentheorie. Akad. Nauk SSSR, Trudy mat. Inst. Steklov **23** (1947) 110 S. — [8] An elementary proof of the theorem from the theory of prime numbers. Izvestiya Akad. Nauk SSSR Ser. Mat. **17** (1953) 3—12.

VOLKMANN, B.: [1] Über Klassen von Mengen natürlicher Zahlen. Crelle J. **190** (1952) 199—230. — [2] Über die HAUSDORFFschen Dimensionen von Mengen, die durch Zifferneigenschaften charakterisiert sind I, II, III, IV. MZ. **58** (1953) 284—287; **59** (1953) 247—254; **59** (1953) 259—270; **59** (1953) 425—433. — [3] Zwei Bemerkungen über pseudorationale Mengen. Crelle J. **193** (1954) 126—128. — [4] Über die Klasse der Summenmengen. Arch. Math. **6** (1955) 200—207.

WACHS, S.: [1] Sur un problème de la théorie des fonctions solidaire du théorème de FERMAT. Rev. Sci. Paris **78** (1940) 297—298. — [2] Sur certains aspects analytiques du théorème de FERMAT. C. R. Acad. Sci. Paris **211** (1940) 55—57.

v. D. WAERDEN, B.: [1] Beweis einer BAUDETschen Vermutung. Nieuw. Arch. Wiskunde **15** (1927) 212—216. — [2] Einfall und Überlegung in der Mathematik III. Der Beweis der Vermutung von BAUDET. Elemente Math. **9** (1954) 49—56.

WALFISZ, A.: [1] Zur additiven Zahlentheorie. Acta arith. **1** (1935) 123—160; [2] II. MZ. **40** (1935) 592—607; [3] III, IV. Acad. Sci. URSS, Fil. Géorgienne, Trav. Inst. math. Tbilissi **3** (1938) 69—111, 121—192; [4] VII. Mitt. Acad. Wiss. Georg. SSR **2** (1941) 7—14, 221—226; [5] IX, Trav. Inst. Math. Tbilissi **9** (1941) 75—96.

WARD, M.: [1] EULER's three biquadrates problem. Proc. Nat. Acad. Sci. USA **31** (1945) 125—127. — [2] EULER's problem on sums of three fourth powers. Duke Math. J. **15** (1948) 827—837.

WATSON, G.: [1] A new proof of the ROGERS-RAMANUJAN identies. J. London M. S. **4** (1929) 4—9. — [2] Two tables of partitions. Proc. London M. S. (2) **42** (1937) 550—556. — [3] RAMANUJANS Vermutung über Zerfällungszahlen. Crelle J. **179** (1938) 97—128. — [4] On integers n relatively prime to $[\alpha n]$. Canad. J. Math. **5** (1953) 451—455.

WESTPHAL, H.: [1] Über die Nullstellen der RIEMANNschen ζ-Funktion im kritischen Streifen. Schr. math. Sem. Inst. angew. Math. Univ. Berlin **4** (1938) 1—31.

WHITEMAN, A.: [1] A note on KLOOSTERMANN sums. Bull. Amer. M. S. **51** (1945) 373—377. — [2] A sum connected with the partition function. Bull. Amer. M. S. **53** (1947) 598—603.

WIDDER, D.: [1] The LAPLACE Transformation. Princeton 1946, 406 S.

WIEFERICH, A.: [1] Beweis des Satzes, daß sich eine jede ganze Zahl als Summe von höchstens neun positiven Kuben darstellen läßt. Math. Ann. **66** (1909) 95—101. — [2] Zum letzten FERMATschen Theorem. Crelle J. **136** (1909) 293—302.

WIENER, N.: [1] A new method in TAUBERian theorems. J. Math. Physics. Massachusetts **7** (1928) 161—184. — [2] TAUBERian Theorems. Ann. of Math. (2) **33** (1932) 1—100. — [3] The FOURIER integral and certain of its applications. Cambridge, 1933, 201 S.

WINTNER, A.: [1] On the prime number theorem. Amer. J. Math. **64** (1942) 320—326. — [2] On an harmonical analysis of the irregularities in GOLDBACH's problem. Revista Ci., Lima **45** (1943) 175—182. — [3] ERATHOSTENian Averages. Baltimore Md. 1943, 81 S. (Monogr.). — [4] The theory of measure in arithmetical semigroups. Baltimore Md. 1944, 56 S. (Monogr.) — [5] On restricted partitions with a basis of uniqueness. Rev. Un. mat. Argentina **13** (1948) 99—105.

WIRSING, E.: [1] Ein metrischer Satz über Mengen ganzer Zahlen. Arch. Math. **6** (1953) 392—398.

WRIGHT, E.: [1] Asymptotic partition formulae I, II, III. Quart. J. **2** (1931) 177—189; Proc. London M. S. (2) **36** (1933) 117—141; Acta math. **63** (1934) 143—191. — [2] The elementary proof of the prime number theorem. Proc. Roy. Soc. Edinburgh, Sect. A **63** (1952) 257—267.

ZELLER, CHR.: [1] Zu EULERS Rekursionsformel für Divisorensummen. Acta Math. **4** (1884) 415—416.

ZIAUD, D.: [1] On formulae in partitions and divisors of a number, derived from symmetrical functions. Proc. Nat. Acad. Sci. India, Sect. A **13** (1943) 221—224.

ZUCKERMANN, H.: [1] Identities analogous to RAMANUJAN's identities involving the partition function. Duke Math. J. **5** (1939) 88—110.

ZULAUF, A.: [1] Beweis der Erweiterung des Satzes von GOLDBACH-VINOGRADOV. Crelle J. **190** (1952) 169—198. — [2] Über den dritten HARDY-LITTLEWOODschen Satz zur GOLDBACHschen Vermutung. Crelle J. **192** (1953) 117—128. — [3] Über die Darstellung natürlicher Zahlen als Summen von Primzahlen aus gegebenen Restklassen und Quadraten mit gegebenen Koeffizienten I, II, III. Crelle J. **192** (1953) 210—229; **193** (1954) 39—53; 54—64.

Autorenverzeichnis.

Die römischen Ziffern I bzw. II vor den Seitenzahlen bedeuten den ersten bzw. zweiten Teil dieses Ergebnisberichtes.

Agarwala, B. I/66.
Agronomov, N. II/99.
Aigner, A. II/92, 93, 100.
Alder, H. I/47, 48.
Apostol, T. I/65.
Archibald, R. II/57.
Artin, E. I/125.
Atkin, A. I/50.
Atkinson, F. I/63.
Auluck, F. I/46, 52, 55, 64, 66.
Avakumović, V. I/64, II/72.
Ayoub, R. II/57.

Bachmann, P. I/40, 44, 46, 49, II/94, 96.
Bayley, W. I, 45, 46, 51.
Banerjee, D. I/51.
Barham, C. II/25.
Basu, N. I/37.
Beeger, N. II/93.
Behrend, F. II/18, 20, 52, 98, 99.
Bell, E. I/45, II/85.
Bergmann, S. I/41.
Bernstein, F. II/95.
Besicovitch, A. I/3, 74, 75, 133, 134, 195, II/17, 19.
Bini, U. II/96.
Bioche, C. I/52.
Birman, A. II/93.
Blij, F. I/45.
Borel, R. I/190, 191, 193.
Brauer, A. I/26, 178, 186, II/97.
Breusch, R. II/51.
Brigham, N. I/66, II/57 80.
Broderick, T. II/52.
Brown, O. II/58.
de Bruijn, N. I/66, 173, II/61.
Brun, V. II/64.
Buchštab, A. I/185, II/51, 52, 64, 65.
Buck, E. I/196.
Buck, R. I/196, II/11, 51, 80.
Bulat, P. I/113.
Bussi, C. II/94.

Carlitz, J. I/45, 50, 51, 69, II/92.
Cauchy, A. II/8.
Čebyšev (Tschebyscheff), P. II/46.
Chandler, E. II/82.
Chatrovski, L. I/85, 175, 189, II/11.
Chaundy, T. I/38.
Cheo, L. I/86, 131, 158.
Chinčin (Khinchine), A. I/75, 125, 185, 190, II/81, 96, 97.
Chowla, I. II/8, 55, 78.
Chowla, S. I/49, 51, 55, 56, 64, 178, II/30, 42, 73, 77.
Chung, K. L. II/14, 75.
Cohen, E. II/55.
v. d. Corput, J. I/131, 136, II/51, 54, 56, 57, 74, 76.
Csorba, G. I/52.
Čudakov, N. II/51, 52, 54, 56.
Cugiani, M. II/26, 27, 66, 73.
Čutanovskij, J. II/51.

Davenport, H. II/8, 16, 20, 30, 42, 76.
Delange, H. I/103, II/43, 68.
Dénes, P. II/92, 95, 96.
Dickmann, H. II/100.
Dickson, L. I/49, II/81, 82, 95.
Dirac, G. I/55, 56.
Dirichlet, P. II/14.
Doetsch, G. I/103, II/46.
Dorwart, H. II/58.
Drazin, M. II/1.
Duarte, F. II/85, 87.
Duparc, H. II/95.
Dyson, F. I/125, 130, 131.

Eichler, M. I/69.
Erdös, P. I/46, 52, 55, 56, 64, 74, 131, 135, 141, 145, 156, 177, 178, 183, 185, 188, 198, II/16, 17, 18, 20, 30ff., 40, 41, 43, 51, 54, 57, 58, 60, 74, 75, 77, 84, 99.
Errera, A. I/131.
Estermann, Th. I/69. II/25, 26, 27, 51, 54, 57, 64, 65, 66, 75, 76, 81.
Euler, L. I/32, 33, 37, 39, 40, 44, 46, II/82, 85.
Evans, T. I/178.
Evelyn, C. II/21, 25.

Fell, J. II/87.
Feller, W. II/15.
Fermat, P. I/27ff.
Fleck, A. II/94.
Fleschenhaar, A. II/95.
Fogels, E. II/50, 51.
Földes, J. II/57.
Ford, W. I/42, 44.
Franklin, F. I/41.
Frejman, G. II/3.
Frobenius, G. II/93.
Fueter, R. II/92.
Furtwängler, Ph. II/93.

Gál, J. I/177, 178.
Gegenbauer, L. II/21.
George, A. II/61.
Germain, S. II/94.
Gigli, D. I/52.
Gillis, J. II/3, 4, 5.
Glaisher, J. I/44, 67.
Gleissberg, W. I/46, 48.
Glenn, J. II/95.
Gloden, A. II/58.
Glösel, K. I/52.
Gottschalk, E. II/56.
Grave, D. II/85.
Grey, L. II/96.
Grossmann, H. II/58.
Grün, O. II/92, 96.
Gupta, H. I/43, 45, 50, 51, 52, 55, 63, 64, 66, II/55, 60.
Gustin, W. I/57.
Gut, M. II/95.
Gwyther, C. II/85.

Haberzetle, M. I/65, II/15.
Hadamard, J. II/46.
Haentzschel, E. II/93.
Halberstam, H. II/22, 76, 77.
Hardy, G. I/35, 41, 46, 49, 51, 57, 58, 59, 63, 64, 103, 165, II/82.
Härtter, E. I/179.
Haselgrove, C. I/64.
Hasse, H. I/100, II/95.
Hausdorff, F. I/7, 175, 190.
Haussner, R. II/93.
Hecke, E. I/68, 69.
Heilbronn, H. II/14, 55, 76.
Hellund, E. I/44.
Herbrand, J. II/92.
Hilbert, D. II/81, 87, 92, 96.
Hoheisel, G. II/54.
Holzer, L. II/95.
Hornfeck, B. I/12, 13, 165, 182, II/17, 18, 42, 59, 60, 61, 64, 74, 75, 76.
Hua, L. K. I/64, II/55, 56, 57, 58, 59, 81, 82.
Hurwitz, A. II/95.
Husimi, H. I/42.

Ikehara, S. I/97ff.
Ingham, A. I/64, II/54.
Inkeri, K. II/93, 94, 95.
Iseki, K. I/52, 59, II/51, 57.

James, G. II/95.
James, R. II/56, 57, 64, 68, 84.
Jensen, K. II/92.

Kac, M. II/43.
Kamke, E. II/83.
Kanold, H. II/27, 42, 43.
Kantz, G. I/43.
Kapferer, H. II/96.
Kasch, F. I/131, 178, 186, 188, 189.
Kempermann, J. I/113, 131, II/11.
Kempner, A. I/49, 51, 63, II/81, 82.
Kendall, D. I/46.
Khinchine, A. s. Chinčin, A.
Kienast, A. II/50.
Kloostermann, H. I/63, 69.
Klöter, H. I/171, 172, 173, 186.
Kneser, M. I/5, 137, 141, 143, 151, 152, 154, 163, 198, II/11.
Knichal, V. I/190, 195.
Knödel, W. I/66, II/66, 73, 101.
Knopp, K. I/45, 64, 65, 66, 190.
Krasner, M. II/92, 96.
Krečmar, W. I/51.
Krubeck, E. II/83.
Kruiswijk, D. I/50.
Kummer, E. II/85ff., 92.

Lagrange, J. II/82.
Lahiri, D. I/44, 49, 51.
Landau, E. I/57, 70, 75, 86, 97, 101, 171, 185, II/21, 22, 23, 46, 51, 52, 54, 55, 56, 59, 61, 67, 68, 69, 71, 74, 79, 81, 92, 94, 96.
Larsen, O. I/52.
Legendre, A. I/140.
Lehmer, D. H. I/45, 47, 51, 58, 63, II/92, 93, 95.
Lehmer, D. N. II/72.
Lehmer, E. II/92, 93, 95, 96.
Lehner, J. I/49, 52, 55, 64, 65.
Lepson, B. I/158.
Lindenbaum, A. I/57.
Linfoot, E. II/21, 25.
Linnik, J. I/165, 186, 187, II/56, 57, 65, 66, 75, 81.
Littlewood, J. E. I/35, 165, II/52, 82.
Livingood, J. I/65.
Lorentz, G. I/57, 155.
Luckey, P. I/52.

Macbeath, A. II/11.
MacDonnell, J. II/93.
MacMahon, P. I/38, 41, 49, 51, 67.
Mahler, K. I/66, II/84, 85.
Maillet, E. II/93.
Majumdar, K. I/51.
Mann, H. I/125, 135, 178, II/11.
Mardžanišvili, K. II/57, 58.

Massoutié, L. II/95.
Meinardus, G. I/65, 66, 67, 69.
Meissner, M. II/93.
Mian, A. I/56.
Mileikowski, E. II/94.
Miller, J. II/100.
Min, S. II/54.
Mirimanoff, D. II/92, 93.
Mirsky, L. I/57, II/21, 23, 24, 25, 44, 45, 75, 76.
De Morgan, A. I/51.
Morimoto, S. I/185.
Morishima, T. II/92, 93, 95.
Moriya, M. II/93.
Moser, L. II/93.
Motzkin, Th. I/32.

Nagell, T. II/27, 51.
Natucci, A. II/96.
Nečaev, V. II/83.
Nemyckij, V. I/189.
Nesheim, G. II/55.
Newman, D. I/64.
Nicol, Ch. I/41.
Niedermeier, F. II/96.
Niewiadomski, R. II/94.
Niven, I. I/65, 131, II/6, 7, 29, 43, 82, 101.

Obláth, R. II/57, 94, 95.
Ore, Ö. II/96.
Ostmann, H. I/5, 10, 12, 14, 15, 18, 27, 42, 44, 45, 70, 75, 76, 103, 105, 111, 114ff., 123, 125, 137, 138, 140, 143, 155, 156, 158, 162, 164, 172, 173, 185, II/4, 11, 22, 23, 42, 65.
Ozigova, E. II/65.

Page, A. II/26, 51, 75.
Palamà, G. II/58.
Pall, G. II/84.
Pennington, W. I/66.
Perez-Cacho, L. II/96.
Petersson, H. I/67, 68, 69.
Philipps, E. II/54.
Pierre, Ch. II/95, 96.
Pillai, S. II/8, 10, 18, 21, 22, 43, 52, 57, 59, 60, 61, 75, 82.
Pipping, N. II/55.
Plemelj, J. II/93.
Pollaczek, F. II/93, 96.
Polya, G. I/10, 37, II/60, 62.
Pomey, L. II/95.
Prachar, K. II/53, 54, 58, 59, 74.

Rademacher, H. I/50, 51, 57ff., 63, 69, II/64.
Raicov, D. I/103, 131, 171, 174, 182, 188, II/72.
Ramanathan, K. I/51.
Ramanujan, S. I/45, 46, 49, 57, 58, 59, 63, 64.
Ramsey, F. II/5.
Randolph, J. I/189.
Ranga-Chariar, V. II/20.
Rankin, R. I/46, II/54.
Rao, S. II/22, 75.
Rédei, L. I/177, 178.
Rényi, A. I/177, 178, II/54, 65.
Rényi, K. II/21, 27.
Ricci, G. II/54, 55, 57, 66, 75.
Richert, H. I/46, 67, II/22, 55, 57, 58, 59, 66, 80, 100.
Rieger, G. II/81.
Rodosskiǐ, K. II/51.
Rogers, L. I/46.
Rohrbach, H. I/105, 125, 136, 171, 173, 176, 177, 179, 185, II/14.
Romanov, N. I/113. II/51, 74, 76.
Rosser, B. II/52, 93.
Roth, K. II/22, 26, 77, 99.
Rubugunday, R. II/82.
Rushforth, J. I/49.
Russel, A. II/85.
Salem, R. II/1, 99.
Salié, H. I/69.
Sandham, H. I/63.
Šanin, N. I/201, II/6.
Šapiro-Pjateckij, I. I/46, II/57.
Sathe, L. II/43, 44, 60.
Scherk, P. I/111, 113, 125, II/11, 55.
Schnirelmann, L. I/1, 24, 29, 70, 75, 85, 103, 108, 131, 161, 162, 165, 166, 167, II/54, 55, 81.
Scholz, A. I/91, II/97.
Schönberg, I. II/30, 40
Schoenfeld, L. II/80.
Schur, I. I/25, 46, 64, 65, 66, 75, 136, 185, II/95.
Schwindt, H. II/95.
Scorza, G. I/52.
Ségal, D. II/57, 83, 96.
Seelbinder, B. M. I/26.
Selberg, A. I/46, II/15, 46, 50, 51, 64, 65.
Selberg, S. I/131, 171, 186, II/15, 59, 60, 66, 75.
Selmer, E. II/55, 76.
Shah, S. I/57.
Shanks, D. I/40.
Shapiro, H. II/21, 51, 55.
Shepherdson, J. II/11.
Sidon, S. I/55.
Siegel, C. L. II/52.
Sierpiński, W. II/58.
Simons, W. I/50.
Singer, J. I/178.
Singh, A. I/178.
Singwi, K. I/66.
Skolem, T. I/27.
Slater, L. I/46, 51.
Spencer, D. II/1, 99.
Sperner, E. II/37.
Sprague, R. I/67, II/80.
Stalley, R. I/74, 133.
Steinhaus, H. I/189.
Stern, M. I/44.
v. Sterneck, R. I/40, 52, II/11.

Stöhr, A. I/26, 56, 57, 76ff., 119, 132, 150, 158, 160, 164, 165, 170, 171, 172, 173, 174, 175, 177, 178, 179, 180, 181, 182, 186, 187, 188, II/7.
Swinnerton-Dyer, P. I/50.
Sylvester, I. I/51, 67.
Szegö, G. I/37.
Szekeres, G. I/46, 52. 55, 63, 64,
Szele, T. I/173.

Tanaka, M. II/51.
Tanturri, A. I/52.
Tatuzawa, T. II/51, 52.
Tietze, H. I/46.
Titchmarsh, E. II/54.
Todd, J. I/41, 52, 57, II/73.
Tornier, E. II/15.
Tricomi, F. I/55.
Trost, E. I/131, II/51, 57.
Tschakaloff, L. II/93.
Tschebyscheff, P. s. Čebyšev, P.
Turán, P. I/56, II/52, 71, 96, 99.

Utz, W. II/97.

Vahlen, Th. I/40, 44, 46, 49, 52.
de la Vallée Poussin, Ch. II/46, 50.
Vandiver, H. I/41, II/92, 93, 94, 95, 96.
le Veque, J. II/43, 100.
Vinogradov, I. I/35, 171, II/52, 54, 55, 56, 57, 81, 82, 83.
Volkmann, B. I/20, 21, 23, 105, 136, 190, 193ff., 201, II/11.

Wachs, S. II/96.
v. d. Waerden, B. II/97.
Wahlin, G. II/92.
Walfisz, A. II/52, 57, 66, 75, 77.
Ward, M. II/85.
Warga, J. II/55.
Watson, G. I/46, 49, II/101.
Westphal, H. II/52.
Weyl, H. I/35, II/56, 57.
Whiteman, A. I/50, 63, 69.
Widder, D. I/92, 103, II/46.
Wieferich, A. II/82, 93.
Wiener, N. II/46, 72.
Wijngaarden, H. II/95.
Winkler, P. I/169.
Wintner, A. I/55, 103, 170, II/40, 50, 53, 55, 66.
Wirsing, E. I/5, 17, 19, 101, 167, 182, 187, 188, 191, 193, 197, 199, II/6, 23, 43, 44, 45, 50, 66, 71, 72, 93.
Wright, E. I/41, 45, 46, 49, 51, II/51, 80.

Zeller, Chr. I/44.
Ziaud, D. I/44.
Zuckermann, H. I/50, 51, 63.
Zulauf, A. II/56, 57, 77.

Sachregister.

Die römischen Ziffern I bzw. II vor den Seitenzahlen bedeuten den ersten bzw. zweiten Teil dieses Ergebnisberichtes.

ABELsche Gruppen, Anzahl isomorpher I/45.
Abschnittsdichte I/72, 85f., 120.
abundante Zahlen II/12, 20, 42.
Additionsketten II/97.
algebraische Mengen I/20.
Anzahlfunktion I/29f.
— reduzibler Mengen I/103f., 133f.
arithmetische Folgen in Mengen II/74, 97.
— — —, additive Eigenschaften II/99.
asymptotische Gleichheit von Mengen I/1.
Auswahl II/7.
—, deren Dichte II/7.
Auswürfelung II/7.
—, deren Dichte II/7.

Basis I/24f., 161f., 173, 188, 189.
—, beständige I/161.
— -mengen, ihre Mächtigkeit I/26.
—, multiplikative I/182.
—, symmetrische I/172.
Basisordnung I/24, 162f., 165, 171.
—, asymptotische I/24, 162f., 165.
—, mittlere I/171.
—, schwache I/165.
BERNOULLIsche Zahlen II/92.
BESICOVITCH-Summe I/3.
—, Dichteabschätzungen I/131f.

Charaktere II/50.
Charakteristische Funktionen I/30, 103f.
charakteristische $\varphi(x)$-Dichten I/79.
C_k-Zahlen II/101.

Darstellung als Summe zweier Quadrate II/68, 78.
— — — von Quadraten II/78, 82.

DEDEKINDsche η-Funktion I/50, 68.
—, Summen I/50, 69.
defiziente Zahlen II/12, 20.
Dichte, arithmetische I/70, 85, 86.
—, asymptotische I/71, 85.
—, charakteristische $\varphi(x)$- I/79.
—, der Auswürfelung (Auswahl) II/7.
—, DIRICHLETsche I/90, 93, 94, 95.
—, logarithmische I/95, 96.
—, modifizierte I/74.
—, natürliche I/71.
—, n-gliedrige I/114f.
—, obere asymptotische I/71.
—, $\varphi(x)$- I/76f.
— reduzibler Mengen I/119f.
—, SCHNIRELMANNsche I/70.
—, variierte I/70.
— von Differenzenfolgen II/17, 53.
— von Durchschnittsmengen II/3f.
— von Vereinigungsmengen II/3.
—, zweigliedrige obere asymptotische I/114f.
Dichtenrelationen I/71ff., II/2f.
Dichtenschranke I/78.
Differenzbasis I/177.
Differenzenfolgen II/17, 53.
Dimension, HAUSDORFFsche I/190.
DIRICHLET-Dichten I/90, 93, 94, 95.
DIRICHLET-Reihen I/34, 35, 86ff.
DIRICHLET-Reihen, formale I/35.
$\delta(\varphi)$ I/80.
$\bar{\delta}(\varphi)$ I/77.
distributive Funktionen II/29.
Durchschnitt k-ter Stufe I/3.
dyadische Reihenentwicklung I/17f., 189f.

erzeugende Funktion I/33, II/13f.
EULER-LEGENDREscher Pentagonalzahlensatz I/40.
EULERsche Partitionenformel I/32, 37.

FAREY-Zerschneidung I/35, 59.
FERMAT-Index I/27.
— —, asymptotischer I/28.
FERMATsche Vermutung I/27, II/85.
— —, erster und zweiter Fall II/85.
FERMATscher Index der n-ten Potenzen II/84f.
figurierte Zahlen II/80.
Folge zugehöriger Mengenpaare I/107.

GOLDBACHproblem II/54f., 64, 65.
GOLDBACH-WARING-Problem II/55.
— — —, vereinfachtes II/58.
Gruppen, ABELsche; Anzahl isomorpher I/45.
$\mathfrak{G}_\nu$ I/104.

HARDY-LITTLEWOODsche Methode I/35.
HARDY-RAMANUJANsche Partitionenformel I/58, 63.
Häufigkeitsfragen I/18f., 190f.
Hauptcharakter II/70.
HAUSDORFFsche Dimension I/190.
HAUSDORFFsches Maß, α-dimensionales I/190.
$\mathfrak{H}_\nu$ I/107.

Idealklassen II/85.
IKEHARAscher TAUBERsatz I/97, II/49, 67.
Integrallogarithmus II/51.
Intervalldichte I/72.
imprimitive Mengen I/5.
irrationale Mengen I/20.
Irreduzibilitätskriterien I/10f.
irreduzible Mengen I/5.
— —, ihre Häufigkeit I/17, 18.

JACOBIsche Identität I/40.

KAMKE-WARING-Problem II/80, 83.
Kette I/1.
k-freie Zahlen II/20f., 75.
Komponente, wesentliche I/182.
Kompositionen I/31f.
—, explizite Formeln I/36f.
Kongruenzeigenschaften der Partitionenfunktion $p(n)$ I/49f.
Konvergenz von Mengenfolgen I/5.
KUMMERscher Hilfssatz II/92.
— Körper II/92.

leere Menge als Summand I/2.
$L(s, \chi)$-Reihen II/50.
Lücke I/1.

MANN-DYSONscher Satz I/125f.
MEINARDUSsche Partitionenformel I/66.
Mengen, durch multiplikative Funktionen definierte II/29f.
—, erzeugende II/13f.
—, pseudorationale II/11, 51, 60, 79.
—, rationale II/8f.
—, $\mathfrak{T}$-freie II/13f., 20.
Mengenpaare, zugehörige Folge von I/107.
Mengenreihe, unendliche I/8.
Metrik in Σ und Σ_0 I/7.
Minimalbasis I/173.
—, asymptotische I/180.
$\overset{+}{\mathrm{mod}}\ m$ I/100.
Modulform I/67f.
multigrade Gleichungen II/57.
Multiplamengen II/13f.
multiplikative Funktionen II/29f.

Nichtbasen I/170, 187.

Ordnungen von Basismengen I/24, 162f., 165, 171.

PAGE-SIEGEL-WALFISZ-Satz II/52, 59.
Partitionen I/31f.
—, explizite Formeln I/51f.
—, konjugierte I/38.
—, mit Eindeutigkeitsforderungen I/55f.
—, perfekte I/41.
—, Rekursionsformeln I/41f., 50.
—, selbstkonjugierte I/38.
Partitionenformeln von HARDY-RAMANUJAN I/58, 63.
— — MEINARDUS I/66.
— — PETERSSON I/69.
— — RADEMACHER I/57.
— — —, deren Restabschätzung I/63.
Partitionsfunktion $p(n)$, deren Kongruenzeigenschaften I/49f.
PETERSSONsche Partitionsformel I/69.
$\varphi(x)$-Dichten I/76f.

Polygonalzahlen I/40, II/80.
Polynomialkoeffizienten II/100.
Potenzproduktmenge I/10, II/60.
Potenzreihen I/33, 35f.
—, formale I/34.
primäre Zahlen II/87.
primitive Mengen I/5.
— Summanden, deren Existenz I/13, 14.
— —, Zerlegung in I/15f., 23.
Primteilerbedingungen II/59f.
Primzahl, reguläre II/87, 92.
—, irreguläre II/92.
Primzahldifferenzen II/54.
Primzahl-k-tupel II/66.
Primzahlmenge II/45f.
—, ihre Irreduzibilität I/13.
Primzahlzwillinge II/54.
Produkt von Mengen I/182.
Pseudoprimzahlen II/101.
pseudorationale Mengen I/196f., II/11, 51, 60, 79.
— —, deren Häufigkeit I/196.
— —, Summe zweier II/12.
Pseudorationalität bei Mengen mit Primteilerbedingungen II/60.
— der k-ten Potenzen II/79.
— von Primzahlmengen II/51.

quadratische Rekursionsformel für $p(n)$ I/50.

RADEMACHERsche Partitionsformel I/57f.
RAMANUJANsche Funktion $\tau(n)$ I/45.
—, Kongruenzen I/49f.
rationale Mengen I/20f., 22f., II/8.
reduzible Mengen I/5.
— —, deren Häufigkeit I/17, 18, 19, 199.
reduzible Zahlen II/73.
Reichweite I/178.
Reihe, unendliche, von Mengen I/8.
reinperiodische Mengen I/20.
Relativnullen, Mengen mit I/2, 13, 22f.
$r(h, k)$ I/178.
$r^*(h, n)$ I/178.

RIEMANNsche ζ-Funktion I/95, II/42 48f., 52.

Satz von MANN-DYSON I/125f.
SELBERGformel I/51.
SIDONsche Fragestellungen I/55f.
Sieb des ERATOSTHENES II/13, 64, 65, 75.
$\sigma(n)$, $\sigma_k(n)$ I/43.
Summe von Mengen I/1, 3, 8.

TARRY-ESCOTT-Problem II/57.
Teileranzahl I/43, II/99, 100.
Teiler einer Menge I/4.
Teilersumme I/43f.
Teilmenge, dichte I/80.
totalprimitive Mengen I/5.
— —, deren Häufigkeit I/18, 189.
transzendente Mengen I/20.

Umgebungen einer Menge I/6.

Verband I/5, 20f., 196.
vereinfachtes GOLDBACH-WARING-Problem II/58.
— WARINGproblem II/81.
Verteilungsfunktion II/30.
VINOGRADOVsche Methode I/35.
vollkommene Zahlen II/12, 42.

$\mathfrak{W}$ I/108.
WARINGproblem II/80f.
—, vereinfachtes II/81.
WARINGscher Satz, idealer II/82.
wesentliche Komponente I/182.
— —, asymptotische I/182.
WEYLsche Summen I/35.
Wirkungsfunktion, finite I/182.
—, asymptotische I/182.
$W(n)$ I/108.
$\mathfrak{W}(f(x))$ II/76, 80.

Zahlen, k-freie II/20f.
Zerlegung in primitive Summanden I/15f., 23.
zugehörige Folge von Mengenpaaren I/107.
zweigliedrige obere asymptotische Dichte I/114f.